PARASITIC PLANTS OF CHINA

中国寄生植物

李爱荣 等 编著

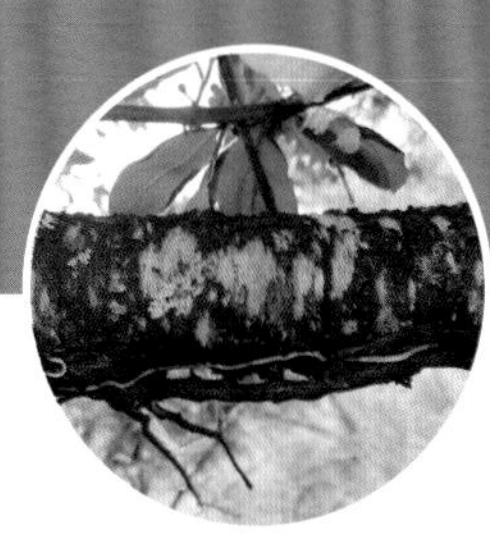

科 学 出 版 社

北 京

内 容 简 介

寄生植物在陆地生态系统中广泛分布，占被子植物总数的1%以上，具有独特的生理生态特性和重要的生态功能。我国寄生植物种类丰富，其中不乏重要的资源植物，也有对农林生态系统造成严重危害或具有潜在危害风险的恶性杂草。然而，由于对寄生植物缺乏了解，这严重限制了寄生性资源植物的科学利用和寄生性杂草的有效防控。为普及寄生植物的相关知识，增强公众对寄生植物的关注、了解和正确认识，本书采用通俗易懂的语言，结合图文并茂的形式，阐述了寄生植物与其他易混淆植物类群的关系，简要介绍了寄生植物的生态影响，并首次从寄生特性的角度全面介绍了我国的寄生植物；在总结我国主要寄生植物类群的总体特征、寄生特点和生活史的基础上，对常见寄生植物的形态特征、地理分布、常见寄主、民间用途、栽培状况、危害等做了梳理和总结。

本书可作为植物学、生态学、植物保护学等相关学科的科研和教学用书，也可作为农业、林业、畜牧业、医药卫生及检疫等行业从业人员的参考用书。

图书在版编目（CIP）数据

中国寄生植物 / 李爱荣等编著. —北京：科学出版社，2024.11
ISBN 978-7-03-078483-4

Ⅰ. ①中… Ⅱ. ①李… Ⅲ. ①寄生植物－介绍－中国 Ⅳ. ①Q948.9

中国国家版本馆CIP数据核字（2024）第090752号

责任编辑：陈 新 郝晨扬 / 责任校对：邹慧卿
责任印制：肖 兴 / 封面设计：无极书装

科学出版社 出版
北京东黄城根北街16号
邮政编码：100717
http://www.sciencep.com
北京中科印刷有限公司印刷
科学出版社发行 各地新华书店经销
*
2024年11月第 一 版 开本：880×1230 1/16
2024年11月第一次印刷 印张：23
字数：660 000

定价：268.00 元

（如有印装质量问题，我社负责调换）

编著者名单

主要编著者

李爱荣（中国科学院昆明植物研究所）

其他编著者（以姓名汉语拼音为序）

李艳梅（中国科学院昆明植物研究所）
李 悦（中国科学院昆明植物研究所）
李云驹（中国科学院昆明植物研究所）
罗 燕（中国科学院昆明植物研究所）
隋晓琳（中国科学院昆明植物研究所）
薛瑞娟（中国科学院昆明植物研究所）

图片拍摄者名单

安 昌　敖光魁　白重炎　陈炳华　陈贵林　陈 朗　陈敏愉　陈秋平　陈熙豪
陈又生　陈 哲　迟建才　邓创发　丁洪波　董 上　杜 诚　段长虹　冯脉宣
付其迪　顾余兴　郭天亮　和兆荣　华国军　黄 健　黄江华　黄凯敏　黄 科
黄青良　姜 帆　金洪刚　康瑞华　孔繁明　李爱荣　李波卡　李光波　李光敏
李国权　李洪文　李景秀　李 军　李铠城　李 黎　李 嵘　李文军　李西贝阳
李晓东　李艳梅　李 莹　李 悦　李云驹　李智选　廖 廓　林广旋　林 建
林俊杰　林秦文　刘 昂　刘 冰　刘 博　刘大海　刘凤清　刘灏文　刘 军
刘王锁　刘 翔　刘 焱　刘宇峰　刘宇婧　刘宗才　柳妍妍　吕小东　罗金龙
马海军　马 林　马炜梁　马欣堂　马永清　毛 平　孟德昌　牛 洋　区崇烈
潘建斌　乔 娣　秦位强　沈文森　沈云光　施忠辉　石尚德　宋 鼎　隋晓琳
孙观灵　孙李光　孙庆文　谭 飞　谭泽斌　汤 睿　田 琴　王焕冲　王 建
王军峰　王龙远　王云涯　王 孜　魏 毅　魏 泽　吴春宏　吴棣飞　吴 丰
吴其超　吴玉虎　武泼泼　夏尚华　向 蕾　邢艳兰　熊 驰　熊源新　徐克学
徐亚幸　徐晔春　徐一大　徐永福　许 立　薛 凯　薛瑞娟　薛自超　阳 亿
杨福生　杨 静　杨 娟　杨 柳　杨 南　杨 雁　姚永飚　叶喜阳　于润贤
郁文彬　喻勋林　袁彩霞　曾商春　曾玉亮　曾云保　张葳尔　张 成　张华安
张建光　张井雄　张 凯　张 磊　张 玲　张卫平　张亚洲　赵 宏　赵江波
肇 谡　郑锡荣　周厚林　周建军　周立新　周松岩　周 繇　朱 强　朱仁斌
朱鑫鑫　左政裕　〔美〕Harry Jans　〔瑞士〕Marcel Ambühl　PE西藏考察队

序

在浩瀚的自然界中，生命以其无尽的智慧与韧性，编织出一幅幅绚烂多彩的演化画卷。生物，作为这画卷中的主角，为了生存与繁衍，历经亿万年的风雨洗礼，不断适应环境，进化出各式各样的生存策略。其中，寄生，作为一种独特的生命现象，以其特有的方式，深刻地影响着地球生态的平衡与发展。

寄生植物，作为寄生生物界的植物代表，它们以无声却强大的力量，穿梭于寄主的维管组织之中，汲取生命的养分，续写着共存与斗争的古老史诗。这些看似柔弱的生命体，实则蕴含着惊人的适应力与生存智慧，它们与寄主的复杂关系，不仅构成了自然界一道独特的风景线，还深刻地揭示了生物多样性的奥秘与魅力。

然而，在科学研究的长河中，寄生植物却往往被置于边缘地带，其研究深度与广度远不及寄生虫或寄生菌。这不仅仅是一种学术上的遗憾，更是对自然界奥秘探索的一种缺失。当人类历史的车轮滚滚向前，我们对寄生植物的认知却似乎停滞不前，这种反差令人深思。

对具有寄生特性的植物类群识别不足，不仅影响了我们对寄生植物的科学探索、限制了我们对寄生植物资源的有效利用，还削弱了我们对寄生性杂草的防控能力。知己知彼，方能百战不殆。精准掌握寄生植物的资源分布、寄生类型、寄主范围等基础知识，对于我们有针对性地开发利用寄生植物资源和防控寄生性杂草至关重要。遗憾的是，尽管我国寄生植物种类繁多，特有资源丰富，但长期以来，许多物种的寄生特性并未得到应有的重视，这不仅导致了资源开发的瓶颈，也给杂草防控带来了重重困难。因此，加强对寄生植物的研究和利用，不仅是科学探索的需要，也是实现可持续发展的必然要求。

《中国寄生植物》正是在这样的背景下应运而生，为我国寄生植物的研究和利用提供了一个全面的视角。在这本著作中，编著者以深厚的学术功底和严谨的科研态度，对分布于我国的寄生植物做了详尽阐述。书中每一个章节都凝聚着编著者的心血与智慧。我本人也做过一些寄生植物的研究，对寄生植物也有一定的了解。但读了《中国寄生植物》后，我学到了许多新的知识，对中国寄生植物也有了一个比较全面、系统的了解。该著作不仅首次从寄生特性角度全面介绍了我国的寄生植物，还在总结我国主要寄生植物类群的总体特征、寄生特点和生活史的基础上，对常见寄生植物的寄生类型、植株形态、地理分布、寄主范围、民间用途、栽培状况、危害情况等做了梳理和阐述；此外，该著作还配有来自一百多位摄影者提供的精美照片，极大地提高了该著作的科学性、可读性和趣味性。该著作实为一本植物学、生态学等相关学科的科研和教学难得的参考书。在此，向该著作的编著者所取得的成果以及该书的出版表示祝贺！

该书的出版必将为我国寄生植物研究领域注入一股新的活力与希望。我衷心希望该书能够激发更多学者对寄生植物的关注和兴趣，推动该领域研究的深入与发展。愿该书成为连接过去与未来的桥梁，引领我们共同探索寄生植物的无限奥秘！

管开云

中国科学院昆明植物研究所研究员　管开云

2024年11月5日

前　　言

生物在长期适应环境的过程中，进化出了多种养分吸收策略。部分生物进化出了高效的寄生策略，直接从其他活的生物体中获取养分以满足自身生存需求。寄生生物的进化史比人类历史还要悠久，它们影响着人类生命、生活和生产的方方面面。寄生植物是寄生生物的植物界代表，通过形成吸器从寄主植物中获取养分，常削弱寄主植物长势，并通过改变寄主和非寄主植物之间的竞争关系，影响生态系统中植物群落的组成和生态系统的稳定。然而，相对于寄生虫和寄生菌的研究，寄生植物得到的关注十分有限。这在很大程度上限制了我们对寄生性资源植物的开发利用，以及对寄生性杂草的有效防控。

尽管寄生植物占被子植物总数的1%以上，但相对于其他植物类群的研究，关于寄生植物的研究十分有限，我国寄生植物研究更是不足。长期以来，我国缺乏对寄生植物物种信息、植株形态、寄主范围等资料的梳理和分析，更没有对寄生植物的危害风险进行评估和预警。由于寄生植物的形态复杂多样，单从形态特征上很难有一个统一的标准对寄生植物进行鉴别，这导致人们对寄生植物的认识存在较多混乱之处。一些寄生植物的寄生特性被长期忽视。在这些植物资源利用或杂草防控过程中，由于没有针对其寄生特性采取有效措施，往往事倍功半，十分被动。另外，一些非寄生植物因形态或生境与某些寄生植物相似，常被误以为是寄生植物，给人们造成了较大困扰。我国寄生植物资源丰富，目前统计共有17科64属627种，其中较多植物具有很高的药用价值或生态价值，如肉苁蓉、锁阳、蒜头果等；也有部分种类是恶性杂草，如云杉寄生和向日葵列当等。当人们对寄生植物的寄生特性缺乏了解时，在寄生性资源植物的栽培养护和对寄生性杂草的防控方面，因采取的措施常与这些植物的生物学特性相悖，往往收效甚微。因此，厘清寄生植物的鉴别特征，向公众传播寄生植物的相关知识，整理我国寄生植物名录，明确其寄主范围，整理其民间用途，并评估其危害风险，对于我国寄生性资源植物的利用及寄生性杂草的防控均有十分重要的意义。

编著者在多年从事寄生植物研究的基础上，基于《中国植物志》和*Flora of China*，对我国寄生植物的物种信息进行了全面统计，并结合最新文献报道和编撰团队亲身科考观察，补充了部分寄生植物的分布范围和寄主信息。此外，本书还对这些寄生植物的民间利用情况进行了分析，并评估了各种寄生植物的危害风险。

本书共9章，第一章对寄生植物做了整体的简要介绍，用通俗易懂的科学语言及图文并茂的展现形式，澄清寄生植物与其他易混淆类群的关系，并简要阐述了寄生植物的主要类型、系统地位、地理分布和生态影响；第二章至第九章重点介绍了我国的寄生植物资源，分别对列当科、桑寄生科、槲寄生科、百蕊草科、蛇菰科、檀仁檀科、旋花科等寄生种类丰富的类群及其他寄生植物，从物种形态特征、地理分布、常见寄主、民间用途、栽培状况、危害等方面做了全面梳理、分析和总结。本书旨在普及寄生植物基础知识，增强人们对寄生植物的关注和认识，为我国寄生性资源植物的科学利用和寄生性杂草的有效防控提供参考与借鉴。

因我国寄生植物研究仍十分有限，多数寄生植物的寄生特性等信息尚处于缺失状态，特别是关于寄主信息等资料搜集、整理难度较大，本书仅重点介绍了我国寄生植物中信息相对完整的种类，无法对我国分布的全部寄生植物进行详细阐述，在此深表遗憾。由于数据量大，编著者水平所限，书中不足之处在所难免，敬请读者朋友们批评指正！

李爱荣

2023年12月12日

使用说明

一、免责声明

多数寄生植物的民间应用仅基于传统经验，其药理和毒副作用尚未经科学实验验证。请广大读者务必谨慎对待相关信息，以免对自己或他人造成伤害。物种鉴定错误、采摘寄生于有毒寄主的植株或炮制方法不当等，均可造成使用者中毒甚至死亡等严重后果。因此，本书编著者不建议读者采食寄生植物或尝试用寄生植物炮制药物及保健品。

寄生植物因其特有的生物学特性，所有种类均具有在特定条件下成为杂草的风险。因此在利用寄生性资源植物时，务必随时关注并客观评估其危害风险，以免造成经济或生态损失。

对于读者因不当使用本书信息而造成的损害，本书编著者及其工作单位不承担任何法律责任。

二、编写说明

为方便读者查阅，将本书编撰说明详述如下。

1）由于部分寄生植物的分类地位及相关系统发育关系历经多次修订后仍存异议，为便于标准统一，本书中各物种的科级分类归属均参照Daniel L. Nickrent于2020年发表在*TAXON*上的寄生植物系统发育框架。

2）物种拉丁名和植株形态描述主要参照《中国植物志》和*Flora of China*相关卷册，部分种类参照最新文献信息或编著者观察补充；当不同来源的信息有冲突时，统一采用*Flora of China*中的记载。

3）本书仅收录到种级水平，未对种下分类单元进行详细阐述。

4）本书仅关注在我国自然分布的寄生植物，引种栽培的种类不在收录范围。

5）根据科级水平寄生植物数量从多到少对章节进行排序，科内寄生植物物种按拉丁名字母顺序排列。

6）每种植物介绍包括中文名、拉丁名、俗名/别名、形态特征、地理分布、常见寄主、民间用途、栽培状况及危害，并附彩色照片。

7）物种编写规范：①形态特征，依照生长习性、茎、叶、花和果实顺序分别描述；②地理分布，参考《中国植物志》和*Flora of China*记载，并结合标本记录信息及编写人员的野外考察记录编写；③常见寄主，参照文献记录、编写人员野外考察记录或栽培试验结果；④民间用途，重点介绍药用和食用价值，主要参考文献记录及编写人员的民间访调记录。

8）为便于读者进一步了解相关信息和快速查找感兴趣的物种，书后附有参考文献、中国寄生植物清单（按拉丁名字母顺序排），以及本书收录的寄生植物中文名索引和拉丁名索引。

致 谢

本书的编撰是一个曲折而漫长的过程。从2013年开始搜集和整理信息、拍摄和征集照片、撰写文字，到编校、成书，其间得到很多人的支持和帮助。首先要感谢的是中国科学院昆明植物研究所管开云研究员，他是我博士研究生阶段的导师，是他把我领入探索寄生植物世界的学术殿堂，并督促、鼓励我完成本书。感谢中国科学院昆明植物研究所李新辉博士帮忙整理《中国植物志》和*Flora of China*中的寄生植物明细表，为本书的编写提供了基本物种信息。感谢其他编著者积极配合我搜集资料，并在修订过程中认真校对稿件。感谢中国科学院西双版纳热带植物园郁文彬研究员、西北农林科技大学马永清教授、中国科学院植物研究所博士生于润贤先生，他们不但提供了精美的植物照片，还分别在马先蒿属、肉苁蓉属、蛇菰属的物种鉴定方面帮忙把关。感谢中国科学院昆明植物研究所的牛洋研究员、张井雄博士、杨娟女士、陈哲先生及国内外100余位同行（详见图片拍摄者名单）为本书提供植物图片。感谢中国植物图像库（PPBC）薛艳丽女士在PPBC图片整理方面提供的热情帮助。感谢中国科学院昆明植物研究所隋晓琳博士、李景秀女士、鲁元学先生、王仲朗先生、刘磊先生、任永权博士、胡枭剑博士、江南博士、梁静女士、黄新亚女士、陈燕女士、李宏哲博士、马宏博士、沈云光女士，以及中国科学院新疆生态与地理研究所柳妍妍博士、卓露女士、李文军博士、公延明博士等在野外出差途中的陪伴和帮助。最要感谢的是家人十余年如一日的理解和支持，特别感谢父母帮我分担家务，使我有更多精力和时间投入写作；感谢我的先生和儿子，在精神和行动上都给予我莫大的鼓励和支持，给我足够的安静空间，对我加班写书没有任何怨言，还帮我分担部分信息搜集和文字校正工作，并帮助我拍摄了大量寄生植物照片。

本书的研究工作和出版承蒙以下项目资助：国家自然科学基金面上项目（31971536和31370512）、中国科学院青年创新促进会优秀会员项目（Y201579）、云南省“万人计划”青年拔尖人才专项（YNWR-QNBJ-2018-092）、云南省科技厅基础研究专项重点项目（202201AS070046）、云南省中青年学术和技术带头人后备人才项目（2014HB047）、云南云天化现代农业发展有限公司委托项目（YTH-4380-WB-FW-2022-010283-00），还得到了云南省野生资源植物研发重点实验室、云南省极小种群野生植物综合保护重点实验室、“兴滇英才支持计划”云南省寄生植物研究与利用创新团队、植物化学与天然药物全国重点实验室的大力支持。在此，一并致以衷心的感谢！

李爱荣

2023年12月12日

目　　录

第一章　寄生植物概述 ······ 1

第一节　寄生植物的定义和寄生类型 ······ 2

一、寄生植物的定义 ······ 2

二、寄生植物的特征器官——吸器 ······ 2

三、寄生植物的主要类型 ······ 6

四、容易被误认为寄生植物的植物类群 ······ 7

第二节　寄生植物的种类和分布 ······ 12

一、世界寄生植物的种类和分布 ······ 12

二、中国寄生植物的种类和分布 ······ 16

第三节　寄生植物的生态影响 ······ 18

一、对寄主植物个体水平的影响 ······ 18

二、对所在植物群落的影响 ······ 18

三、对所在生态系统的影响 ······ 21

第二章　列当科寄生植物 ······ 23

001　黑蒴 *Alectra arvensis* (Bentham) Merrill ······ 34

002　茎花来江藤 *Brandisia cauliflora* Tsoong et Lu ······ 35

003　来江藤 *Brandisia hancei* Hooker ······ 36

004　广西来江藤 *Brandisia kwangsiensis* Li ······ 37

005　总花来江藤 *Brandisia racemosa* Hemsley ······ 38

006　岭南来江藤 *Brandisia swinglei* Merrill ······ 39

007　黑草 *Buchnera cruciata* Buchanan-Hamilton ex Don ······ 40

008　胡麻草 *Centranthera cochinchinensis* (Loureiro) Merrill ······ 41

009　大花胡麻草 *Centranthera grandiflora* Bentham ······ 42

010　矮胡麻草 *Centranthera tranquebarica* (Sprengel) Merrill ······ 43

011　大黄花 *Cymbaria daurica* Linnaeus ······ 44

012　光药大黄花 *Cymbaria mongolica* Maximowicz ······ 45

013　长腺小米草 *Euphrasia hirtella* Jordan ex Reuter ······ 46

014　大花小米草 *Euphrasia jaeschkei* Wettstein ······ 47

015　小米草 *Euphrasia pectinata* Tenore ······ 48

016　短腺小米草 *Euphrasia regelii* Wettstein ······ 49

017　台湾小米草 *Euphrasia transmorrisonensis* Hayata ······ 50

018 方茎草 *Leptorhabdos parviflora* (Bentham) Bentham ······ 51
019 滇川山罗花 *Melampyrum klebelsbergianum* Soo ······ 52
020 圆苞山罗花 *Melampyrum laxum* Miquel ······ 53
021 山罗花 *Melampyrum roseum* Maximowicz ······ 54
022 沙氏鹿茸草 *Monochasma savatieri* Franchet ex Maximowicz ······ 55
023 鹿茸草 *Monochasma sheareri* (Moore) Maximowicz ex Franchet et Savatier ······ 56
024 疗齿草 *Odontites vulgaris* Moench ······ 57
025 脐草 *Omphalotrix longipes* Maximowicz ······ 58
026 蒿叶马先蒿 *Pedicularis abrotanifolia* Bieberstein ex Steven ······ 59
027 蓍草叶马先蒿 *Pedicularis achilleifolia* Stephan ex Willdenow ······ 60
028 阿拉善马先蒿 *Pedicularis alaschanica* Maximowicz ······ 61
029 狐尾马先蒿 *Pedicularis alopecuros* Franchet ex Maximowicz ······ 62
030 鸭首马先蒿 *Pedicularis anas* Maximowicz ······ 63
031 狭唇马先蒿 *Pedicularis angustilabris* Li ······ 64
032 春黄菊叶马先蒿 *Pedicularis anthemifolia* Fischer ex Colla ······ 65
033 刺齿马先蒿 *Pedicularis armata* Maximowicz ······ 66
034 埃氏马先蒿 *Pedicularis artselaeri* Maximowicz ······ 67
035 阿墩子马先蒿 *Pedicularis atuntsiensis* Bonati ······ 68
036 腋花马先蒿 *Pedicularis axillaris* Franchet ex Maximowicz ······ 69
037 巴塘马先蒿 *Pedicularis batangensis* Bureau et Franchet ······ 70
038 美丽马先蒿 *Pedicularis bella* Hooker ······ 71
039 二色马先蒿 *Pedicularis bicolor* Diels ······ 72
040 头花马先蒿 *Pedicularis cephalantha* Franchet ex Maximowicz ······ 73
041 俯垂马先蒿 *Pedicularis cernua* Bonati ······ 74
042 碎米蕨叶马先蒿 *Pedicularis cheilanthifolia* Schrenk ······ 75
043 鹅首马先蒿 *Pedicularis chenocephala* Diels ······ 76
044 中国马先蒿 *Pedicularis chinensis* Maximowicz ······ 77
045 克氏马先蒿 *Pedicularis clarkei* Hooker ······ 78
046 康泊东叶马先蒿 *Pedicularis comptoniifolia* Franchet ex Maximowicz ······ 79
047 聚花马先蒿 *Pedicularis confertiflora* Prain ······ 80
048 凸额马先蒿 *Pedicularis cranolopha* Maximowicz ······ 81
049 波齿马先蒿 *Pedicularis crenata* Maximowicz ······ 82
050 具冠马先蒿 *Pedicularis cristatella* Pennell et Li ······ 83
051 克洛氏马先蒿 *Pedicularis croizatiana* Li ······ 84
052 隐花马先蒿 *Pedicularis cryptantha* Marquand et Shaw ······ 85
053 弯管马先蒿 *Pedicularis curvituba* Maximowicz ······ 86
054 斗叶马先蒿 *Pedicularis cyathophylla* Franchet ······ 87
055 拟斗叶马先蒿 *Pedicularis cyathophylloides* Limpricht ······ 88
056 环喙马先蒿 *Pedicularis cyclorhyncha* Li ······ 89
057 舟形马先蒿 *Pedicularis cymbalaria* Bonati ······ 90

058 大卫氏马先蒿 *Pedicularis davidii* Franchet ······ 91
059 美观马先蒿 *Pedicularis decora* Franchet ······ 92
060 极丽马先蒿 *Pedicularis decorissima* Diels ······ 93
061 密穗马先蒿 *Pedicularis densispica* Franchet ex Maximowicz ······ 94
062 二歧马先蒿 *Pedicularis dichotoma* Bonati ······ 95
063 细裂叶马先蒿 *Pedicularis dissectifolia* Li ······ 96
064 长舟马先蒿 *Pedicularis dolichocymba* Handel-Mazzetti ······ 97
065 长舌马先蒿 *Pedicularis dolichoglossa* Li ······ 98
066 长根马先蒿 *Pedicularis dolichorrhiza* Schrenk ······ 99
067 邓氏马先蒿 *Pedicularis dunniana* Bonati ······ 100
068 哀氏马先蒿 *Pedicularis elwesii* Hooker ······ 101
069 多花马先蒿 *Pedicularis floribunda* Franchet ······ 102
070 奇氏马先蒿 *Pedicularis giraldiana* Diels ex Bonati ······ 103
071 球花马先蒿 *Pedicularis globifera* Hooker ······ 104
072 纤细马先蒿 *Pedicularis gracilis* Wallich ······ 105
073 野苏子 *Pedicularis grandiflora* Fischer ······ 106
074 亨氏马先蒿 *Pedicularis henryi* Maximowicz ······ 107
075 矮马先蒿 *Pedicularis humilis* Bonati ······ 108
076 硕大马先蒿 *Pedicularis ingens* Maximowicz ······ 109
077 全叶马先蒿 *Pedicularis integrifolia* Hooker ······ 110
078 甘肃马先蒿 *Pedicularis kansuensis* Maximowicz ······ 111
079 拉氏马先蒿 *Pedicularis labordei* Vaniot ex Bonati ······ 112
080 绒舌马先蒿 *Pedicularis lachnoglossa* Hooker ······ 113
081 长花马先蒿 *Pedicularis longiflora* Rudolph ······ 114
082 浅黄马先蒿 *Pedicularis lutescens* Franchet ex Maximowicz ······ 115
083 琴盔马先蒿 *Pedicularis lyrata* Prain ex Maximowicz ······ 116
084 大管马先蒿 *Pedicularis macrosiphon* Franchet ······ 117
085 硕花马先蒿 *Pedicularis megalantha* Don ······ 118
086 大唇马先蒿 *Pedicularis megalochila* Li ······ 119
087 山萝花马先蒿 *Pedicularis melampyriflora* Franchet ex Maximowicz ······ 120
088 藓生马先蒿 *Pedicularis muscicola* Maximowicz ······ 121
089 藓状马先蒿 *Pedicularis muscoides* Li ······ 122
090 谬氏马先蒿 *Pedicularis mussotii* Franchet ······ 123
091 南川马先蒿 *Pedicularis nanchuanensis* Tsoong ······ 124
092 蔊菜叶马先蒿 *Pedicularis nasturtiifolia* Franchet ······ 125
093 黑马先蒿 *Pedicularis nigra* (Bonati) Vaniot ex Bonati ······ 126
094 欧氏马先蒿 *Pedicularis oederi* Vahl ······ 127
095 奥氏马先蒿 *Pedicularis oliveriana* Prain ······ 128
096 尖果马先蒿 *Pedicularis oxycarpa* Franchet ex Maximowicz ······ 129
097 沼生马先蒿 *Pedicularis palustris* Linnaeus ······ 130

098 伯氏马先蒿 *Pedicularis petitmenginii* Bonati ······ 131
099 皱褶马先蒿 *Pedicularis plicata* Maximowicz ······ 132
100 多齿马先蒿 *Pedicularis polyodonta* Li ······ 133
101 高超马先蒿 *Pedicularis princeps* Bureau et Franchet ······ 134
102 普氏马先蒿 *Pedicularis przewalskii* Maximowicz ······ 135
103 假头花马先蒿 *Pedicularis pseudocephalantha* Bonati ······ 136
104 假山萝花马先蒿 *Pedicularis pseudomelampyriflora* Bonati ······ 137
105 假多色马先蒿 *Pedicularis pseudoversicolor* Handel-Mazzetti ······ 138
106 侏儒马先蒿 *Pedicularis pygmaea* Maximowicz ······ 139
107 返顾马先蒿 *Pedicularis resupinata* Linnaeus ······ 140
108 大王马先蒿 *Pedicularis rex* Clarke ex Maximowicz ······ 141
109 喙毛马先蒿 *Pedicularis rhynchotricha* Tsoong ······ 142
110 罗氏马先蒿 *Pedicularis roylei* Maximowicz ······ 143
111 红色马先蒿 *Pedicularis rubens* Stephan ex Willdenow ······ 144
112 粗野马先蒿 *Pedicularis rudis* Maximowicz ······ 145
113 柳叶马先蒿 *Pedicularis salicifolia* Bonati ······ 146
114 丹参花马先蒿 *Pedicularis salviiflora* Franchet ······ 147
115 旌节马先蒿 *Pedicularis sceptrum-carolinum* Linnaeus ······ 148
116 半扭卷马先蒿 *Pedicularis semitorta* Maximowicz ······ 149
117 山西马先蒿 *Pedicularis shansiensis* Tsoong ······ 150
118 管花马先蒿 *Pedicularis siphonantha* Don ······ 151
119 穗花马先蒿 *Pedicularis spicata* Pallas ······ 152
120 红纹马先蒿 *Pedicularis striata* Pallas ······ 153
121 华丽马先蒿 *Pedicularis superba* Franchet ex Maximowicz ······ 154
122 四川马先蒿 *Pedicularis szetschuanica* Maximowicz ······ 155
123 塔氏马先蒿 *Pedicularis tatarinowii* Maximowicz ······ 156
124 纤裂马先蒿 *Pedicularis tenuisecta* Franchet ex Maximowicz ······ 157
125 狭管马先蒿 *Pedicularis tenuituba* Li ······ 158
126 东俄洛马先蒿 *Pedicularis tongolensis* Franchet ······ 159
127 扭旋马先蒿 *Pedicularis torta* Maximowicz ······ 160
128 毛盔马先蒿 *Pedicularis trichoglossa* Hooker ······ 161
129 须毛马先蒿 *Pedicularis trichomata* Li ······ 162
130 三色马先蒿 *Pedicularis tricolor* Handel-Mazzetti ······ 163
131 阴郁马先蒿 *Pedicularis tristis* Linnaeus ······ 164
132 水泽马先蒿 *Pedicularis uliginosa* Bunge ······ 165
133 坛萼马先蒿 *Pedicularis urceolata* Tsoong ······ 166
134 变色马先蒿 *Pedicularis variegata* Li ······ 167
135 秀丽马先蒿 *Pedicularis venusta* Schangin ex Bunge ······ 168
136 地黄叶马先蒿 *Pedicularis veronicifolia* Franchet ······ 169
137 轮叶马先蒿 *Pedicularis verticillata* Linnaeus ······ 170

138　维氏马先蒿 *Pedicularis vialii* Franchet …… 171
139　松蒿 *Phtheirospermum japonicum* (Thunberg) Kanitz …… 172
140　细裂叶松蒿 *Phtheirospermum tenuisectum* Bureau et Franchet …… 173
141　圆茎翅茎草 *Pterygiella cylindrica* Tsoong …… 174
142　杜氏翅茎草 *Pterygiella duclouxii* Franchet …… 175
143　鼻花 *Rhinanthus glaber* Lamarck …… 176
144　阴行草 *Siphonostegia chinensis* Bentham …… 177
145　腺毛阴行草 *Siphonostegia laeta* Moore …… 178
146　独脚金 *Striga asiatica* (Linnaeus) Kuntze …… 179
147　大独脚金 *Striga masuria* (Buchanan-Hamilton ex Bentham) Bentham …… 180
148　野菰 *Aeginetia indica* Linnaeus …… 181
149　中国野菰 *Aeginetia sinensis* Beck …… 182
150　丁座草 *Boschniakia himalaica* Hooker et Thomson …… 183
151　草苁蓉 *Boschniakia rossica* (Chamisso et Schlechtendal) Fedtschenko …… 184
152　假野菰 *Christisonia hookeri* Clarke …… 185
153　肉苁蓉 *Cistanche deserticola* Ma …… 186
154　蒙古肉苁蓉 *Cistanche mongolica* Beck …… 187
155　盐生肉苁蓉 *Cistanche salsa* (Meyer) Beck …… 188
156　沙苁蓉 *Cistanche sinensis* Beck …… 189
157　蔗寄生 *Gleadovia ruborum* Gamble et Prain …… 190
158　齿鳞草 *Lathraea japonica* Miquel …… 191
159　矮生豆列当 *Mannagettaea hummelii* Smith …… 192
160　豆列当 *Mannagettaea labiata* Smith …… 193
161　分枝列当 *Orobanche aegyptiaca* Persoon …… 194
162　白花列当 *Orobanche alba* Stephan …… 195
163　美丽列当 *Orobanche amoena* Meyer …… 196
164　光药列当 *Orobanche brassicae* Novopokrovsky …… 197
165　弯管列当 *Orobanche cernua* Loefling …… 198
166　列当 *Orobanche coerulescens* Stephan …… 199
167　毛药列当 *Orobanche ombrochares* Hance …… 200
168　黄花列当 *Orobanche pycnostachya* Hance …… 201
169　滇列当 *Orobanche yunnanensis* (Beck) Handel-Mazzetti …… 202
170　黄筒花 *Phacellanthus tubiflorus* Siebold et Zuccarini …… 203

第三章　桑寄生科寄生植物 …… 204

171　五蕊寄生 *Dendrophthoe pentandra* (Linnaeus) Miquel …… 209
172　大苞鞘花 *Elytranthe albida* (Blume) Blume …… 210
173　离瓣寄生 *Helixanthera parasitica* Loureiro …… 211
174　油茶离瓣寄生 *Helixanthera sampsonii* (Hance) Danser …… 212
175　椆树桑寄生 *Loranthus delavayi* Tieghem …… 213

176 华中桑寄生 *Loranthus pseudo-odoratus* Lingelsheim ······ 214
177 北桑寄生 *Loranthus tanakae* Franchet et Savatier ······ 215
178 双花鞘花 *Macrosolen bibracteolatus* (Hance) Danser ······ 216
179 鞘花 *Macrosolen cochinchinensis* (Loureiro) Tieghem ······ 217
180 梨果寄生 *Scurrula atropurpurea* (Blume) Danser ······ 218
181 滇藏梨果寄生 *Scurrula buddleioides* (Desrousseaux) Don ······ 219
182 卵叶梨果寄生 *Scurrula chingii* (Cheng) Kiu ······ 220
183 小叶梨果寄生 *Scurrula notothixoides* (Hance) Danser ······ 221
184 红花寄生 *Scurrula parasitica* Linnaeus ······ 222
185 松柏钝果寄生 *Taxillus caloreas* (Diels) Danser ······ 223
186 广寄生 *Taxillus chinensis* (Candolle) Danser ······ 224
187 柳树寄生 *Taxillus delavayi* (Tieghem) Danser ······ 225
188 小叶钝果寄生 *Taxillus kaempferi* (Candolle) Danser ······ 226
189 锈毛钝果寄生 *Taxillus levinei* (Merrill) Kiu ······ 227
190 木兰寄生 *Taxillus limprichtii* (Gruning) Kiu ······ 228
191 枫香钝果寄生 *Taxillus liquidambaricola* (Hayata) Hosokawa ······ 229
192 毛叶钝果寄生 *Taxillus nigrans* (Hance) Danser ······ 230
193 油杉钝果寄生 *Taxillus renii* Kiu ······ 231
194 龙陵钝果寄生 *Taxillus sericus* Danser ······ 232
195 桑寄生 *Taxillus sutchuenensis* (Lecomte) Danser ······ 233
196 滇藏钝果寄生 *Taxillus thibetensis* (Lecomte) Danser ······ 234
197 莲华池寄生 *Taxillus tsaii* Chiu ······ 235
198 黔桂大苞寄生 *Tolypanthus esquirolii* (Leveille) Lauener ······ 236
199 大苞寄生 *Tolypanthus maclurei* (Merrill) Danser ······ 237

第四章　槲寄生科寄生植物 ······ 238

200 油杉寄生 *Arceuthobium chinense* Lecomte ······ 242
201 高山松寄生 *Arceuthobium pini* Hawksworth et Wiens ······ 243
202 栗寄生 *Korthalsella japonica* (Thunberg) Engler ······ 244
203 扁枝槲寄生 *Viscum articulatum* Burman ······ 245
204 槲寄生 *Viscum coloratum* (Komarov) Nakai ······ 246
205 棱枝槲寄生 *Viscum diospyrosicola* Hayata ······ 247
206 枫香槲寄生 *Viscum liquidambaricola* Hayata ······ 248
207 五脉槲寄生 *Viscum monoicum* Roxburgh ex Candolle ······ 249
208 柄果槲寄生 *Viscum multinerve* (Hayata) Hayata ······ 250
209 绿茎槲寄生 *Viscum nudum* Danser ······ 251
210 瘤果槲寄生 *Viscum ovalifolium* Wallich ex Candolle ······ 252

第五章　百蕊草科寄生植物 ······ 253

211 秦岭米面蓊 *Buckleya graebneriana* Diels ······ 255

212 米面蓊 *Buckleya lanceolata* (Siebold et Zuccarini) Miquel ······ 256
213 华北百蕊草 *Thesium cathaicum* Hendrych ······ 257
214 百蕊草 *Thesium chinense* Turczaninow ······ 258
215 藏南百蕊草 *Thesium emodi* Hendrych ······ 259
216 露柱百蕊草 *Thesium himalense* Royle ex Edgeworth ······ 260
217 长花百蕊草 *Thesium longiflorum* Handel-Mazzetti ······ 261
218 长叶百蕊草 *Thesium longifolium* Turczaninow ······ 262
219 滇西百蕊草 *Thesium ramosoides* Hendrych ······ 263
220 急折百蕊草 *Thesium refractum* Meyer ······ 264
221 远苞百蕊草 *Thesium remotebracteatum* Wu et Tao ······ 265

第六章 蛇菰科寄生植物 ······ 266

222 川藏蛇菰 *Balanophora fargesii* (Tieghem) Harms ······ 269
223 红冬蛇菰 *Balanophora harlandii* Hooker ······ 270
224 宜昌蛇菰 *Balanophora henryi* Hemsley ······ 271
225 印度蛇菰 *Balanophora indica* (Arnott) Griffith ······ 272
226 红烛蛇菰 *Balanophora kawakamii* Valeton ······ 273
227 疏花蛇菰 *Balanophora laxiflora* Hemsley ······ 274
228 杯茎蛇菰 *Balanophora subcupularis* Tam ······ 275
229 海桐蛇菰 *Balanophora tobiracola* Makino ······ 276
230 盾片蛇菰 *Rhopalocnemis phalloides* Junghuhn ······ 277

第七章 榄仁檀科寄生植物 ······ 278

231 异花寄生藤 *Dendrotrophe platyphylla* (Sprengel) Xia et Gilbert ······ 280
232 寄生藤 *Dendrotrophe varians* (Blume) Miquel ······ 281
233 重寄生 *Phacellaria fargesii* Lecomte ······ 282
234 硬序重寄生 *Phacellaria rigidula* Bentham ······ 283
235 长序重寄生 *Phacellaria tonkinensis* Lecomte ······ 284

第八章 旋花科寄生植物 ······ 285

236 南方菟丝子 *Cuscuta australis* Brown ······ 291
237 原野菟丝子 *Cuscuta campestris* Yuncker ······ 292
238 菟丝子 *Cuscuta chinensis* Lamarck ······ 293
239 欧洲菟丝子 *Cuscuta europaea* Linnaeus ······ 294
240 金灯藤 *Cuscuta japonica* Choisy ······ 295
241 啤酒花菟丝子 *Cuscuta lupuliformis* Krocker ······ 296
242 大花菟丝子 *Cuscuta reflexa* Roxburgh ······ 297

第九章 其他寄生植物 ······ 298

243 檀梨 *Pyrularia edulis* (Wallich) Candolle ······ 300

244 硬核 *Scleropyrum wallichianum* (Wight et Arnott) Arnott ······ 301
245 尖叶铁青树 *Olax acuminata* Wallich ex Bentham ······ 302
246 疏花铁青树 *Olax austrosinensis* Ling ······ 303
247 铁青树 *Olax imbricata* Roxburgh ······ 304
248 山柑藤 *Cansjera rheedei* Gmelin ······ 305
249 台湾山柚 *Champereia manillana* (Blume) Merrill ······ 306
250 鳞尾木 *Lepionurus sylvestris* Blume ······ 307
251 尾球木 *Urobotrya latisquama* (Gagnepain) Hiepko ······ 308
252 长蕊甜菜树 *Yunnanopilia longistaminea* (Li) Wu et Li ······ 309
253 沙针 *Osyris lanceolata* Hochstetter et Steudel ······ 310
254 华南青皮木 *Schoepfia chinensis* Gardner et Champion ······ 311
255 香芙木 *Schoepfia fragrans* Wallich ······ 312
256 青皮木 *Schoepfia jasminodora* Siebold et Zuccarini ······ 313
257 蒜头果 *Malania oleifera* Chun et Lee ······ 314
258 帽蕊草 *Mitrastemon yamamotoi* Makino ······ 315
259 寄生花 *Sapria himalayana* Griffith ······ 316
260 锁阳 *Cynomorium songaricum* Ruprecht ······ 317
261 无根藤 *Cassytha filiformis* Linnaeus ······ 318

参考文献 ······ 319

附录　中国分布的寄生植物及其寄生类型 ······ 327

物种中文名索引 ······ 342

物种拉丁名索引 ······ 345

第一章　寄生植物概述

自然界的多数植物具有绿色叶片和健全的根系，可直接从土壤中吸收矿质养分和水分，并通过光合作用合成自身需要的有机物，这些植物被称为自养型植物。然而，有些植物在适应环境过程中进化出了其他养分吸收策略——依靠其他生物提供部分或全部有机养分，这些植物被称为异养型植物。寄生植物（parasitic plant）是异养型植物中的一个重要类群，占被子植物总数的1%以上，广泛分布于陆地生态系统。寄生植物有自己的特征器官，并具有特殊的生理生态特性，在生态系统中发挥着重要而独特的作用。

关于寄生植物的文字记录始见于公元前372～前287年，著名的希腊植物学家狄奥弗拉斯图斯（Theophrastus）对菟丝子属*Cuscuta*的寄生植物做了简单的形态描述。除此之外，在19世纪以前的文献中罕见关于寄生植物的记载。进入19世纪以后，陆续出现了一些关于拥有奇特外形的寄生植物的报道，如大花草科Rafflesiaceae和蛇菰科Balanophoraceae的植物。但当时人们对寄生植物的认知极为有限，并不知道这些植物是寄生植物，而将其误认为大型真菌。尽管人们对几种寄生性杂草及其农业危害的认识已有数个世纪之久，但早期植物学文献中却鲜见关于寄生植物寄生特性的记载。直到20世纪50年代，独脚金*Striga asiatica*对美国玉米生产造成严重威胁，才引起人们对寄生植物的较多关注，针对独脚金的寄生生理和防控措施开展了一系列研究。20世纪70年代和80年代，寄生植物对作物的严重危害令非洲多个遭遇饥荒的国家雪上加霜。这使人们深刻认识到对寄生植物开展深入研究的必要性，进一步推动了世界范围内对寄生植物多方面的研究。然而，早期对寄生植物的研究多集中在几种恶性寄生杂草的防控方面，对于大多数寄生植物来说，研究历史并不长。很多寄生植物的寄生特性和生态影响至今仍是未解之谜。

尽管寄生植物种类丰富、分布广泛，但相对于其他植物类群，人们对寄生植物的关注十分有限。即便是专门阐述寄生生物的早期论著，对寄生植物的描述也常一笔带过，或仅有寥寥数语。1969年，美国维多利亚大学的约伯·库伊特（Job Kuijt）撰写了《寄生性显花植物生物学》（*The Biology of Parasitic Flowering Plants*）。这是第一部从寄生生物学角度较为全面地介绍寄生植物的著作，对寄生植物研究领域的发展起到了积极的推动和引导作用。1995年，英国谢菲尔德大学的马尔科姆·普瑞斯（Malcolm Press）和约克大学的乔纳森·格雷夫斯（Jonathan Graves）联合美国、英国、瑞典、澳大利亚的16位寄生植物研究专家，对寄生植物生物学领域的研究进展做了全面综述，并撰写了《寄生植物》（*Parasitic Plants*）一书，将寄生植物生物学研究推向新的理论高度。2008年，丹麦哥本哈根大学的亨宁·海德-约恩森（Henning Heide-Jørgensen）撰写了《寄生性显花植物》（*Parasitic Flowering Plants*），从生态学和系统学角度对世界各地的代表性寄生植物进行了图文并茂的描述。2013年，以色列农业研究组织沃卡尼中心的丹尼尔·乔尔（Daniel Joel）、以色列魏茨曼科学研究院的乔纳森·格雷赛尔（Jonathan Gressel）和美国欧道明大学的利顿·穆塞尔曼（Lytton Musselman）共同主编《列当科寄生植物：寄生机制和防控策略》（*Parasitic Orobanchaceae: Parasitic Mechanisms and Control Strategies*），联合世界各洲近40位从事列当科寄生植物研究的科学家，对列当科寄生植物的研究进展做了全面综述。除了这4本寄生植物研究领域的经典著作，也有数本有关寄生杂草防控或区域寄生植物名录的图书出版。然而，相对于数以千计的其他植物类群的论著，寄生植物方面的论著未免显得单薄。尽管寄生植物研究领域的期刊论文数量近几年有明显增多的趋势，但整体研究力度仍与其他植物类群相去甚远，公众对寄生植物的认知程度也亟待提升。

早期关于寄生植物的研究多集中于寄生特性的调查、寄主范围的分析、寄生器官的形态与解剖学观察、生理特性监测与生态功能解析等方面。近些年来，随着现代研究技术，尤其是多组学技术和人工智能的飞速发展，对寄生植物的研究也不断向纵深推进。关于寄生植物与寄主植物之间信号传递和吸器发生调控机理的研究取得了多项突破性进展。在研究广度上，已从先前的寄生植物和寄主植物之间的双重互作研究逐步向多物种互作研究发展。在对待寄生植物的态度上，也从先前的敌对、排斥态度逐步转变得较为理性和客观。寄生性资源植物的安全利用和部分濒危寄生植物的多样性保护也得到越来越多的关注。

本章将概述寄生植物的定义、类型、主要类群、地理分布及其生态影响。

第一节　寄生植物的定义和寄生类型

一、寄生植物的定义

从严格意义上讲，寄生植物是指能够形成寄生器官，与寄主植物建立直接维管组织连接，并从寄主植物中获取养分和水分等资源以满足自身生长发育需要，对寄主植物生长发育造成不利影响的植物类群。寄生植物的形态丰富多样（图1.1），从低矮草本到参天大树，从笔直挺立到攀缘缠绕，从苍翠葱郁到绿色尽失，姿态万千，形状各异，很难用统一的植株形态特征来界定。然而，尽管寄生植物形态多样，对寄主植物的依赖程度各异，但通过形成寄生器官从寄主植物中获取养分等资源是寄生植物的共同鉴别特征。寄生植物的寄生器官称为吸器（haustorium）。吸器是寄生植物从寄主植物中直接获取资源的唯一通道，也是区别寄生植物与非寄生植物的特征器官。

二、寄生植物的特征器官——吸器

将“haustorium”一词用于寄生植物描述的文字记载最早出现在1813年，德·堪多（de Candolle）将菟丝子与寄主之间的桥状连接称为吸器。寄生植物的吸器是一种特化的多细胞结构，可以附着并侵入寄主植物组织中，从寄主植物中获取养分和水分等资源。作为寄生植物从寄主植物中获取养分的唯一通道，吸器发生和正常分化是建立寄生关系的必要环节，其数量和质量直接影响寄生关系和寄生强度。

根据细胞分化来源不同，可将寄生植物的吸器分为两种类型：初生吸器（primary haustorium）和次生吸器（secondary haustorium）。前者在种子萌发时即可形成，总是形成于胚根顶端，常被称作顶生吸器（terminal haustorium），只在专性寄生植物中产生；后者多在种子萌发后的幼苗阶段形成，大量发生并总是侧生，常被称作侧生吸器（lateral haustorium）。一些寄生植物只形成顶生吸器，如槲寄生属 *Viscum* 的寄生植物；部分寄生植物既可形成顶生吸器又可形成侧生吸器，如独脚金属 *Striga*、列当属 *Orobanche* 的寄生植物；而有些寄生植物则只形成侧生吸器，如马先蒿属 *Pedicularis*、菟丝子属、无根藤属 *Cassytha* 的寄生植物。偶尔可见侧生吸器因前端组织凋落而呈顶生的假象。

吸器具有非常丰富的形态多样性（图1.2）。寄生植物种类不同，所产生吸器的形状、大小、质地等均存在较大差异。一般来说，草本寄生植物产生的吸器较小，木质化程度也较低；灌木和乔

图1.1　寄生植物的形态多样性

A：蒜头果 *Malania oleifera*；B：三色马先蒿 *Pedicularis tricolor*；C：扁枝槲寄生 *Viscum articulatum*；D：毛叶钝果寄生 *Taxillus nigrans*；E：无根藤 *Cassytha filiformis*；F：锁阳 *Cynomorium songaricum*；G：南方菟丝子 *Cuscuta australis*；H：列当 *Orobanche coerulescens*；I：寄生花 *Sapria himalayana*；J：帽蕊草 *Mitrastemon yamamotoi*

图1.2　寄生植物吸器的形态多样性

A：大花菟丝子 *Cuscuta reflexa* 的侧生吸器；B：扁枝槲寄生 *Viscum articulatum* 的顶生吸器；C：桑寄生 *Taxillus sutchuenensis* 的侧生吸器；D：无根藤 *Cassytha filiformis* 的侧生吸器；E：三色马先蒿 *Pedicularis tricolor* 的侧生吸器；F：列当 *Orobanche coerulescens* 的顶生吸器；G：红花寄生 *Scurrula parasitica* 的顶生吸器；H：蒜头果 *Malania oleifera* 的侧生吸器；I：丁座草 *Boschniakia himalaica* 的顶生吸器；J：帽蕊草 *Mitrastemon yamamotoi* 的顶生吸器

木类寄生植物产生的吸器较大，成熟吸器的木质化程度较高。除受寄生植物自身影响外，吸器大小还与吸器类型和寄主种类有关。相对于侧生吸器，顶生吸器的个体一般较大。同一种寄生植物寄生于不同寄主时，在较优寄主上产生的吸器通常较大、数量也较多。但吸器数量和大小并不能作为评判寄主优劣的唯一指标。在侵入寄主之前，多数寄生植物的吸器先产生具附着功能的结构或分泌黏液，以稳固寄生植物与寄主之间的连接。一些根寄生植物的吸器表面产生吸器毛（haustorium hair），从形态上看类似于根毛，但表面有乳突状或颗粒状突起，并分泌具粘合作用的物质，常在吸器和寄主植物的接触界面形成连续的一层，增加寄生植物与寄主的连接强度。一些寄生植物的吸器会形成发达的垫状结构，包裹寄主植物的枝干或根段。此外，还有些寄生植物，种子萌发后侵入寄主，完全在寄主内发育，其维管组织与寄主的维管组织紧密融合，从外部看不到附着结构，如内寄生植物（endophyte）的吸器。

尽管寄生植物的吸器形态各异，但分化成熟的吸器均兼具物理连接和生理桥梁的作用，既是连接寄生植物和寄主维管组织的物理结构，又是寄生植物从寄主中获取养分、水分及次生代谢产物的直接生理通道。吸器与寄主植物维管组织接触的部位不同，所吸收的物质也不同。一些寄生植物的吸器仅通过木质桥（xylem bridge）与寄主的木质部相连。这些植物主要从寄主中获取水分和无机盐，如列当科马先蒿属的根部半寄生植物。有些寄生植物形成的吸器与寄主维管组织之间兼有木质部和韧皮部的连接。这些寄生植物通常从寄主中获取生存所需的全部养分和水分，如多数全寄生植物和部分专性半寄生植物。然而，并非所有专性寄生植物形成的吸器都与寄主韧皮部直接相连。在有些寄生植物形成的吸器中，虽然与寄主之间没有明显的韧皮部连接，但可通过薄壁细胞转运部分有机养分。此外，多数植物的木质部导管中也存在一些可溶性有机化合物。因此，即便是与寄主之间仅有木质部连接的根部半寄生植物，也可从寄主中获取一定量的有机养分。除了养分和水分，寄生植物也通过吸器获取寄主的次生代谢产物。部分从寄主中获得的次生代谢产物对提升寄生植物的环境适应性和抗逆水平有重要作用。

除了作为寄生植物和寄主间养分、水分及次生代谢产物等小分子交流的桥梁，吸器也是寄生植物和寄主间核酸及蛋白质等大分子的交流通道，在寄生植物与寄主的信号交流中发挥着重要作用。研究表明，一些寄生植物和寄主间存在大量的蛋白质交流，部分蛋白质在转运后仍保留着生物学功能。寄生植物也可以通过吸器分泌一些效应因子，进而有效降低寄主的免疫反应。此外，部分寄生植物的吸器还具有物质合成功能。

关于吸器的进化起源，目前有两种主要观点：一种观点认为，调控吸器发生的基因源自其他生物的基因水平转移；另一种观点认为，吸器的发生源于植物自身基因进化出了新的功能。目前获得的分子生物学证据倾向于支持第二种观点，即调节寄生植物吸器发生的基因在自养植物中广泛存在，只是在寄生植物中的功能发生了变化，进化出了调控吸器发生和分化的新功能。然而，这些基因结构和功能在寄生植物进化过程中经历了怎样的变化以及如何变化，至今仍是待解之谜。

吸器的发生受一系列复杂的细胞化学和分子生物学过程的调控。吸器形成过程包括寄生植物对寄主信号诱导的感应及细胞的扩增和分化，以及随后接触并侵入寄主植物。寄生植物和寄主维管组织的连通标志着功能性吸器的形成。能诱导寄生植物形成吸器的物质称为吸器诱导因子（haustorium inducing factor）。不同寄生植物的吸器诱导因子不同，所需的有效诱导浓度也存在较大差异。目前对列当科寄生植物的吸器诱导因子研究得最为深入。已知的列当科寄生植物吸器诱导因子主要有醌类（quinones）、黄酮类（flavonoids）、木质素类（lignin unites）、细胞分裂素类（cytokinins）、氧化环已烯（cyclohexene oxide）等。生长素类（auxins）尽管不直接作为吸器诱导因子发挥作用，但能显著增强吸器诱导因子的诱导效应，并在吸器发生和分化过程中发挥重要作用。

三、寄生植物的主要类型

寄生植物种类繁多，形态多样，有草本、小灌木、藤本、小乔木及乔木多种生活型。可以根据不同分类依据将寄生植物划分为不同寄生类型（图1.3）。

图1.3 常见的寄生植物类型及代表物种

A：黄筒花*Phacellanthus tubiflorus*，根部全寄生植物；B：三色马先蒿 *Pedicularis tricolor*，根部半寄生植物；C：欧洲菟丝子*Cuscuta europaea*，茎部全寄生植物；D：槲寄生*Viscum coloratum*，茎部半寄生植物

根据吸器在寄主植物上的吸附位置，可将寄生植物分为根寄生植物（root parasitic plant，图1.3A和B）和茎寄生植物（stem parasitic plant，图1.3C和D）两种类型。自然界中约60%的寄生植物为根寄生植物，茎寄生植物相对较少（占40%左右）。根寄生植物的吸器吸附于其他植物根部，通过与寄主根部建立维管组织连接，从寄主中获取养分等物质，如列当属、蛇菰属*Balanophora*、马先蒿属的寄生植物。茎寄生植物的吸器吸附于寄主植物的地上部分，以吸器吸附于茎枝最为常见，也有部分吸器吸附于叶片或者其他器官。常见的茎寄生植物有菟丝子属、无根藤属、钝果寄生属*Taxillus*、槲寄生属*Viscum*等的寄生植物。然而，根寄生植物和茎寄生植物的界限有时并不十分清晰。例如，有些寄生植物既可在寄主的根部形成吸器，也可在寄主的茎部形成吸器。判断一种植物是根寄生还是茎寄生，常根据该植物多数情况下最先在寄主的哪个部位与寄主建立寄生关系。部分寄生植物生活史中的绝大部分时间潜藏在寄主组织中，只在开花时才长出寄主体外。这些寄生植物被称为内寄生植物，如大花草

属*Rafflesia*、藤寄生属*Rhizanthes*、寄生花属*Sapria*的寄生植物。

根据植株是否含叶绿素、能否进行光合作用，可将寄生植物分为全寄生植物（holoparasitic plant，图1.3A和C）和半寄生植物（hemiparasitic plant，图1.3B和D）。寄生植物中全寄生植物仅占10%左右，约90%的寄生植物是半寄生植物。全寄生植物不含叶绿素，不能进行光合作用，依赖寄主植物获得全部养分和水分，如列当属、蛇菰属、大花草属以及多数菟丝子属的寄生植物。半寄生植物常具绿色叶片，或不具绿色叶片但其他器官含有一定量的叶绿素，保留了部分光合能力，仍需依靠寄主植物提供部分养分和水分，如马先蒿属、槲寄生属和无根藤属的寄生植物。菟丝子属的个别种类如大花菟丝子*Cuscuta reflexa*因为茎部含有叶绿素，保留着微弱的光合能力，也常被列为半寄生植物。半寄生植物中，根据对寄主植物的依赖程度，又可进一步细分为两类：一类可在没有寄主植物的条件下独立完成生活史，被称为兼性半寄生植物（facultative hemiparasite），如马先蒿属的部分种类；另一类则必须依赖寄主植物才能完成生活史，被称为专性半寄生植物（obligate hemipatasite），如独脚金属的植物。由于在自然生态系统中，兼性半寄生植物的生长很难排除其他植物根系的影响，而在优化的人工培养体系中，专性半寄生植物也可在没有寄主的条件下完成生活史，因此关于是否存在严格意义上的兼性半寄生植物和专性半寄生植物的划分，一直存在争议。

四、容易被误认为寄生植物的植物类群

由于有关寄生植物的研究相对较少，且寄生植物形态多样，很难从植株形态上对寄生植物作出明确界定，人们对寄生植物的认识存在一些概念上的混淆，常将没有绿色叶片的植物统统归为寄生植物，甚至将对其他植物仅有物理依附关系的植物也误认为寄生植物。常见的易和寄生植物混淆的植物类群有真菌异养型植物（mycoheterotroph）、附生植物（epiphyte）、绞杀植物（strangler）和部分具吸盘或气生根的攀援植物（climber）。这里对几类易和寄生植物混淆的植物类群与寄生植物进行简要对比（表1.1），以便帮助读者更深入、准确地认识寄生植物。

表1.1　容易和寄生植物混淆的植物类群与寄生植物对照表

类群	特征	是否与其他植物建立维管组织连接	是否从其他植物中获取养分等资源	对其他植物的影响	代表物种
寄生植物	形成吸器，从其他植物获取养分或水分	是	是	常抑制寄主生长发育	桑寄生 *Taxillus sutchuenensis*、菟丝子 *Cuscuta chinensis*、列当 *Orobanche coerulescens*、寄生花 *Sapria himalayana*
真菌异养型植物	通过真菌菌丝从其他植物或土壤中获取养分	否	是	通常无直接影响	头花水玉簪 *Burmannia championii*、星花无叶莲 *Petrosavia stellaris*、大柱霉草 *Sciaphila secundiflora*、天麻 *Gastrodia elata*
附生植物	附生于其他植物枝干	否	否	几乎不影响支撑植物的生长发育	松萝 *Usnea diffracta*、光石韦 *Pyrrosia calvata*、钗子股 *Luisia morsei*、白花树萝卜 *Agapetes mannii*
绞杀植物	通过盘绞杀死支撑植物	否	否	生长一定阶段后抑制支撑植物的生长，甚至绞死支撑植物	斜叶榕 *Ficus tinctoria*、黄葛树 *Ficus virens*
具吸盘或气生根的攀援植物	通过吸盘或吸附根攀爬在无生命支撑物或其他植物的枝干	否	否	遮蔽树冠时影响支撑植物的光合作用、抑制支撑植物的生长	地锦 *Parthenocissus tricuspidata*、常春藤 *Hedera nepalensis*

真菌异养型植物中有些种类具有绿色叶片，部分种类没有绿色叶片，完全丧失光合能力，从形态上看类似于全寄生植物（图1.4）。那些没有绿色叶片的真菌异养型植物更容易被误认为是寄生植物。真菌异养型植物并不通过形成吸器与其他植物建立直接的维管组织连接，而是通过菌根真菌的菌丝从其他植物和土壤中获取养分，或通过腐生真菌的菌丝获取养分，因此有别于寄生植物。真菌异养型植物全世界有400余种。容易与全寄生植物混淆的真菌异养型植物包括水玉簪科Burmanniaceae、白玉簪科Corsiaceae、兰科Orchidaceae、无叶莲科Petrosaviaceae、霉草科Triuridaceae、杜鹃花科水晶兰亚科水晶兰族Monotropeae、松滴兰族Pterosporeae及龙胆科Gentianaceae的一些植物。

图1.4　通过真菌的菌丝获取养分的真菌异养型植物

A：头花水玉簪 *Burmannia championii*；B：星花无叶莲 *Petrosavia stellaris*；C：大柱霉草 *Sciaphila secundiflora*；D：天麻 *Gastrodia elata*

附生植物通常长在其他植物的枝干上（图1.5），多数情况下植株在整个生活史中都不与地面接触。很多苔藓、地衣、蕨类以及兰科的植物是常见的附生植物。附生植物对支撑植物的依赖仅限于物理支撑，并不与支撑植物建立维管组织连接，也不从支撑植物中获取养分或水分，而是利用空气中的水分和养分自身合成有机养分。附生植物一般对支撑植物的生长发育没有明显影响。

图1.5　依靠其他植物提供物理支撑的附生植物

A：附生苔藓；B：松萝 *Usnea diffracta*；C：黄杨叶芒毛苣苔 *Aeschynanthus buxifolius*；D：光石韦 *Pyrrosia calvata*；E：钗子股 *Luisia morsei*；F：白花树萝卜 *Agapetes mannii*

绞杀植物是热带雨林中的常见种类，主要是一些榕属*Ficus*的植物，全世界共200余种。绞杀植物的种子常在其他植物枝干上萌发，根部下扎并缠绕支撑植物茎干（图1.6），向上攀缘抵达支撑植物冠层，与支撑植物争夺阳光。绞杀植物扎根后生长加速，虽然不具有寄生特性，但与支撑植物争夺阳光，削弱支撑植物的光合作用，同时因紧紧缠绕支撑植物茎干，导致支撑植物的输导组织受到挤压，养分和水分运输受到限制，甚至运输通道被完全阻断，使支撑植物的生长逐步受抑，直至死亡。支撑植物死亡后，枝干逐渐腐朽，只留下由绞杀植物的气生根盘绕而成的树洞。

图1.6　与支撑植物争夺阳光并缠绕阻滞支撑植物生长发育的绞杀植物

A：被斜叶榕*Ficus tinctoria*绞杀的植物（黑色树干）；B：绞杀植物的气生根勒进支撑植物的树干；C：被黄葛树*Ficus virens*绞杀的支撑植物主干腐朽后留下树洞

部分产生吸盘或气生根的吸附类攀援植物也容易被误认为是寄生植物。这些植物常通过吸盘或气生根吸附在墙壁或一些木本植物的树干上（图1.7）。然而，这些吸盘或气生根只具有吸附作用，并不穿透植物皮层而与支撑植物建立维管组织连接，与支撑植物间没有直接的物质交流。吸附类攀援植物一般不对其他植物造成明显影响，但生物量过大并遮盖树冠时，会影响支撑植物的光合作用，削弱支撑植物的长势。常见的吸附类攀援植物有葡萄科Vitaceae地锦属*Parthenocissus*、五加科Araliaceae常春藤属*Hedera*的植物。

图1.7　具有吸盘或气生根的吸附类攀援植物

A：具吸盘的攀援植物三叶地锦*Parthenocissus semicordata*；B：地锦*Parthenocissus tricuspidata*的吸盘；C：异叶地锦*Parthenocissus dalzielii*的吸盘；D：具气生根的攀援植物常春藤 *Hedera nepalensis*；E：常春藤的气生根

第二节　寄生植物的种类和分布

一、世界寄生植物的种类和分布

寄生植物在陆地生态系统中广泛存在，种类繁多。除分布在新喀里多尼亚的罗汉松科Podocarpaceae寄生松*Parasitaxus usta*为裸子植物外，其余寄生植物均为被子植物。目前全世界有记录的寄生性被子植物共4851种，占被子植物总物种数的1%以上，每年还不断有新种发表。由于水平基因转移现象在寄生植物中较为普遍，部分种类之间的系统发育关系尚不十分明朗，历经多次修订仍存异议。基于核酸序列、线粒体序列及全基因组序列的最新分析结果显示，寄生性被子植物分属于12目27科286属，皆为真双子叶植物。

寄生植物在被子植物中并非单次起源，而是经历了12次独立进化事件（图1.8）。在进化出的寄生植物12个目中，除檀香目Santalales有16个科的植物进化出了寄生特性外，其余的11个目均仅有一个科包含寄生植物。在进化出寄生特性的植物类群中，有些科仅有半寄生植物，如樟科Lauraceae和刺球果科Krameriaceae；有些科仅包含全寄生植物，如多室花科Lennoaceae、帽蕊草科Mitrastemonaceae、蛇菰科Balanophoraceae、宿苞蛇菰科Mystropetalaceae、簇花草科Cytinaceae、离花科Apodanthaceae、大花草科Rafflesiaceae、锁阳科Cynomoriaceae、菌花科Hydnoraceae；而列当科Orobanchaceae和旋花科Convolvulaceae则既包含半寄生植物又包含全寄生植物。

这里根据寄生植物数量依次简要介绍各类群的物种数量和世界分布情况。

1. 檀香目

檀香目Santalales是包含寄生植物种类最多的一个目，除赤苍藤科Erythropalaceae、润肺木科Strombosiaceae、蚁母檀科Octoknemaceae、檀榛科Coulaceae 4个科为非寄生植物外，其余16科166属2357种均为寄生植物。檀香目的寄生植物广布世界各地，主要分布在热带和亚热带地区。除蛇菰科Balanophoraceae和宿苞蛇菰科Mystropetalaceae共17属45种为根部全寄生植物外，该目其余149属2312种寄生植物均为半寄生植物，且多为茎部半寄生植物。在生活型上，檀香目的寄生植物包括乔木、灌木、一年生或多年生草本。桑寄生科Loranthaceae、槲寄生科Viscaceae、百蕊草科Thesiaceae是檀香目寄生植物数量较多的3个科。桑寄生科包含寄生植物76属1046种，多数种类为茎部半寄生植物，少数为根部半寄生植物，寄主范围通常较广，主要为乔木。槲寄生科有寄生植物7属563种，全部为茎寄生植物，部分种类的寄主范围较窄，但多数具有较广的寄主范围。百蕊草科包含寄生植物4属356种，全部为根部半寄生植物，寄主范围较广，寄主多为草本或小灌木。

2. 唇形目

列当科Orobanchaceae是唇形目Lamiales中唯一一个包含寄生植物的科，也是寄生植物中包含物种种类最多的科。列当科中除了钟萼草属*Lindenbergia*、地黄属*Rehmannia*、崖白菜属*Triaenophora*三个属为非寄生植物，其余104属2158种均为根寄生植物，其中根部半寄生植物84属1845种、根部全寄生植物20属313种。列当科的寄生植物多数为草本植物，也有少数种类为小灌木，除南极洲没有分布外，广泛分布于世界各地，尤以欧亚大陆、北美洲、南美洲及大洋洲的温带地区和非洲的热带地区分布最为广泛。列当科的多数种类寄主范围非常广，但部分种类对寄主具有较强的选择偏好，寄主范围较窄。该科植物中有多种重要的农业杂草，如独脚金属和列当属的寄生植物。独脚金在非洲严重危害高粱等农作物，列当对中东地区的番茄、向日葵等农作物生产造成了严重威胁。

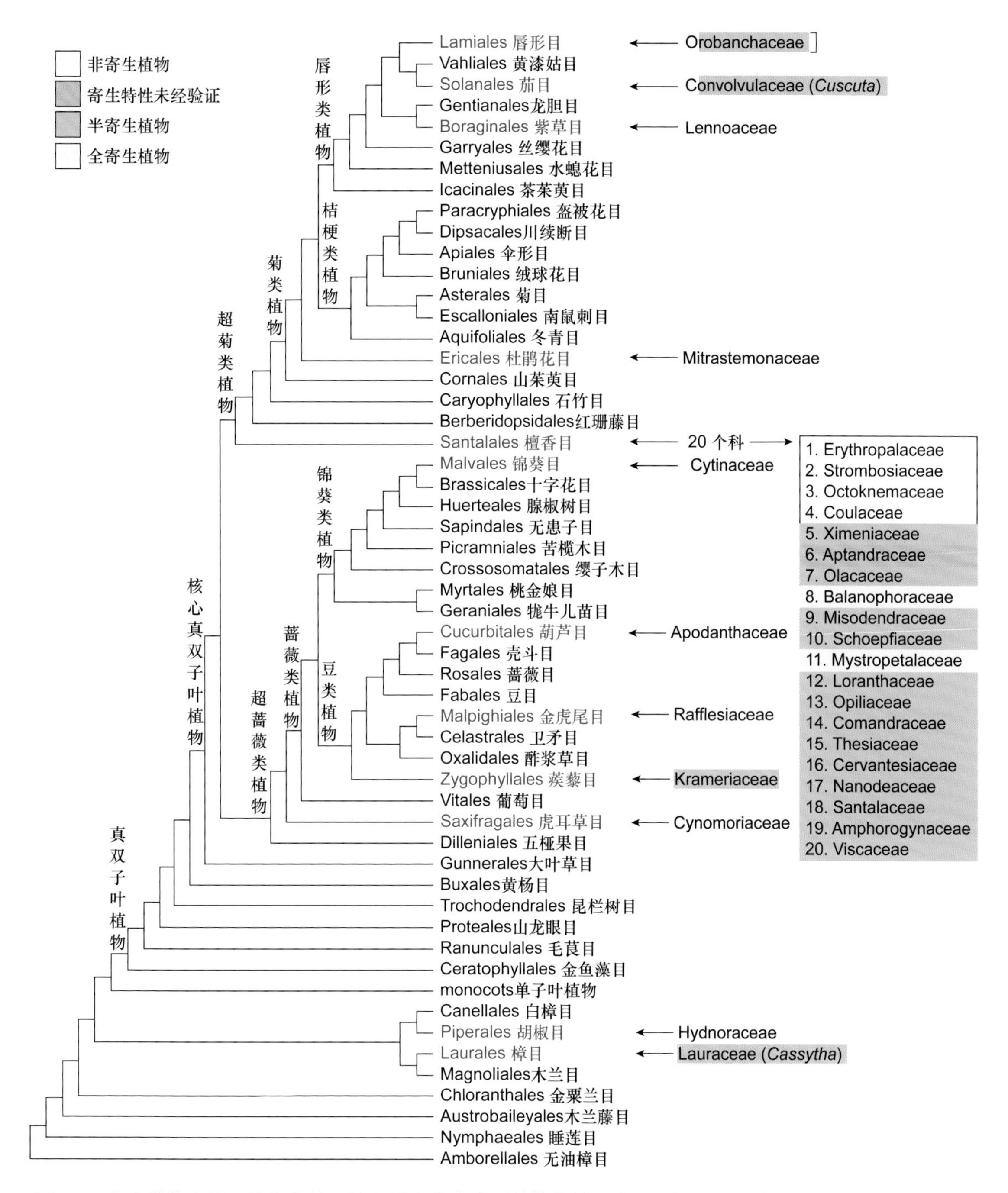

图1.8　寄生植物在被子植物中的系统位置和寄生类型的简化被子植物目级关系系统发育树（Nickrent，2020）

系统发育树中红色字体代表该目包含寄生植物；在科水平，白色背景代表非寄生植物，蓝色背景代表寄生植物的寄生特性尚待试验验证（本书根据分子证据将其归为半寄生植物），绿色背景代表半寄生植物，黄色背景代表全寄生植物

3. 茄目

旋花科Convolvulaceae是茄目Solanales唯一一个包含寄生植物的科。菟丝子属*Cuscuta*是旋花科中唯一一个具有寄生特性的属，共215种。菟丝子属的大多数种类为茎部全寄生植物，仅大花菟丝子等极少数种类含有叶绿素，为茎部半寄生植物。菟丝子属的寄生植物在温带和热带地区广泛分布，以美洲的热带和亚热带地区物种多样性最为丰富，多达150余种。菟丝子属的寄主范围通常十分广，但在单子叶植物尤其是禾本科植物上寄生较为困难。菟丝子属的部分种类为重要的农田和园林杂草。

4. 金虎尾目

大花草科Rafflesiaceae是金虎尾目Malpighiales唯一一个包含寄生植物的科，包括大花草属*Rafflesia*、藤寄生属*Rhizanthes*、寄生花属*Sapria* 3个属，共36种，均为全寄生植物（内寄生），常从寄主根部长出单性花。大花草科的寄生植物多分布在东南亚的热带地区，寄主范围较窄，主要寄生于葡萄科崖爬藤属植物的根上。

5. 蒺藜目

刺球果科Krameriaceae是蒺藜目Zygophyllales唯一一个包含寄生植物的科，仅含刺球果属*Krameria*一个属，共23种，从温带到热带均有分布，主要分布在温暖的中美洲。刺球果属植物为多年生草本、灌木或小乔木，全部为根部半寄生植物，寄主范围广。

6. 樟目

樟科Lauraceae是樟目Laurales唯一一个包含寄生植物的科。无根藤属*Cassytha*是其中唯一一个具有寄生特性的属。该属被正式接受的种有20个，除了无根藤*C. filiformis*呈泛热带分布，其余种多产自大洋洲，非洲、南亚和美洲的部分地区有个别本地种分布。无根藤属植物皆为藤本，含有叶绿素，所有种均为茎部半寄生植物，寄主范围非常广，可寄生于多种乔木、灌木和草本植物。

7. 锦葵目

簇花草科Cytinaceae是锦葵目Malvales唯一一个包含寄生植物的科，包括簇花草属*Cytinus*、美洲簇花草属*Bdallophytum* 2个属，均为根部全寄生植物。簇花草属有8种，主要分布在南非、马达加斯加和地中海地区，寄主范围十分广，可在半日花科等数十个科植物的根部寄生。美洲簇花草属有4种，主要分布在墨西哥到南美洲的北部，寄主范围较广，常见的寄主有豆科、橄榄科、莲叶桐科、弯子木科、桑科、梧桐科的植物。

8. 胡椒目

菌花科Hydnoraceae是胡椒目Piperales中唯一一个包含寄生植物的科，分为鞭寄生属*Hydnora*、牧豆寄生属*Prosopanche* 2个属。鞭寄生属包含9种，广泛分布于非洲和阿拉伯半岛的干旱及半干旱地区。牧豆寄生属包含3种，分布于中美洲、南美洲。该科所有植物在整个生活史中从不产生任何形式的叶片结构，均为根部全寄生植物。鞭寄生属寄生植物的寄主多为豆科金合欢属或大戟科的木本植物。牧豆寄生属中寄生植物的寄主多为牧豆树属或豆科的其他木本植物。

9. 葫芦目

离花科Apodanthaceae 是葫芦目Cucurbitales中唯一一个有寄生植物的科，包括风生花属*Apodanthes*、豆生花属*Pilostyles* 2个属，共10种，均为茎部全寄生植物（内寄生）。风生花属主要分布于中美洲和南美洲热带地区，寄主范围较广，包括杨柳科、橄榄科、楝科等的多种植物。豆生花属主要分布于南美洲、北美洲、非洲、西亚及澳大利亚西南部的热带地区，寄主主要是一些豆科的木本植物。

10. 紫草目

多室花科Lennoaceae，又称盖裂寄生科，是紫草目Boraginales唯一一个包含寄生植物的科，包含沙菰属*Lennoa*、穗沙菰属*Pholisma* 2个属，共4种，均为根部全寄生植物。多室花科主要分布在北美洲和南美洲的沙漠地区，为一年生或多年生肉质草本。沙菰属仅有1种，为一年生草本；穗沙菰属有3种，为多年生草本。多室花科的寄生植物可寄生于菊科硬果菊属和大戟科麻风树属等多种沙生植物的根部。

11. 杜鹃花目

帽蕊草科Mitrastemonaceae是杜鹃花目Ericales唯一一个包含寄生植物的科，仅有帽蕊草属*Mitrastemon*一个属，包括2种，均为根部全寄生植物。帽蕊草属的2种植物呈明显的间断分布特征。帽蕊草*M. yamamotoi*主要分布在东南亚热带或亚热带地区，美洲帽蕊草*M. matudae*则只分布在中美洲。帽蕊草属寄生植物的常见寄主有壳斗科、胡桃科、山毛榉科等的植物。

12. 虎耳草目

锁阳科Cynomoriaceae是虎耳草目Saxifragales唯一一个包含寄生植物的科，只有锁阳属*Cynomorium*一个属，包含2种，分布在地中海到中亚的干旱地区。锁阳科的寄生植物均为根部全寄生植物，寄主范围较窄，主要为苋科滨藜属、蒺藜科白刺属或霸王属的沙生小灌木。

总体来看，寄生植物中以半寄生植物为主（图1.9）。在已报道的4851种寄生植物中，全寄生植物仅约占11%，而半寄生植物约占89%。多数寄生植物寄生于寄主根部，根寄生植物约占60%，茎寄生

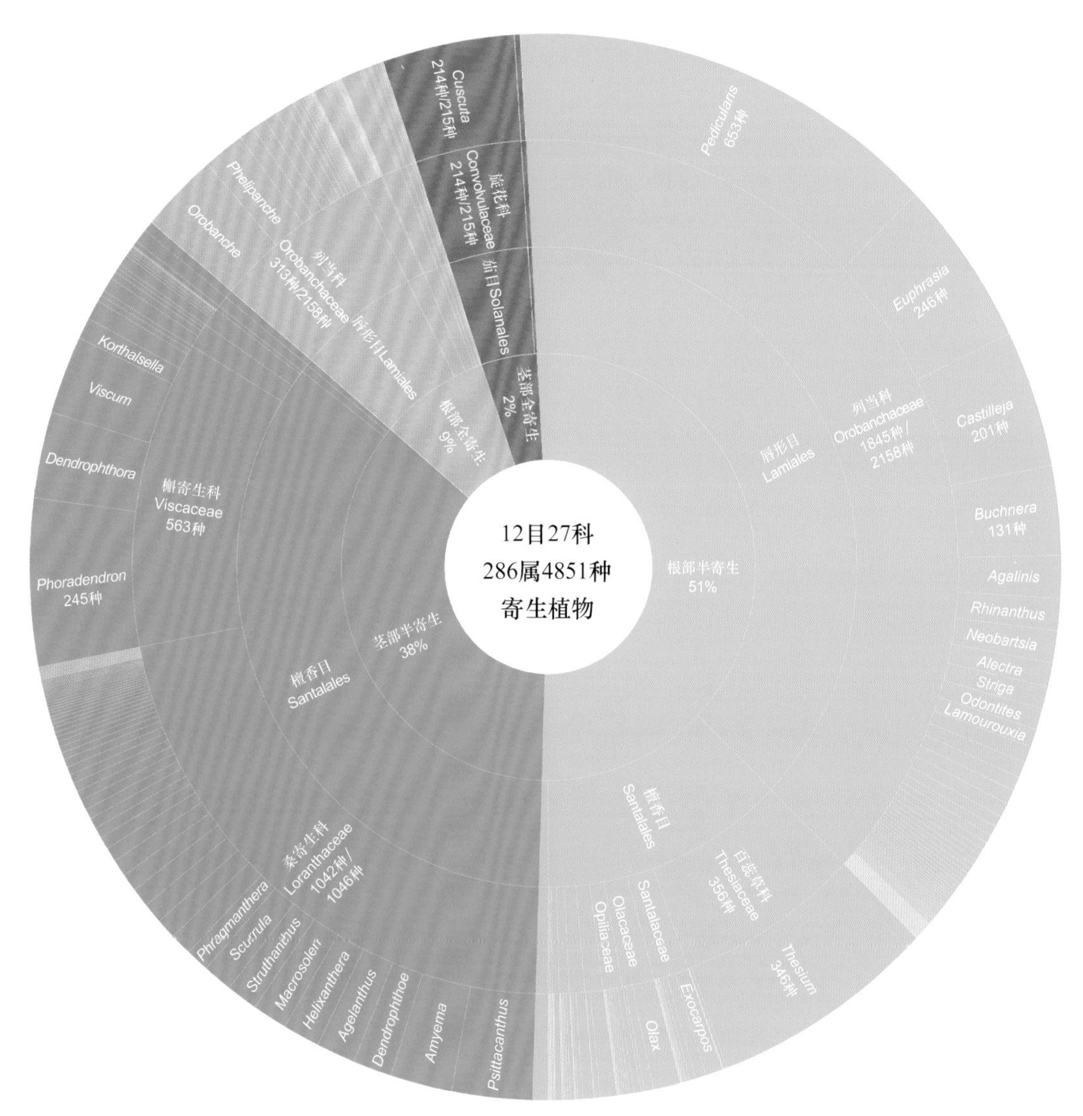

图1.9　世界范围内寄生植物物种数量、不同寄生类型所占比例及科属分布

植物约占40%。根部半寄生植物占寄生植物总数的一半以上，是物种数量最多的寄生类型；茎部全寄生植物所占比例最小，仅为2%左右。从各分类单元的物种数量来看，檀香目、唇形目、茄目的寄生植物数量较多，分别为16科166属2357种、1科104属2158种、1科1属215种。在科水平，列当科是寄生植物中最大的科，其次为桑寄生科（1046种）、槲寄生科（563种）、百蕊草科（356种）、旋花科（215种）。在属水平，马先蒿属是寄生植物中最大的属（653种），其次为百蕊草属（346种）、小米草属（246种）、肉穗寄生属（245种）、菟丝子属（215种）、火焰草属（201种）。

二、中国寄生植物的种类和分布

根据《中国植物志》和*Flora of China*的记载，并补充统计文献中新发表的种类，我国目前正式记载的寄生植物共627种，占世界寄生植物总数的1/8以上。这些寄生植物分属7目17科64属，具有非常丰富的多样性。唇形目、檀香目、茄目、樟目、金虎尾目、杜鹃花目、虎耳草目的寄生植物在我国均有分布。

在我国分布的寄生植物中，各种寄生类型均有（图1.10）。我国全寄生植物和半寄生植物所占比例与世界范围内的整体水平保持一致，即半寄生植物约占89%、全寄生植物约占11%。然而，与世界寄生植物整体水平中根寄生植物（约60%）和茎寄生植物（约40%）比例较为接近的格局不同，我国的寄生植物中根寄生植物占绝对优势，约占总数的85%，而茎寄生植物则只占15%左右。蛇菰科、帽蕊草科、大花草科和锁阳科的寄生植物均为根部全寄生植物。列当科的寄生植物均为根寄生类型，除42种为根部全寄生植物外，其余的437种均为根部半寄生植物。檀香目的木玫檀科Cervantesiaceae、铁青树科Olacaceae、山柚子科Opiliaceae、檀香科Santalaceae、青皮木科Schoepfiaceae、百蕊草科Thesiaceae、海檀木科Ximeniaceae 7科36种寄生植物也是根部半寄生类型。我国的茎寄生植物中，檀香目榄仁檀科Amphorogynaceae、桑寄生科、槲寄生科及樟目樟科的寄生植物均为茎部半寄生类型；

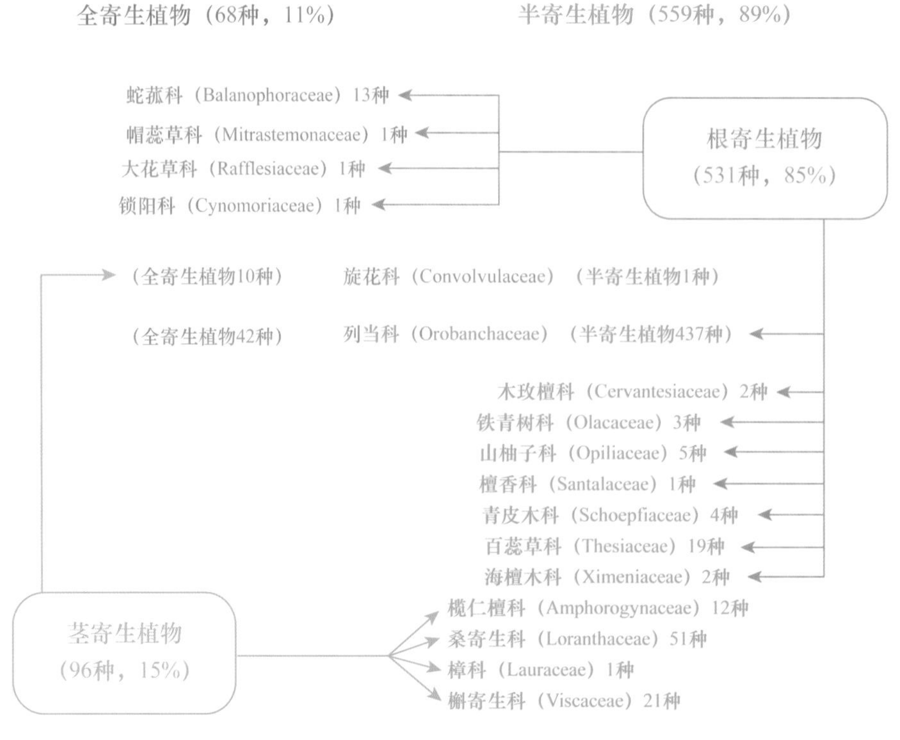

图1.10 中国寄生植物中不同寄生类型的比例及科级分布

旋花科的11种茎寄生植物中，10种为全寄生类型，仅大花菟丝子一种含有少量叶绿素，能进行微弱的光合作用，为茎部半寄生类型。

从各分类单元的物种数量（图1.11）来看，我国唇形目的寄生植物数量最多，有479种，其次为檀香目和茄目，分别为133种和11种。在科水平，列当科（479种）是我国寄生植物中最大的科，物种数占我国寄生植物总数的76%以上，其次为桑寄生科（51种）、槲寄生科（21种）、百蕊草科（19种）、蛇菰科（13种）、榄仁檀科（12种）、旋花科（11种）。在属水平，马先蒿属在我国仍是寄生植物中最大的属（376种），物种数约占我国寄生植物总数的60%，其次为列当属（25种）、钝果寄生属（18种）、百蕊草属（16种）、槲寄生属（15种）、小米草属（12种）、菟丝子属（11种）。

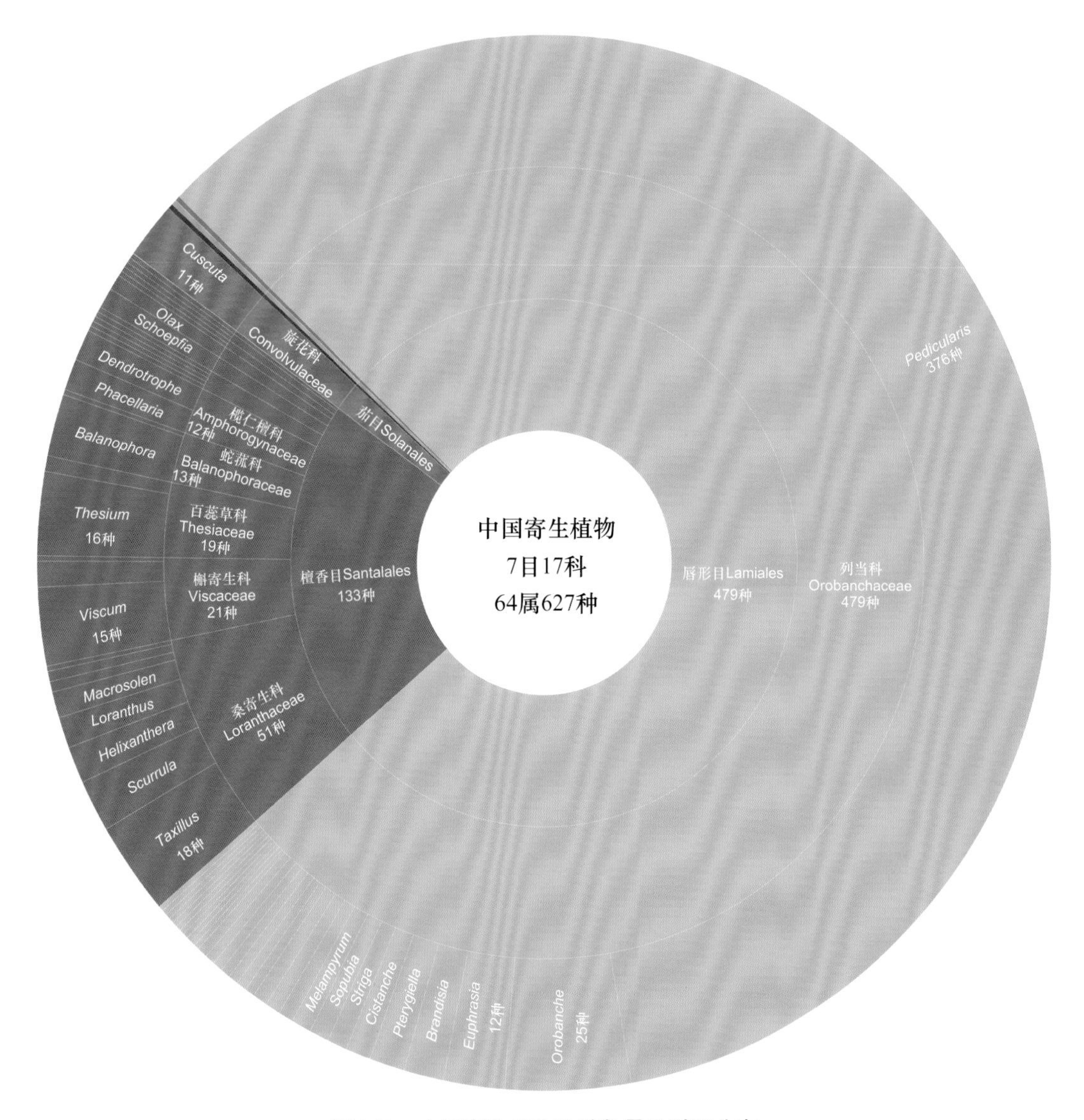

图1.11 中国寄生植物物种数量及科属分布

我国寄生植物不但种类丰富，形态多样性也很高，包括草本、灌木、亚灌木、藤本、乔木等所有生活型，但以根寄生草本和茎寄生灌木为主。另外，我国寄生植物中的特有物种也十分丰富。据统计，我国分布的627种寄生植物中，2/3左右的种类为中国特有种。

寄生植物在我国的地理分布极不均衡，呈现出明显的西南聚集特征，尤以云南、四川和西藏的种类最为丰富，均在200种以上。云南有寄生植物337种，中国特有种乃至特有属均比较丰富。这可能与西南地区复杂的地形和丰富的气候类型有关。

第三节　寄生植物的生态影响

寄生植物从寄主中掠夺大量养分和水分，有时还与寄主竞争光照、养分等资源，常削弱寄主长势、降低寄主产量和品质。多数寄生植物存在寄主选择偏好，这使得寄生植物对植物群落中不同植物的影响程度不同，进而改变植物群落中各物种间的竞争关系，影响植物群落结构变化。此外，寄生植物还可通过影响非生物因素，如土壤水分状况、养分循环及冠层温度等而发挥一定的生态效应，在调控多种地上及地下生态过程中发挥着重要作用。这里分别从个体、植物群落和生态系统角度简要阐述寄生植物的生态影响。

一、对寄主植物个体水平的影响

寄生植物从寄主中直接夺取养分和水分，并与寄主竞争光照等资源，通常对寄主的生理过程及生长发育造成明显抑制，主要表现为光合速率降低、生长迟缓、生物量减少、繁殖能力减弱等。寄生植物可通过多种方式抑制寄主的生长发育。第一，从寄主中夺取养分和水分等资源。寄生植物通过吸器从寄主中夺取大量有机养分、无机养分、水分等，造成寄主养分流失，从而影响寄主的生长发育。而具有较强光合能力的根部半寄生植物，除了从寄主中吸取养分，还与寄主竞争土壤中的养分，进而削弱寄主长势。第二，通过降低寄主光合效率削弱寄主长势。菟丝子、无根藤、桑寄生等茎寄生植物，除直接从寄主中夺取养分外，还占据大量的冠层空间，甚至完全覆盖寄主冠层，显著降低寄主光合速率。即便是一些根寄生植物，或通过冠层竞争光资源，或通过养分掠夺削弱寄主营养状态，在多数情况下也可显著降低寄主的光合速率。第三，通过增强与寄主具竞争关系的植物长势来削弱寄主。寄生植物抑制寄主的生长，相对增强了邻近非寄主植物的竞争能力，间接减少了寄主植物对光照、养分等资源的获取，加剧了寄生造成的负面影响。此外，寄生植物还可以通过影响寄主和其他生物互作过程而间接削弱寄主植物长势，如降低寄主植物的菌根真菌定殖程度、增加寄主对昆虫类取食者和病虫害的易感程度等，都会给寄主植物的生长带来不利影响。

寄生植物对寄主的危害程度因种而异，并受多种环境因素的影响。一般来讲，半寄生植物相较于全寄生植物对寄主的危害较轻，多年生寄生植物比一年生寄生植物对寄主造成严重危害的过程缓慢。但当寄生植物数量较多或个体较大时，多数寄生植物均可在短期内对寄主造成严重威胁，甚至致死。由于多数寄生植物对寄主有一定的选择偏好，寄生植物对不同寄主的抑制程度也不相同。通常情况下，寄生植物对较优寄主的寄生危害更为严重。然而，并非所有的较优寄主均会受到寄生植物的强烈危害，寄主的耐受水平也会影响危害程度。除遗传因素外，多种生物及非生物因素也可影响寄主对寄生植物的耐受程度，如寄主与土壤共生微生物的互作模式及土壤养分水平等。总之，生物与非生物因素间的多重互作关系共同影响寄生植物对寄主的危害程度。

在少数寄生植物和寄主组合中，寄生植物反而能提高寄主植物的光合效率和养分吸收水平。然而，这些改善的生理指标较少体现在生物量的积累上。在绝大多数情况下，寄生植物对寄主本身的生长和发育均表现出抑制作用（图1.12）。

二、对所在植物群落的影响

多数寄生植物对寄主有一定的选择偏好，对所在植物群落中不同种类的影响也会有所差异（图1.13），使得不同寄主间及寄主植物与非寄主植物间的竞争关系更加复杂。寄生植物介导的这种物种特异的种

图1.12 寄生植物对寄主个体生长发育的影响

A：三色马先蒿*Pedicularis tricolor*寄生后显著抑制大麦的生长；B：蒜头果*Malania oleifera*寄生后明显削弱血桐的长势；C和D：原野菟丝子*Cuscuta campestris*寄生后导致寄主灌丛大面积死亡；E和F：锈毛钝果寄生*Taxillus levinei*造成板栗树枝干枯死、树势衰退

图1.13　寄生植物对植物群落中不同物种的影响存在差异

A：甘肃马先蒿 *Pedicularis kansuensis*（紫色植株）强烈抑制群落中禾本科寄主的生长；B：锈毛钝果寄生 *Taxillus levinei* 对板栗树造成明显影响，但不寄生松柏科植物

间互作关系变化，会影响植物群落的组成、结构、生产力、物种多样性等多个方面。

通常情况下，寄生植物抑制寄主植物的生长发育，为非寄主植物或对寄生耐受能力较强的寄主植物创造了竞争优势和更多的生存空间。如果寄生植物的寄主在某个生态系统中占据优势，则寄生植物的存在可逐渐改变这一格局。从这一点来看，寄生植物对寄主的抑制作用从群落尺度上实际上发挥了积极作用。当然，对于牧场或农田等以收获生物量为主要目的的农牧生态系统，丰富的生物多样性和稳定的群落结构不是人类追求的目标。这种情况下寄生植物的存在通常弊大于利。

寄生植物通常导致所在植物群落总体生物量下降。寄生植物造成寄主养分流失从而导致其生物量减少，但由于寄生植物自身的养分利用效率不高，因寄生而增加的生物量通常不能弥补寄主植物减少的生物量。由于禾本科植物是多数根寄生植物的较优寄主，并且禾本科植物对寄生植物危害响应强烈，生物量下降明显，故在以禾本科植物为主的植物群落中，遭遇寄生植物危害后生物量下降更为明显。相对于结构单一的植物群落，物种多样性较高的群落遭遇寄生植物危害后，生物量下降幅度通常较低。然而，寄生植物的发生并非总导致所在植物群落总体生物量下降。对于一些养分吸收和同化能力较强的寄生植物种类，在某些条件下反而会增加群落的总体生物量水平。

寄生植物可以调节群落的植物物种多样性水平。物种多样性的增减取决于寄生植物偏好的寄主植物是群落中的优势种还是劣势种。一般来说，当寄生植物偏好的寄主是群落中的优势种时，寄生植物的存在可提升该植物群落的物种多样性水平；而当寄生植物偏好的寄主是群落中的非优势种时，寄生植物对该植物群落的物种多样性水平影响不大，甚至会降低植物物种多样性水平。

寄生植物还可以促进植物群落中的信号交流。研究表明，南方菟丝子通过寄生于不同寄主个体，可以在寄生的多株寄主间形成一个类似信号网络的植物微群落。当一株寄主受到生物或非生物胁迫后，胁迫信号会通过菟丝子传递到被同时寄生的其他寄主，进而激发其他寄主的免疫反应，提高整个植物微群落抵御环境胁迫的生物响应。遗憾的是，菟丝子在寄主间传递免疫信号对植物群落的有益影响在多数情况下无法弥补其所造成的寄生危害。尽管如此，进一步解析由寄生植物连接形成的植物微群落交流信号的性质及传递机制，对于利用免疫手段防控寄生性杂草有积极的推动作用。

三、对所在生态系统的影响

人们对寄生植物的重视，更多缘于其对农林生态系统造成的巨大危害。在农林生态系统中的寄生植物有一部分是臭名昭著的杂草，如茎寄生植物菟丝子和根寄生植物列当、独脚金等，可导致作物大幅度减产，甚至绝收，对农业生产造成了巨大损失。独脚金属植物是非洲谷类生产中破坏性最大的寄生植物，可造成作物减产40%~90%；列当属植物仅在中东地区造成粮食作物的年损失保守估计可达10亿美元；美国西部地区的针叶林受槲寄生类植物严重侵染，材积生长损失可达65%。在我国，油茶林等林业生态系统中的桑寄生、西部草地生态系统中的甘肃马先蒿、北方农田生态系统中的列当等均对相应生态系统的生产力造成了严重威胁，给当地的社会经济发展造成了巨大损失。

然而，并非所有寄生植物都会对所在的生态系统造成灾难性危害。实际上，在全世界286属寄生植物中，仅有不足30属的寄生植物对栽培植物有严重威胁。寄生植物在陆地生态系统中广泛存在，并通过与寄主及非寄主植物、传粉动物、食草动物、土壤微生物等的相互作用，在生态系统中发挥多方面的重要作用。

寄生植物可以改善生态系统中的养分循环，进而对其他生物产生影响。寄生植物从寄主中获取大量养分，但利用效率较低，使得养分在组织内大量积累。多数寄生植物凋落物中矿质养分含量丰富，且容易被分解利用。这些凋落物中的养分不但可被寄主植物利用，也可被周边的其他植物利用，提高植物的生长速率。对那些一年生植物及生长迅速的植物来说，寄生植物凋落物中丰富的养分对它们的促生作用更加明显。在土壤瘠薄的生态系统中，寄生植物凋落物对植物生产力的提升以及植物多样性的增加显得尤为重要。此外，寄生植物介导的土壤养分的增加也会影响土壤微生物的丰富程度和多样性水平。

很多寄生植物依靠鸟类等传播种子或依靠昆虫传粉，同时为这些动物提供食物或栖息场所。在草地生态系统中，当有寄生植物存在时，虫媒传粉相对于风媒传粉的植物种类比例高于没有寄生植物存在的比例，说明寄生植物的存在对吸引传粉昆虫具有促进作用。在森林生态系统中，槲寄生等茎寄生植物多是常绿灌木，在食物短缺的冬季或资源比较缺乏的生态系统中为鸟类提供了食物来源，也是部分鸟类的栖息场所。研究表明，被槲寄生等寄生植物寄生的树木会吸引更多的鸟类。鸟类在取食和传播这些寄生植物的种子时，也会增加其他树种种子的传播机会。与此同时，鸟类的粪便还可增加被访区域林下土壤的养分含量。

一些寄生植物对入侵物种的寄生强度大于本地物种，因此在防御外来植物入侵、提升生态系统生物多样性水平方面也发挥积极作用。例如，拂子茅*Calamagrostis epigejos*是一种生长迅速的欧洲本土入侵性禾草，对欧洲草地植物多样性有强烈的抑制作用。研究人员利用鼻花属*Rhinanthus*的根部半寄生植物，在一定程度上有效地控制了拂子茅在生态系统中的绝对优势，显著提升了植物多样性水平。在澳大利亚，利用短毛无根藤*Cassytha pubescens*防控两种恶性外来入侵植物——荆豆*Ulex europaeus*和金雀花*Cytisus scoparius*也取得了良好的试验效果。在我国，也有尝试用菟丝子属寄生植物防控入侵植物微甘菊的报道。尽管与用于生物防控的其他生物媒介一样，将寄生植物用于防控入侵性杂草需要考虑生态风险，但寄生植物对不同植物寄生强度和效果的显著差异为在一定范围内防控入侵性杂草提供了一种新的可能性。

除了积极的生态影响，寄生植物中也有不少种类具有较高的开发利用价值，如享有“沙漠人参”盛誉的寄生性药用植物肉苁蓉，以及可用来制造家具和各种小工艺品的檀香木等。即便是臭名昭著的寄生性杂草，也并非没有任何利用价值。例如，菟丝子的成熟种子就有强肝健肾、明目、安胎、止泻等药用价值。因此，应该采取客观、积极的态度对待寄生植物，在采取有效措施防控寄生性杂草的同时，也应充分挖掘有用的寄生植物资源，并加以合理开发和保护。

第二章　列当科寄生植物

列当科Orobanchaceae是唇形目中唯一一个进化出寄生特性的科，也是寄生植物中最大的科。该科除包含原列当科的植物外，还包含了原玄参科Scrophulariaceae的全部根部半寄生植物和少数自养植物，是唯一一个包含完全自养植物、根部半寄生植物、根部全寄生植物不同进化程度的科。列当科的寄生植物多为一年生或多年生草本或小灌木，少数为二年生草本，常寄生于其他植物的根部。多数种类为根部半寄生类型，具有绿色叶片和一定的光合能力；部分种类为根部全寄生类型，不含或几乎不含叶绿素，完全丧失光合能力。

世界范围内正式收录的列当科寄生植物共104属2158种，我国分布有30属479种，均为根寄生植物。在我国种类较为丰富的有马先蒿属*Pedicularis* 376种、列当属*Orobanche* 25种、小米草属*Euphrasia* 12种、来江藤属*Brandisia* 8种、翅茎草属*Pterygiella* 7种、肉苁蓉属*Cistanche* 5种，其余各属种类均在5种以下。列当科寄生植物在我国各个省份均有分布，西南地区分布的种类最为丰富。

由于列当科的寄生植物在植株形态、生活史、生理生态特征等方面差异非常大，为便于理解，按照其寄生类型（根部半寄生和根部全寄生）分别进行描述。

列当科的根部半寄生植物具有绿色叶片和一定的光合能力，一些种类具有相对发达的根系（图2.1），可以从土壤中直接获取养分和水分。多数种类为草本，少数为灌木；茎常有分枝；叶片着生方式多样，互生、对生、轮生、下部对生而上部互生，无托叶；花序总状、穗状或聚伞状，常离心开放，部分向心开放；花多为不整齐花；萼片常宿存，多为5枚，少数为4枚；花冠4或5裂，裂片不等或呈二唇形；雄蕊常4枚，且有1枚退化；花药1或2室，药室分离或有不同程度汇合；子房常2室，极少仅有1室；花柱简单，柱头头状或2裂；胚珠多数，倒生或横生；果实多为蒴果；种子较小或极小，有的具翅或网状种皮。种子传播方式多样，主要靠昆虫或重力传播，部分种类的种子可借助水流或风力散布。

列当科根部半寄生植物的种子萌发之后，可独立生长一段时间，从几天到数月；在合适的信号诱导条件下，幼苗产生吸器并与寄主建立寄生关系，进一步发育成苗、开花并结实，完成生活史。多数列当科的根部半寄生植物具有兼性半寄生特性，种子萌发不需要寄主信号诱导（图2.2）。然而，一些寄主依赖性较强的专性寄生种类，如独脚金属植物，其种子需要合适的寄主存在，或在相应化学信号诱导下才能萌发。刺激列当科专性根部半寄生植物种子萌发的信号物质是独脚金内酯类，在植物根系分泌物中广泛存在，但不同植物分泌的独脚金内酯类化合物在化学结构上存在细微差异，对不同寄生植物种子萌发的诱导效应会有较大不同。在产生吸器时，根部半寄生植物需要来自寄主根系的化学信号诱导，这些信号被称为吸器诱导因子。目前，已知能诱导列当科根部半寄生植物产生吸器的化合物主要有醌类、黄酮类、木质素类、细胞分裂素类和氧化环己烯类。2,6-二甲氧基对苯醌（DMBQ）是研究列当科根部半寄生植物吸器发生最常用的诱导因子。

列当科根部半寄生植物的寄主范围较广，部分种类的寄主可达上百种。整体来看，多年生根部半寄生植物的寄主范围比一年生的相对窄一些。即便寄主范围广，多数种类仍表现出一定的寄主选择偏

图2.1　列当科的一些根部半寄生植物具有比较发达的根系和较强的根形态可塑性

A：纤细马先蒿 *Pedicularis gracilis* 在板结土壤中于根颈处产生较多不定根；B：管花马先蒿 *P. siphonantha* 在沙壤中长出发达的根系；C：密穗马先蒿 *P. densispica* 在较为疏松的土壤中长出大量不定根；D：甘肃马先蒿 *P. kansuensis* 在土层较薄的环境中长出较多不定根和侧根；E：三色马先蒿 *P. tricolor* 在腐殖土中长出较多侧根；F：三色马先蒿在浇施营养液的沙土中长出多而密的侧根

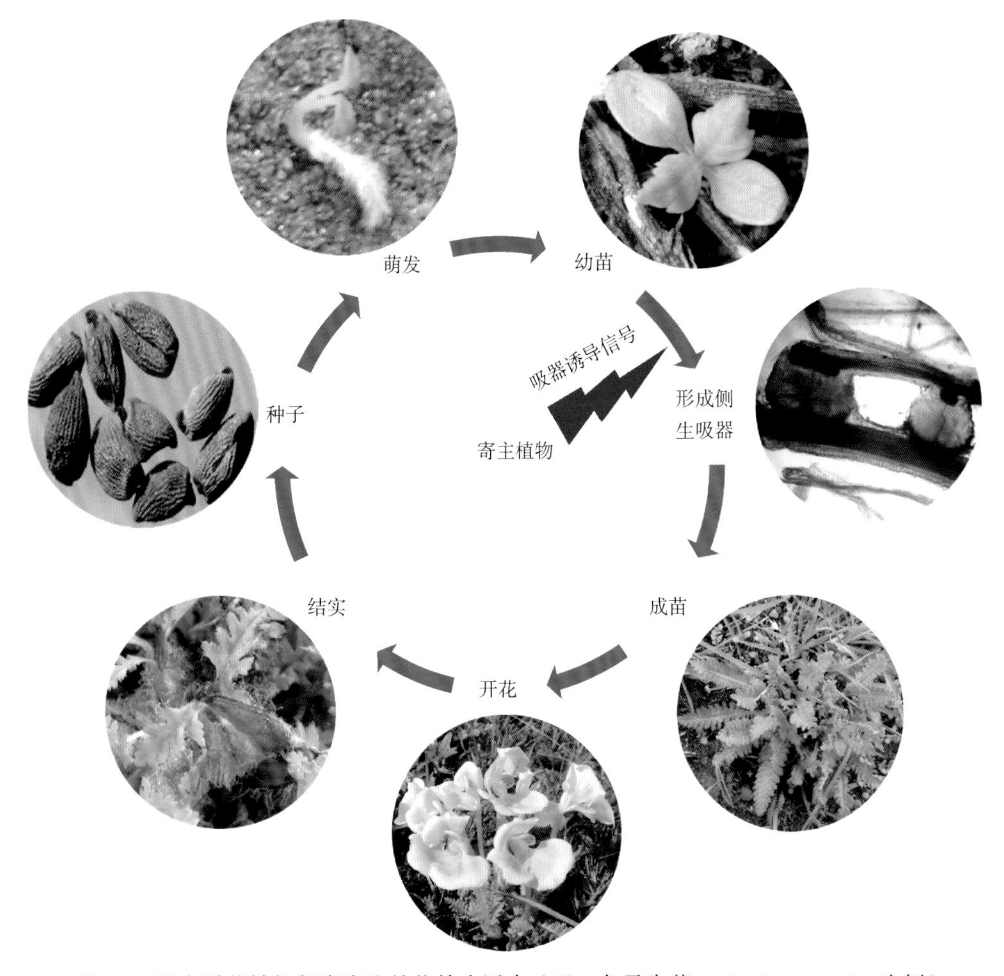

图2.2　列当科兼性根部半寄生植物的生活史（以三色马先蒿*Pedicularis tricolor*为例）

种子萌发后形成幼苗，在寄主植物根系分泌的吸器诱导信号诱导下，在侧根产生多个侧生吸器，与寄主建立寄生关系，获取生存需要的养分和水分，成苗、开花、结实、散布种子，完成生活史

好，且不同根部半寄生植物对寄主的选择存在种间差异（图2.3）。寄主的根系形态、空间分布、养分状况、寄生防御强度，以及根部半寄生植物自身的养分需求特征和根系发育水平等均可影响寄生互作的强度和结果。除受根部半寄生植物和寄主双方影响外，两者的互作还受多种生物及非生物环境因素的调控。

列当科根部半寄生植物具有独特的生理生态特征。这些寄生植物的气孔通常一直保持开放状态，蒸腾速率高于寄主植物，常产生较大的蒸腾拉力以便从寄主中获得养分和水分等资源。它们自身可进行光合作用，合成碳水化合物，也可从寄主中获取部分有机养分，是兼具自养和异养的混合营养型植物；兼性根部半寄生植物甚至可以在养分供应充足的条件下独立生长并完成生活史，但通常寄生于较优寄主时其长势更好（图2.4）。除了与寄主植物建立寄生关系并从寄主中直接获取养分，这些寄生植物与寄主之间还存在对土壤养分及冠层光资源的竞争关系。或许正是由于以上原因，列当科根部半寄生植物的种类丰富、分布广泛，并且偏好生长在受到一定扰动、养分贫瘠的环境中（图2.5）。

列当科根部全寄生植物的营养生长器官高度退化，完全不含或仅含痕量叶绿素，不能进行有效的光合作用，且根系发育极为有限，几乎不从土壤中吸收养分。茎不分枝或少数种类有分枝；叶片常退化为鳞片状，螺旋状排列，或在茎基密集排列成近覆瓦状；花序多为总状、穗状或近头状；苞片1枚，常和叶片形状相似，苞片上着生2枚小苞片或无小苞片；花几乎无梗或有短梗；花两性，雌蕊先熟，花萼筒状、杯状或钟状，顶端4或5浅裂，或者深裂，少数种类无花萼；花冠二唇形、筒状钟形或漏斗状；雄蕊4枚，2枚较长；花药常2室，纵向开裂；子房不完全2室，胚珠2-4个或多数，倒生；花柱细长，柱头膨大，圆盘状、盾状或浅裂；果实为蒴果；种子极细小，呈灰尘状，易通过水、风，或粘在农具、农用机械或其他植物种子上传播。此外，昆虫或啮齿类动物取食其肉质果序时也会帮助其传播种子。部分种类的种子可在土壤中形成强大的种子库，保持活力达十余年。

图2.3　不同马先蒿的寄主选择偏好存在明显种间差异

A：大王马先蒿 *Pedicularis rex*（PR）寄生于豆科寄主蒺藜苜蓿 *Medicago truncatula* 野生型A17（MT-A17）、无丛枝菌根真菌（arbuscular mycorrhizal fungi）定殖突变株 *dmi2*（MT-*dmi2*）、白三叶 *Trifolium repens*（TR）时的长势明显好于与另一株大王马先蒿生长在一起的表现，而寄生于大麦 *Hordeum vulgare*（HV）时生长反而受到严重抑制；B：三色马先蒿 *P. tricolor*（PT）寄生于豆科寄主、大麦时的长势均明显好于与另一株三色马先蒿生长在一起的表现，寄生于大麦时长势最好

由于列当科根部全寄生植物的种子通常极为细小，储存的营养物质十分有限，在没有合适寄主的条件下萌发将面临巨大的生存风险。因此，在进化过程中，这些寄生植物与寄主的特异性互作程度更高，以确保幼苗安全。从种子萌发开始，列当科根部全寄生植物就需要合适寄主的根系分泌物或相应诱导化合物的刺激。种子萌发后，列当科根部全寄生植物在感应到来自寄主的吸器诱导信号后快速产生顶生吸器，尽快与寄主建立寄生关系，随后进一步感受寄主信号，产生侧生吸器；植株在开花前的较长时间内潜隐于地下，待养分积累到一定程度后破土而出，形成花序、开花、结实并产生种子，完成生活史（图2.6）。刺激列当科根部全寄生植物种子萌发的信号物质也是独脚金内酯类，但诱导根部

图2.4　大王马先蒿 *Pedicularis rex*（A）与三色马先蒿 *P. tricolor*（B）可独立生长并在养分供应良好的条件下开花结实，但寄生于较优寄主的三色马先蒿（C后排）长势明显好于没有寄主的植株（C前排）

图2.5　列当科根部半寄生植物偏好生长在受到一定扰动和养分贫瘠的环境中（以马先蒿属植物为例）

A：密穗马先蒿 *Pedicularis densispica*；B：大王马先蒿 *P. rex*；C：二歧马先蒿 *P. dichotoma*；D-F：甘肃马先蒿 *P. kansuensis*

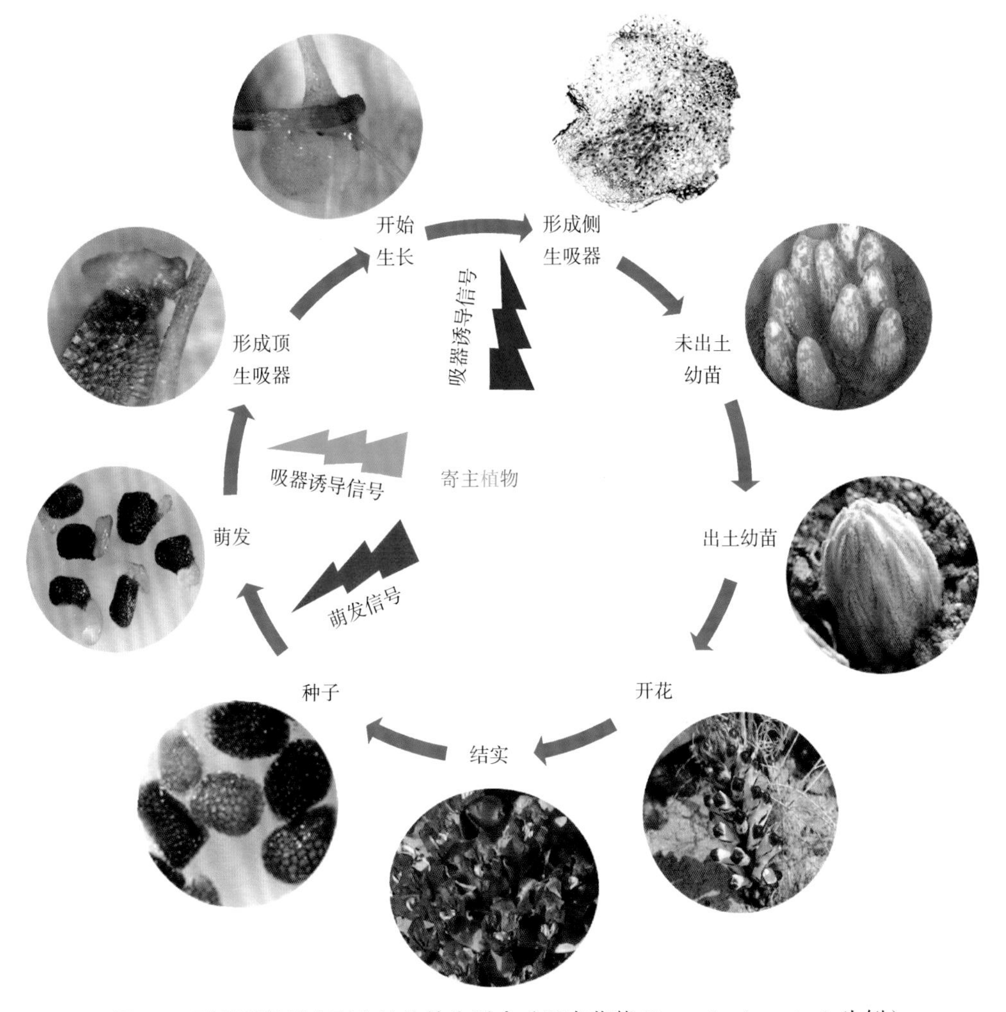

图2.6　列当科根部全寄生植物的生活史（以肉苁蓉*Cistanche deserticola*为例）

种子在寄主根系分泌的萌发信号诱导下萌发，在寄主根系分泌的吸器诱导信号诱导下，首先形成顶生吸器，与寄主建立寄生关系，开始生长一段时间后，产生侧生吸器，从寄主中获取更多生存需要的养分和水分，幼苗在地下生长一段时间后出土、开花、结实、散布种子，完成生活史

全寄生植物产生吸器的化学信号与根部半寄生植物不同。除了能诱导独脚金属根部半寄生植物产生吸器的氧化环己烯类和细胞分裂素类对列当科根部全寄生植物吸器发生有一定的诱导作用，其他能高效诱导列当科根部半寄生植物产生吸器的化学信号，如醌类、黄酮类和木质素类，对列当科根部全寄生植物吸器发生均没有明显的诱导效应。由此也可以看出，独脚金属的专性根部半寄生植物在生活史和吸器发生与调控方面是介于兼性根部半寄生植物和根部全寄生植物之间的过渡类型。

与根部半寄生植物相比，列当科根部全寄生植物的寄主范围较窄，部分种类仅能在少数几种植物上成功寄生。整体来看，多年生种类的寄主选择范围比一年生的更为狭窄。与根部半寄生植物相似，即便是寄主范围较广的根部全寄生植物，也都表现出更为明显的寄主选择偏好。

列当科寄生植物吸器的发生和调控过程具有较高的多样性，是研究吸器发生和寄生植物进化的理想材料。在列当科全寄生植物和专性半寄生植物中，最先在胚根顶端形成顶生吸器（图2.7A），顶生吸器形成后胚根不再伸长；但在多数根部半寄生植物中，通常在胚根的侧边或侧根上形成侧生吸器（图2.7B），吸器形成后根系可继续生长延长，在侧根上大量发生的吸器常呈串珠状排列（图2.7C）。列当科根部半寄生植物的吸器通常产生吸器毛（图2.7D）。吸器毛与根毛不同，在表面多有乳状突起，并分泌黏液，能增强吸器在寄主根部的固着能力。列当科多数根部半寄生植物的吸器仅通过木质桥与寄主的维管束相连（图2.7E），主要从寄主中获取矿物质养分和水分，也获取部分有机养分；全寄生种类的吸器与寄主多有韧皮部连接（图2.7F）。

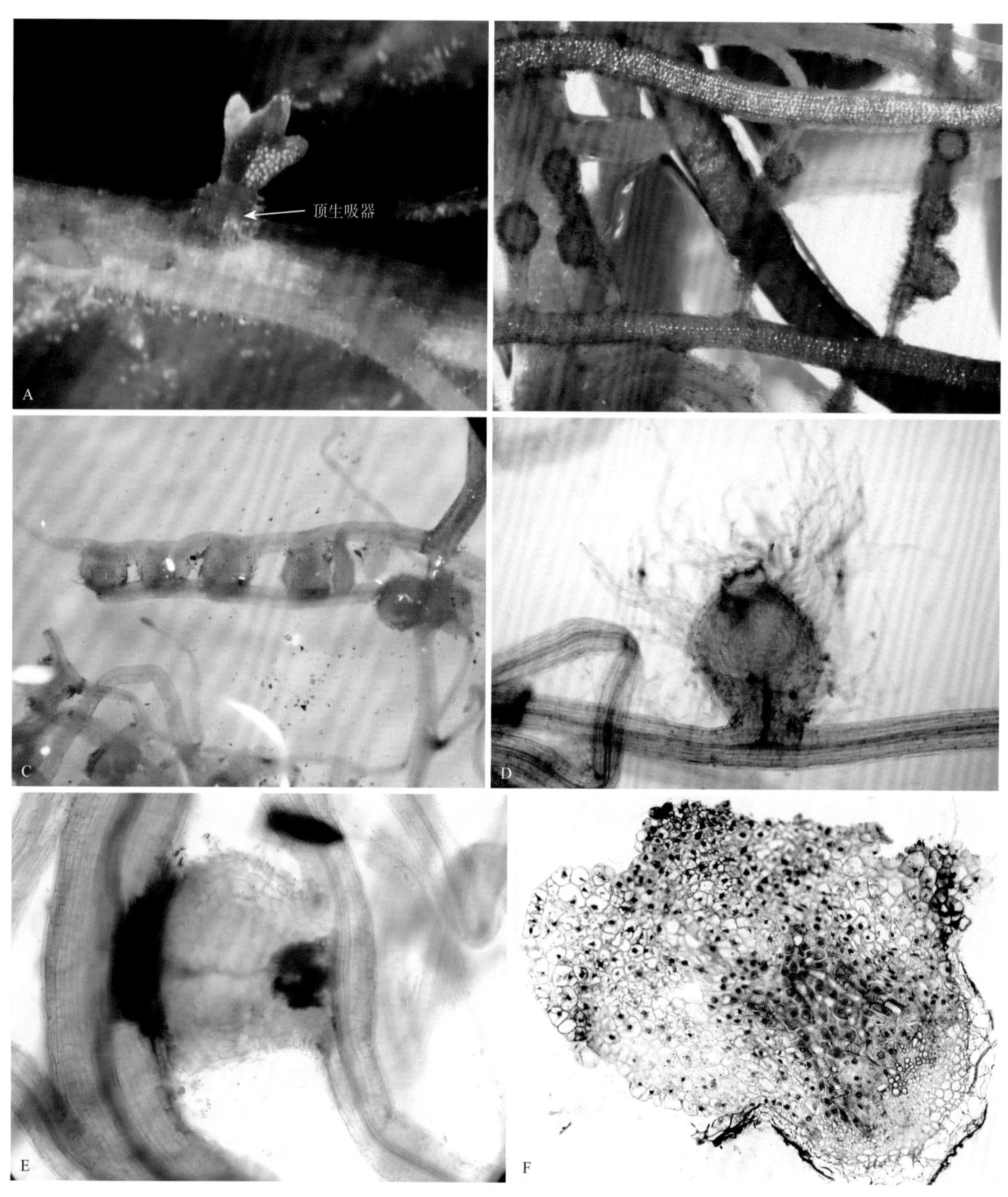

图2.7 列当科寄生植物的吸器形态和解剖结构

A：独脚金 *Striga asiatica* 在胚根顶端形成的顶生吸器（白色箭头所示）；B：甘肃马先蒿 *Pedicularis kansuensis* 在侧根上形成侧生吸器；C：三色马先蒿 *P. tricolor* 的一条侧根在寄主的同一个根段上形成多个侧生吸器，呈串珠状排列；D：大王马先蒿 *P. rex* 的吸器上产生大量吸器毛；E：大王马先蒿（右侧根段）的吸器通过木质桥与寄主（左侧根段）维管束相连；F：肉苁蓉 *Cistanche deserticola* 吸器的解剖结构

在进化程度较低的列当科根部半寄生植物种类中，吸器的发生和分化对寄主植物的特异性响应程度不高，很多种类产生吸器的行为具有机会主义者的性质，表现出较大的随机性。在这些寄生进化程

度偏低的根部半寄生植物中，自寄生现象广泛存在（图2.8A），一些种类甚至将吸器吸附在无生命的物体上（图2.8B）。部分根部半寄生植物能在没有任何已知吸器诱导信号存在的条件下产生自发性吸器（图2.8C和D）。这些自发性吸器较少分化形成功能性吸器。

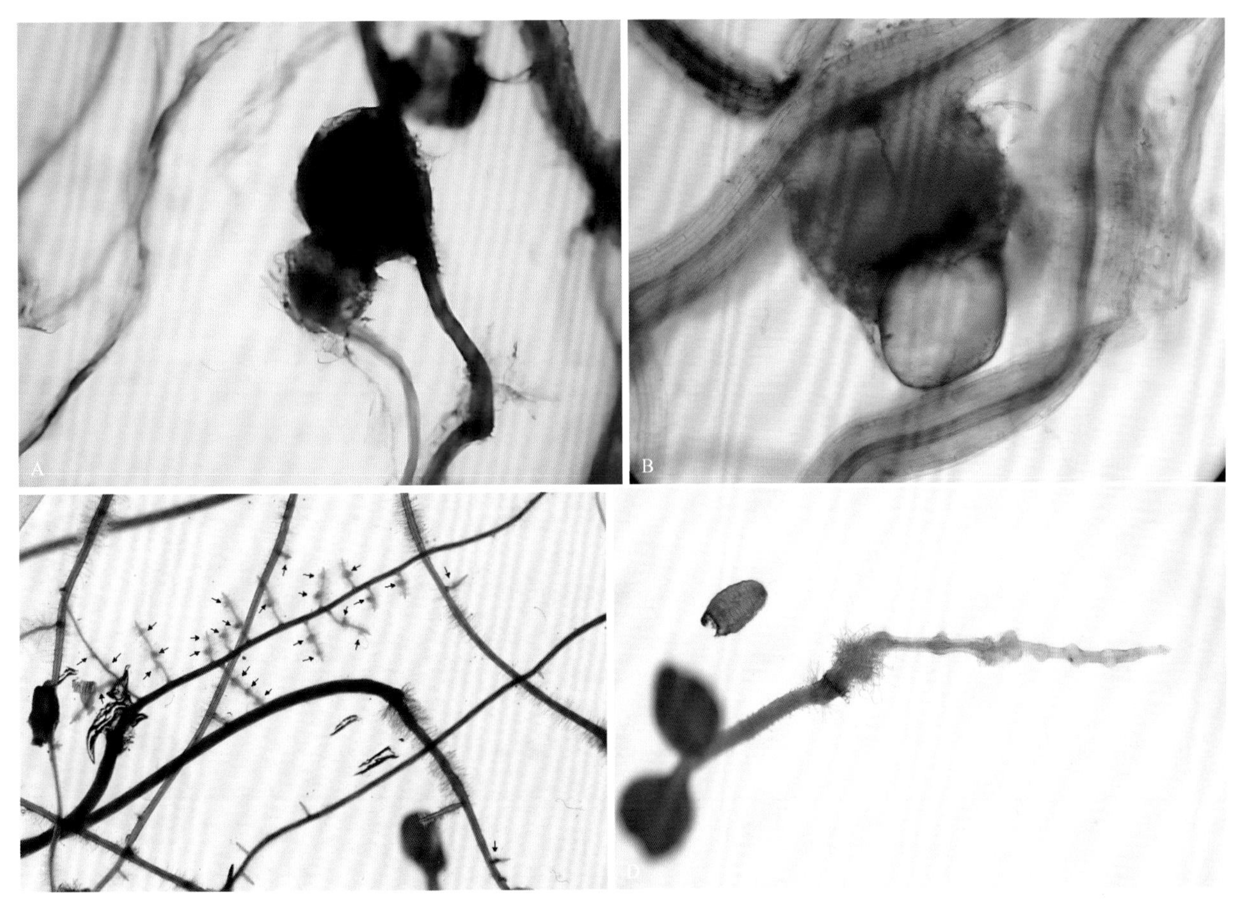

图2.8　列当科根部半寄生植物产生吸器的随机性

A：大王马先蒿*Pedicularis rex*同株不同侧根间形成相互寄生的吸器（自寄生现象）；B：三色马先蒿*P. tricolor*的吸器吸附于沙粒并局部分化出木质桥；C：甘肃马先蒿*P. kansuensis*在没有任何已知吸器诱导信号存在的皿内培养条件下产生大量自发性吸器（黑色箭头所示）；D：阴行草*Siphonostegia chinensis*在皿内培养条件下产生的自发性吸器

列当科寄生植物分布广泛、种类丰富，是多数陆地生态系统中的重要组成部分。该科的少数种类是农业生产中臭名昭著的杂草，如独脚金和列当，可导致作物减产30%–80%，甚至绝收，给农业生产造成了巨大损失。与其他杂草仅通过和作物竞争资源或通过化感作用抑制作物生长不同，寄生性杂草可直接对寄主进行养分掠夺，因而对作物的危害更为严重。这种危害在农田生态系统或单一种植某种较优寄主植物的半自然生态系统中表现得尤为突出。由于寄生性杂草与寄主植物关系十分密切，化学防治除造成环境污染外，还会不可避免地对寄主植物造成危害；而抗性品种选育存在周期长和抗性不持久等问题。列当科寄生植物的寄生器官隐蔽于地下，在出土前就已经对寄主生长发育造成了较大影响，因此该科的寄生性杂草防控难度更大。除影响农田生态系统外，列当科寄生植物对自然或半自然生态系统也有较大影响。例如，马先蒿属的根部半寄生植物广泛分布于北温带，是高山、亚高山生态系统中的常见植物类群。多数马先蒿为某些区域的特有种，且在野外常分散发生；但部分种类分布范围较广，并可较大面积密集发生（图2.9），个别种类甚至有大范围扩张现象，对所在生态系统生产力和生物多样性造成强烈影响。比较典型的例子是甘肃马先蒿在我国西部亚高山草甸的快速蔓延和危害（图2.10）。

图2.9　马先蒿属根部半寄生植物在野外连片密集生长的景象

A：克洛氏马先蒿 *Pedicularis croizatiana*；B：绒舌马先蒿 *P. lachnoglossa*；C：鸭首马先蒿 *P. anas*；D：大王马先蒿 *P. rex*；E：奥氏马先蒿 *P. oliveriana*；F：密穗马先蒿 *P. densispica*；G：长花马先蒿 *P. longiflora*；H：狭管马先蒿 *P. tenuituba*

图2.10 甘肃马先蒿 *Pedicularis kansuensis* 在新疆巴音布鲁克草原大面积蔓延（A）并严重降低牧草生产力（B）

尽管列当科中有一些恶性寄生杂草，但该科的多数寄生植物具有重要的生态功能，不少种类还具有较高的经济价值。列当科根部半寄生植物除直接影响寄主生长发育外，还能改变寄主和非寄主植物之间的竞争关系，影响群落物种相对丰富度，改变群落结构，影响植物和其他生物的多样性水平，并可促进生态系统中的养分循环，被称为“生态系统的工程师”，对所在生态系统的物种平衡和系统稳定起到重要调节作用。列当科中的多数寄生植物具有一定的药用价值或观赏价值，可作为资源植物加以合理开发利用。部分种类是名贵药用植物，如锁阳、肉苁蓉、大花胡麻草等，具有良好的保健功能和药用价值。

001 黑蒴

Alectra arvensis (Bentham) Merrill

【俗名/别名】化血胆、红根草、小化血草。

【形态特征】根部半寄生一年生直立草本，高达50cm。茎单出或有少数分枝，被柔毛，茎基常木质化。叶对生，纸质，无柄或近无柄，宽卵形或卵状披针形，长2-3cm，基部楔形，叶缘除基部和顶端外，有稀疏的三角形锯齿2-6对。总状花序，花在顶端常密集着生，在基部则疏距着生；小苞片长圆形，被毛；花萼膜质，具髯毛，长约5mm，萼齿呈三角形，与花萼长度相当；花冠黄色，长约8mm。蒴果圆球形，光滑无毛。种子圆柱形，长不到1mm。花期7-9月，果期9-11月。

【地理分布】分布于我国云南、广西、广东和台湾。印度和菲律宾也有分布。生于海拔700-2100m的山坡草地或疏林。

【常见寄主】可寄生于多种草本植物根部，主要寄生于豆科植物根部。

【民间用途】全株入药。具有活血化瘀、清肝明目、祛风除湿等功效。主要用于缓解早期白血病、心脑血管疾病、黄疸型肝炎、肝大、跌打损伤、伤瘀肿痛、痛经和闭经等病症。

【栽培状况】未见报道。

【危　　害】未见大面积危害报道。

002 茎花来江藤
Brandisia cauliflora Tsoong et Lu

【俗名/别名】不详。

【形态特征】根部半寄生藤状灌木，高可达2m以上。枝浅棕色至褐色，有较多明显突起的皮孔。叶披针形，全缘，长5-10cm，宽1-2.5cm，基部楔形，顶端渐尖；叶柄长5-8mm，无毛。总状花序直接生于主茎上，长5-6cm，主茎上的侧枝有叶无花；苞片叶状，具柄，果期多脱落；花成对生于苞腋中，花梗长5-8mm；花萼钟形，5浅裂，长5-6mm，萼齿三角形，顶端具锐头；花冠鲜红色。蒴果卵球形，有锐尖头，光滑无毛。花期6-7月，果期8-10月。

【地理分布】中国特有种，分布于广西西南部。生于海拔较低的山林。

【常见寄主】寄主范围较广。可寄生于多种小灌木或乔木的根部，也可在草本植物的根部寄生。

【民间用途】全株入药。具有舒筋活络的功效。用于风湿骨痛和骨折的辅助调理。

【栽培状况】未见报道。

【危　　害】未见大面积危害报道。

003 来江藤

Brandisia hancei Hooker

【俗名/别名】蜜扎扎、蜜桶花、鱼头花。

【形态特征】根部半寄生灌木，高达3m。全株密被锈色星状毛。叶卵状披针形，全缘，偶见具齿，叶长3-10cm、宽达3.5cm，基部近心脏形，顶端锐尖；叶柄短，罕见长于5mm，被锈色茸毛。花单生于叶腋，花梗长达1cm；花萼宽钟形，长宽均约1cm，外面密被锈色星状茸毛，里面密生绢毛，具脉10条，5裂至1/3处，萼齿宽短，宽大于长或近相等，宽卵形至三角状卵形，顶端突起或具短锐头；花冠橙红色，长约2cm，外被星状茸毛，上唇宽大，2裂，裂片三角形，下唇3裂，裂片舌状。蒴果卵圆形，有短喙，具星状毛。花期11月至翌年2月，果期翌年3-4月。

【地理分布】中国特有种，分布于华中、华南和西南的多个省区。生于海拔500-2600m的林中或林缘。

【常见寄主】寄主范围较广。可寄生多种草本植物或小灌木，也可寄生于乔木的根部。

【民间用途】全株入药。具有清热解毒、祛风除湿等功效。主要用于缓解风湿、骨髓炎和肝炎等病症。

【栽培状况】未见报道。

【危　　害】未见大面积危害报道。

004 广西来江藤

Brandisia kwangsiensis Li

【俗名/别名】不详。

【形态特征】根部半寄生攀缘状灌木，高可达1m以上。全株被锈色星状茸毛。叶革质，全缘，长卵圆形至卵状矩圆形，长3-11cm，宽1-4cm，基部宽楔形至圆形，顶端锐尖；叶柄长3-9mm，有茸毛。花1或2朵生于叶腋，花梗、小苞片和花萼均被锈色星状茸毛；花萼钟形，长约1cm，里面有长绢毛，外面具10条脉，开裂至1/3或1/2处而呈二唇形，上下两唇常又浅裂而分别形成2或3枚短齿；花冠紫红色，长达3cm，外面除花管下部外均密生星状茸毛，花冠管向前弓曲，上唇2深裂，裂片圆卵形，下唇短许多，3裂，侧裂片向上斜展，尖卵圆形，中裂片约与侧裂片等大，向前展开。蒴果卵圆形，包于宿萼内，长约1cm，密被星状茸毛。花期7-11月，果期9月至翌年2月。

【地理分布】中国特有种，分布于广西、云南和贵州。生于海拔900-2700m的灌丛及树林。

【常见寄主】寄主范围较广。可寄生于多种草本植物、灌木或乔木的根部。

【民间用途】以叶片入药。具有清热止咳的功效。用于缓解咳嗽。

【栽培状况】未见报道。

【危　　害】未见大面积危害报道。

005 总花来江藤
Brandisia racemosa Hemsley

【俗名/别名】不详。

【形态特征】根部半寄生藤状灌木，高达3m。幼枝被棕色星状毛，老枝无毛，枝上有较多突起的棕黄色皮孔。叶卵圆形或卵状披针形，长2–6cm，宽1–2.5cm，叶基圆形或宽楔形，顶端锐尖。总状花序，常生于侧枝顶端，偶见侧生，长达20cm以上；苞片叶状，具柄；花成对着生于苞腋中；花萼钟形，长5–7mm，外面光滑，里面有稀疏柔毛，5浅裂；花冠深红色，长约2.5cm，外被稀疏短毛，内生密毛，上唇比下唇长很多，唇顶稍凹，唇缘有长茸毛，下唇有3枚短裂片，两侧裂片歪卵形，与上唇相连，边缘有长毛，中裂片卵形，比侧裂片低很多，边缘无毛。蒴果卵球形，无毛。花期6–9月，果期9–11月。

【地理分布】中国特有种，分布于云南和贵州。生于海拔2800m以下的稀疏灌丛。

【常见寄主】寄主范围较广。可寄生于多种草本植物或小灌木的根部。

【民间用途】全株入药。具有祛风除湿、活血生肌等功效。用于风湿性关节炎和筋骨折伤后的辅助调理。

【栽培状况】未见报道。

【危　　害】未见大面积危害报道。

006 岭南来江藤
Brandisia swinglei Merrill

【俗名/别名】不详。

【形态特征】根部半寄生直立灌木，幼株蔓生，成株高达2m。全株密被褐灰色星状茸毛。叶卵圆形，偶见卵状长圆形，全缘或具不规则的稀疏锯齿，长3-11cm，宽1-5.5cm，叶基宽楔形至近心脏形，顶端锐尖；叶柄长达8mm，具毛。花单生或2朵同生于叶腋；花萼钟形，长达1.5cm，内侧有绢毛，外面具脉10条，萼齿三角状卵形，狭长，顶端渐尖；花冠黄色，长约2.5cm，花管基部光滑，管外被褐灰色星状茸毛，瓣片内侧有稀疏绵毛，上唇2裂，裂片歪卵形，下唇侧裂片长圆状卵形，小于长圆形的中裂片。蒴果小，扁圆形，短于萼片，有横行细纹。种子稍弓曲，长约4.5mm，种皮、种翅有网眼。花期6-11月，果期12月至翌年1月。

【地理分布】中国特有种，分布于广东、广西、湖南等省区。生于海拔500-1000m的坡地。

【常见寄主】寄主范围较广。可寄生多种草本植物或小灌木。

【民间用途】以叶片入药。具有抗病毒活性。用于缓解梅毒等病症。

【栽培状况】未见报道。

【危　　害】未见大面积危害报道。

007 黑草

Buchnera cruciata Buchanan-Hamilton ex Don

【俗名/别名】坡饼、鬼羽箭、幼克草、克草、黑骨草、羽箭草。

【形态特征】根部半寄生一年生直立草本，高达50cm。茎单出或上部少数分枝，圆柱形；全株被弯曲短毛。基生叶倒卵形，无柄，呈莲座状；茎生叶条形或条状矩圆形，无柄，长1.5-4.5cm，下部叶常对生，宽达1.2cm，具2至数枚钝齿，上部叶互生或近对生，狭长并全缘。穗状花序顶生，略呈四棱形；苞片卵形，先端渐尖，密被柔毛，小苞片条形；萼齿狭三角形，顶端渐尖，被柔毛；花冠蓝紫色，狭筒状，具棱，稍弯曲，长约7mm，喉部缢缩，花冠筒内外壁均被柔毛，花冠裂片倒卵形或倒披针形。蒴果近圆柱状，长约5mm。种子三角状卵形或椭圆形，有螺旋状条纹。花期4-9月，果期9月至翌年1月。

【地理分布】分布于我国云南、广西、贵州、湖南、湖北、江西、广东、福建等省区。南亚及东南亚多个国家也有分布。生于旷野、山坡及疏林。

【常见寄主】可寄生于多种草本植物根部，以禾本科植物较为常见。

【民间用途】全株入药。具有清热解毒、凉血止血等功效。用于缓解流感、中暑、伤寒、斑痧、癫痫、高血压、蛛网膜下腔出血、风疹、荨麻疹等病症。

【栽培状况】未见报道。

【危　　害】未见大面积危害报道。

008 胡麻草

Centranthera cochinchinensis (Loureiro) Merrill

【俗名/别名】皮虎怀、蓝胡麻草、兰胡麻草。

【形态特征】根部半寄生直立草本，高达60cm。茎基部近圆柱形，上部略呈四方形，有沟状条纹，在中上部分枝。叶条状披针形，全缘，对生，无柄，边缘略反卷。花梗极短，单生于苞腋中；花冠黄色，长约2cm，裂片宽椭圆形。蒴果卵形，顶端有短尖。种子黄色，具螺旋状条纹。花期6-8月，果期8-10月。

【地理分布】分布于我国长江流域以南多个省区。南亚、东南亚及大洋洲的多个国家也有分布。生于海拔500-1400m的草地。

【常见寄主】可寄生多种草本植物，以禾本科植物较为多见。

【民间用途】全株药用。具有散瘀止血、消肿止痛、祛风除湿等功效。用于缓解咯血、吐血、内伤瘀血、跌打骨折和风湿痹痛等症。

【栽培状况】未见报道。

【危　　害】未见大面积危害报道。

009 大花胡麻草
Centranthera grandiflora Bentham

【俗名/别名】化血丹、红根野蚕豆、野蚕豆根、小红药、化血丹、灵芝草、金猫头。

【形态特征】根部半寄生直立草本，高达80cm。根红色，根颈处发出多条纺锤状侧根。茎基呈圆柱形，上部略方且有沟状条纹，单出或在上部有分枝。叶椭圆形，无柄，下部叶对生，上部叶偶有互生，长达5cm，宽不足3cm，叶缘略上卷，具稀疏锯齿，叶面被硬毛。花梗约6mm；花萼卵形，长约2cm，宽约1cm；花冠黄色，花冠管黄色或紫红色，长约4cm。花期7-10月，果期8-11月。

【地理分布】分布于我国云南、贵州、广西等省区。越南、缅甸和印度也有分布。生于海拔800m左右的山坡、路旁及林缘空旷处。

【常见寄主】可寄生多种草本植物，以禾本科和莎草科植物较为多见。

【民间用途】以根入药。具有消肿散瘀、止血止痛、活血调经、祛风除湿等功效。用于缓解痛经、崩漏、闭经、产后流血、产后腹痛、月经不调、外伤出血、跌打损伤、风湿骨痛、尿血、不孕、小儿高热等病症。

【栽培状况】在云南屏边等地有较大面积的商业化种植。

【危　　害】未见大面积危害报道。

010 矮胡麻草

Centranthera tranquebarica (Sprengel) Merrill

【俗名/别名】不详。

【形态特征】根部半寄生柔弱草本，高达20cm。植株下部被硬毛，向上毛渐疏。茎直立或倾卧，常从下部长出细弱分枝，呈丛生状。叶条状披针形，对生，全缘，无柄。苞片与叶同形；花冠黄色，有褐色条纹，长约1cm，喉部密被黑色小点，裂片近似圆形；雄蕊前方1对花丝上有白色长绵毛，后方1对花丝上长柔毛较为稀疏。蒴果圆球形，顶端锐尖。种子黄色，种皮具网纹。花期6-8月，果期8-10月。

【地理分布】分布于我国广东中部向南至海南岛。南亚及东南亚也有分布。生于山坡草地和路旁扰动较多的贫瘠地段。

【常见寄主】可寄生多种草本植物，以禾本科植物较为多见。

【民间用途】全株入药。具有增强肌体免疫力的功效。用于缓解腰膝酸软、困倦乏力等症状。

【栽培状况】未见报道。

【危　　害】未见大面积危害报道。

011 大黄花

Cymbaria daurica Linnaeus

【俗名/别名】达乌里芯芭。

【形态特征】根部半寄生多年生草本，高达20cm。茎多条，常自基部发出，偶见从横行根茎的节上发出，成丛生长；全株密被白色绢毛。叶对生，线形或线状披针形，全缘或偶见浅裂，无柄。总状花序顶生，每条茎生1-4朵花，单生于苞腋中；小苞片线形或披针形，全缘，长约2cm；花冠黄色，长约4cm，二唇形，外生白色柔毛，内有腺点，喉部有一簇长柔毛。蒴果长卵圆形，革质，长1.5cm，宽约1cm。种子卵形。花期6-8月，果期7-9月。

【地理分布】分布于我国黑龙江、内蒙古、河北等省区。俄罗斯及蒙古国也有分布。生于海拔620-1100m的干旱山坡和砂砾草原。

【常见寄主】可寄生多种草本植物，以禾本科植物较为常见。

【民间用途】全株入药。具有祛风除湿、清热消肿、止痒、止痛、止血等功效。用于皮肤瘙痒、黄水疮、胎毒、外伤出血等病症的调理。

【栽培状况】未见报道。

【危　　害】未见大面积危害报道。

012 光药大黄花

Cymbaria mongolica Maximowicz

【俗名/别名】蒙古芯芭。

【形态特征】根部半寄生多年生草本，高达20cm。植株密被纤细短毛，少数植株毛被稍长，但不呈绵毛或绢毛状。茎多条，常自根茎顶部发出，呈丛生状；茎基密被鳞片。叶对生，线状披针形或长椭圆状披针形，全缘，无柄，长1–2.5cm，偶见长达4cm，宽约4mm。花单生于叶腋，每条茎着生1–4朵花；小苞片2枚，长1–1.5cm，全缘或具小齿1或2枚；花冠黄色，长2.5–3.5cm，二唇形，外被短细毛，上唇稍呈盔状，裂片外卷，内侧口盖上被长柔毛，下唇裂片倒卵形，3裂近相等，完全开展。蒴果长卵圆形，革质，长约1cm，宽约0.5cm，室背开裂。种子长卵形，或近三棱形。花期4–8月，果期7–9月。

【地理分布】中国特有种，分布于内蒙古、河北、山西、陕西、甘肃、青海等多个省区。常生于旱坡草丛。

【常见寄主】可寄生多种草本植物，以禾本科植物较为常见。

【民间用途】全株入药。具有祛风除湿、凉血止血、清热利尿、止痛、止痒等功效。用于风湿痹症、肾炎水肿、黄水疮、皮肤瘙痒、外伤出血等症的调理。

【栽培状况】未见报道。

【危　　害】未见大面积危害报道。

013 长腺小米草

Euphrasia hirtella Jordan ex Reuter

【俗名/别名】不详。

【形态特征】根部半寄生一年生直立草本，高达40cm。植株通常较细弱，不分枝或偶尔在上部分枝；植株各部分均生有顶端呈头状的长腺毛和短硬毛。叶对生，卵形至圆形，无柄，叶基楔形或圆钝，叶缘有2至多对钝齿或尖齿。花序仅有花数朵至多朵；花萼长3-4mm，裂片披针形至钻形；花冠白色，长0.5-1cm，上唇常具紫色斑纹，下唇喉部具亮黄色斑纹。蒴果矩圆形，长约0.5cm。花期6-8月，果期8-10月。

【地理分布】分布于我国新疆、黑龙江和吉林。朝鲜及欧洲的多个国家也有分布。生于草甸、草原、林缘及针叶林。

【常见寄主】可寄生多种草本植物，以禾本科和豆科植物较为常见。

【民间用途】全株入药。具有消炎去肿等功效。用于缓解结膜炎、沙眼等眼疾。

【栽培状况】未见报道。

【危　　害】未见大面积危害报道。

014 大花小米草

Euphrasia jaeschkei Wettstein

【俗名/别名】不详。

【形态特征】根部半寄生一年生直立草本，高达20cm。茎不分枝或在中下部分枝，偶见上部分枝；被白色柔毛。叶对生，卵圆形，长6-12mm，宽4-10mm，叶缘有3-5个稍钝或较尖的齿。花冠淡紫色或粉白色，长约1cm，上唇裂片明显向上翻卷，下唇长于上唇较多，喉部具黄色斑纹，中裂片宽达4mm。蒴果顶端略凹陷。花期6-8月，果期8-10月。

【地理分布】分布于我国西藏。喜马拉雅山脉西部一些国家和地区也有分布。生于海拔3200-3400m的草地。

【常见寄主】可寄生多种草本植物，以禾本科和豆科植物为较优寄主。

【民间用途】全株入药。具有清热明目、消炎解毒等功效。用于缓解翳障、沙眼、结膜炎、热病口渴、头痛及遗尿等病症。

【栽培状况】未见报道。

【危　　害】未见大面积危害报道。

015 小米草
Euphrasia pectinata Tenore

【俗名/别名】不详。

【形态特征】根部半寄生一年生直立草本，高10-50cm。植株被白色柔毛，不分枝或仅在下部分枝。叶对生，无柄，卵形或卵圆形，长5-20mm，叶基楔形，叶缘具多枚稍钝或急尖的锯齿；叶脉及叶缘被刚毛，不具腺毛。花序长3-15cm，初花期花序较短，但花密集，随后逐渐伸长；果期果序较长，但果间疏离；花冠白色或淡紫色，外被柔毛，花长5-10mm，下唇比上唇略长。蒴果长矩圆形，长4-8mm。花期6-9月，果期8-11月。

【地理分布】分布于我国新疆、甘肃、宁夏、青海、内蒙古、山西、河北等省区。朝鲜、蒙古国和欧洲的多个国家也有分布。生于海拔2400-4000m的阴坡草地及灌丛。

【常见寄主】可寄生多种草本植物，以禾本科寄主较为常见。

【民间用途】全株入药。具有清热明目、除烦利肺、消炎愈疮等功效。用于缓解翳障、沙眼、结膜炎、头痛及遗尿等病症。

【栽培状况】未见报道。

【危　　害】未见大面积危害报道。

016 短腺小米草

Euphrasia regelii Wettstein

【俗名/别名】心木涕区蒺。

【形态特征】根部半寄生一年生直立草本，高达35cm。植株被白色柔毛，干时地上部分变黑。茎直立，不分枝或分枝。叶对生，无柄；下部叶片楔状卵形，顶端钝，叶缘有2或3对钝齿，中部叶片稍大，宽楔状卵圆形，长5-15mm，宽3-13mm，叶缘有3-6对尖锯齿；叶脉和叶缘有刚毛及顶端呈头状的短腺毛；腺毛较短，腺毛柄通常只有1个细胞，偶见2个细胞。花冠白色，上唇多为淡紫色，明显翻卷；花长多不足1cm，外被白柔毛，下唇比上唇长，裂片顶端明显凹缺。蒴果长矩圆形，长4-9mm，宽2-3mm。花期5-9月，果期8-11月。

【地理分布】分布于我国新疆、甘肃、青海、四川、西藏、云南、陕西、山西、河北、内蒙古、湖北等多个省区。克什米尔、哈萨克斯坦、吉尔吉斯斯坦、蒙古国、俄罗斯、塔吉克斯坦、乌兹别克斯坦等地也有分布。生于海拔1200-4000m的亚高山及高山草甸、湿草地及林中。

【常见寄主】可寄生多种草本植物，以禾本科和豆科植物较为常见。

【民间用途】全株入药。具有清热解毒、除烦利尿、消炎去肿等功效。主要用于缓解热病口渴、头痛目赤、咽喉肿痛、肺热咳嗽、口舌生疮、小便不利等病症。

【栽培状况】未见报道。

【危　　害】未见大面积危害报道。

017 台湾小米草

Euphrasia transmorrisonensis Hayata

【俗名/别名】不详。

【形态特征】根部半寄生多年生低矮草本。茎基多匍匐，上升部分高6-7cm；茎红色、纤细，被短毛，茎基常木质化。叶对生，卵形，长3-10mm，宽2-8mm，叶基宽楔形，叶梢略钝；叶缘具数枚三角形锯齿，具刚毛；叶柄短于1mm。着花数少；花冠白色，长约13mm，上唇内侧有紫色斑纹，背部簇生柔毛，下唇长出上唇很多，达8mm，喉部及下唇中裂片基部有黄色斑纹，裂片顶端凹缺较深，小裂片顶端急尖。蒴果卵球形。花期7-9月，果期8-11月。

【地理分布】中国特有种，分布于台湾阿里山和新高山。生于海拔2600-3300m的高山草甸或灌丛。

【常见寄主】可寄生多种草本植物，以禾本科和豆科植物较为常见。

【民间用途】全株入药。具有清热明目、消炎去肿等功效。用于缓解眼部疲劳、消除眼袋和黑眼圈。

【栽培状况】未见报道。

【危　　害】未见大面积危害报道。

018 方茎草

Leptorhabdos parviflora (Bentham) Bentham

【俗名/别名】不详。

【形态特征】根部半寄生一年生直立草本，高达100cm。植株分枝较多而常呈扫帚状；全株被短腺毛。茎四方形，基部紫褐色。叶对生，条形或线形，上部叶有时互生；叶长4-8cm，羽状全裂，裂片狭条形，1-5对，全缘或具齿。总状花序；花冠粉红色，长约6mm；花萼长约为花冠的2/3，裂片2枚，卵圆形，深裂几近基部。蒴果长圆形，顶端钝而略凹陷，上缘有短硬毛。花期7-8月，果期8-10月。

【地理分布】分布于我国新疆、甘肃和西藏。阿富汗、印度、哈萨克斯坦、巴基斯坦、乌兹别克斯坦及亚洲西南多地均有分布。生于河湖岸边、洼地或草地。

【常见寄主】可寄生多种草本植物。

【民间用途】全株入药。具有清热解毒、消炎止痛、抗病毒、抗肿瘤等功效。主要用于缓解肠炎，也用于人类免疫缺陷病毒1型（HIV-1病毒）感染引发艾滋病的辅助调理。

【栽培状况】未见报道。

【危　　害】未见大面积危害报道。

019 滇川山罗花

Melampyrum klebelsbergianum Soo

【俗名/别名】不详。

【形态特征】根部半寄生一年生直立草本，高达60cm。植株多分枝。茎四棱形，生2列多细胞柔毛。叶对生，多呈披针形，偶有卵状披针形或条状披针形，长可达5cm，宽不及1.5cm；叶梢渐窄而头稍钝，叶两面均被粗糙短毛。花冠紫红色或红色，长约1.5cm，花筒长约为唇瓣长的2倍，上唇内侧密被须毛。蒴果圆锥形，长约1cm，果皮上有糙毛。种子黑色，长约3mm。花期6-8月，果期9-11月。

【地理分布】中国特有种，分布于云南、贵州和四川。生于海拔1200-3400m的山坡草地、灌丛及林缘。

【常见寄主】可寄生多种草本植物，以禾本科寄主更为常见。

【民间用途】全株入药。具有清热解毒功效。主要用于缓解痈肿疮毒，也用于缓解肺热咳嗽、风湿疼痛等病症。

【栽培状况】未见报道。

【危　　害】未见大面积危害报道。

020 圆苞山罗花

Melampyrum laxum Miquel

【俗名/别名】不详。

【形态特征】根部半寄生一年生直立草本，高达40cm。植株多分枝。茎上有2列柔毛。叶对生，卵形，长达4cm，宽达1.5cm，叶基圆钝或宽楔形，叶尖稍钝，叶面有鳞片状短毛；苞叶心形或卵圆形，顶端圆钝。花冠黄白色或浅紫色，长1.5-2cm，花筒长为唇瓣长的3-4倍，上唇内侧密被须毛。蒴果尖卵形，稍偏斜，长约1cm，果皮有稀疏的鳞片状短毛。花期7-8月，果期9-10月。

【地理分布】分布于我国浙江、福建和江西。日本也有分布。生于海拔1000m以下的草丛或疏林。

【常见寄主】可寄生于多种草本植物根部。

【民间用途】全株入药。具有清热解毒等功效。用于缓解肺热咳嗽、风热感冒、风湿疼痛等病症。

【栽培状况】未见报道。

【危　　害】未见大面积危害报道。

021 山罗花

Melampyrum roseum Maximowicz

【俗名/别名】不详。

【形态特征】根部半寄生一年生直立草本，高达80cm。植株多分枝，全株有稀疏的鳞片状短毛。茎近四棱形，常有2列柔毛。叶对生，披针形至卵状披针形，叶基圆钝或楔形，向叶梢渐尖；叶片大小随生境不同变化较大，长可达8cm，宽可达3cm；叶具柄，柄长多不足1cm。花冠紫色、紫红色或红色，长约2cm，花筒长约为唇瓣长的2倍，上唇内侧密被须毛。蒴果尖卵状，长约1cm，顶端稍偏斜；果皮常有鳞片状短毛。种子黑色，长约3mm。花期6-8月，果期9-11月。

【地理分布】在我国分布比较广泛，河南、河北、山西、陕西、甘肃、安徽、福建、广东、贵州、江西、江苏、浙江、湖南、湖北、黑龙江、吉林、辽宁等多个省份均有分布。朝鲜、日本及俄罗斯等国家也有分布。生于海拔1600m以下的山坡灌丛或草丛。

【常见寄主】可寄生于多种草本植物根部，以禾本科植物较为常见，偶见寄生于小灌木根部。

【民间用途】全株入药。具有清热解毒功效和α-葡萄糖苷酶抑制活性。主要用于缓解痈肿疮毒，也用于调理2型糖尿病。

【栽培状况】未见报道。

【危　　害】未见大面积危害报道。

022 沙氏鹿茸草
Monochasma savatieri Franchet ex Maximowicz

【俗名/别名】绵毛鹿茸草。

【形态特征】根部半寄生多年生草本，高达20cm。植株铺散，全株密被绵毛而呈灰白色。茎多数，常丛生，茎基多倾卧或弯曲，茎上少见分枝。叶交互对生，茎基叶片呈鳞片状，上部叶片椭圆状披针形或条状披针形，长1-2.5cm，宽约3mm；叶梢锐尖，向基部渐狭，叶片两面密被灰白色绵毛。总状花序顶生；花量少，常单生；花冠淡紫色或白色，长约2cm，花管细长，瓣片二唇形，上唇2裂，略呈盔状翻卷，下唇3裂，裂片倒卵形，完全开展，基部多有黄色斑纹。蒴果长圆形，长约1cm。花期3-4月，果期4-5月。

【地理分布】分布于我国浙江、福建和江西等省区。日本也有分布。生于海拔200-1100m的阳坡杂草丛、灌丛或疏林。

【常见寄主】可寄生多种草本植物，以禾本科植物较为常见。在杜鹃花科、大戟科、樟科、山茶科等多种小灌木的根部也可形成吸器。

【民间用途】全株入药。具有清热解毒、抗菌消炎、凉血止血、祛风止痛等功效。用于缓解感冒烦热、上呼吸道感染、扁桃体发炎、尿路感染、肠炎、风湿骨痛、牙龈肿痛等。

【栽培状况】在江西有较大面积栽培。

【危　　害】未见大面积危害报道。

023 鹿茸草

Monochasma sheareri (Moore) Maximowicz ex Franchet et Savatier

【俗名/别名】牙痛草、白芦基、千年艾。

【形态特征】根部半寄生一年生草本，高达30cm。植株铺散，植株下部有少量绵毛，上部无毛或仅有短毛。茎多数，常丛生，中央茎直立，其余茎基多倾卧或弯曲上升，茎上少见分枝。叶绿色或绿中稍带紫色，交互对生，茎基叶片呈鳞片状，线形或线状披针形，全缘，叶梢锐尖并具短刺尖；叶长2-3cm、宽约3mm，无叶柄。花序总状；花常单生于上部叶腋，花量少；花梗可达1cm；花冠淡紫色或白色，外被稀疏白色短柔毛，花管长约5mm，瓣片二唇形，上唇外侧反卷，浅2裂，下唇伸张，3深裂近至基部，裂片披针状长圆形。蒴果为宿萼所包被，长约8mm，具4条纵沟。种子椭圆形，长约1.5mm。花期4-6月，果期5-7月。

【地理分布】分布于我国江苏、安徽、广西、浙江、江西、湖北、山东、河南等省区。朝鲜和日本也有分布。生于海拔100-1200m的山坡草丛或低矮灌丛。

【常见寄主】可寄生多种草本植物或小灌木，以禾本科植物较为常见。

【民间用途】全株入药。具有清热解毒、祛风止痛、凉血止血等功效。主治感冒、咳嗽、肺炎发热、吐血、便血、赤痢、风湿骨痛、牙龈炎、乳腺炎、热淋、毒蛇咬伤等。

【栽培状况】在江西、浙江和广东等省区均有人工栽培。

【危　　害】未见大面积危害报道。

024 疗齿草

Odontites vulgaris Moench

【俗名/别名】齿叶草。

【形态特征】根部半寄生一年生草本，植株高达60cm。全株有白色细硬毛。茎常在中上部分枝，上部呈四棱形。叶对生，披针形至条状披针形，长达4.5cm，宽较少超过1cm，叶缘具稀疏锯齿；无叶柄。穗状花序顶生；花冠紫色、紫红色或淡红色，长约1cm，外有白色柔毛。蒴果长约5mm，上部有细刚毛。种子椭圆形，长约1.5mm。花期7–8月，果期8–9月。

【地理分布】分布于我国青海、宁夏、甘肃、陕西、新疆以及华北和东北的多个省份。欧洲至蒙古国一带也有分布。生于海拔2000m以下的潮湿草地。

【常见寄主】可寄生多种草本植物，以禾本科植物较为常见。

【民间用途】全株入药。具有清热燥湿、凉血止痛等功效。用于缓解黄疸、痢疾、热淋等湿热所致的多种病症。

【栽培状况】未见报道。

【危　　害】未见大面积危害报道。

025 脐草
Omphalotrix longipes Maximowicz

【俗名/别名】不详。

【形态特征】根部半寄生一年生直立草本，高达60cm。茎纤细，被贴伏的白色柔毛，在上部分枝。叶对生，线形至条状披针形，长约1cm，宽约3mm，无毛，边缘呈胼胝质增厚，叶缘具疏生锯齿；无叶柄。花冠白色，长约6mm，有短柔毛。蒴果长圆形，先端钝；果皮上有糙毛。种子椭圆形，长约1mm。花期6-9月，果期7-10月。

【地理分布】分布于我国河北、内蒙古、黑龙江、吉林、辽宁及北京周边。朝鲜和俄罗斯也有分布。生于海拔300-400m潮湿的草丛或灌木丛。

【常见寄主】可寄生多种草本植物，以禾本科植物较为常见。

【民间用途】全株入药。具有温中散寒、调理脾胃的功效。用于脾阳不振、胃中寒凝、消化不良等症的调理。

【栽培状况】未见报道。

【危　　害】未见大面积危害报道。

026 蒿叶马先蒿

Pedicularis abrotanifolia Bieberstein ex Steven

【俗名/别名】不详。

【形态特征】根部半寄生多年生草本，高达40cm。植株常在基部有较多分枝，上部罕见分枝。茎中空，基部圆筒形，上部略呈方形，有4行白毛。叶4枚轮生，狭长圆形或长圆状披针形，长达5cm，宽达2cm，羽状全裂，轴有狭翅，羽片7-12对。穗状花序；花轮常疏离，下部苞片叶状，羽状全裂，上部苞片狭卵形而全缘；花萼长达1cm，被白色长毛，前方不开裂，有明显的5条主脉和5条次脉，具齿5枚，三角形全缘，后方1枚较小；花冠黄色或黄白色，花管长达1.5cm，顶端向前强烈弓曲，下唇约与盔等长，侧方裂片近椭圆形，明显大于中间的圆形裂片，盔顶伸直，额圆而具小喙状端尖；雄蕊的2对花丝均无毛。花期7-8月，果期9-10月。

【地理分布】分布于我国新疆。哈萨克斯坦、蒙古国及俄罗斯等国家也有分布。生于干燥多石的山坡、草丛和草甸。

【常见寄主】可寄生多种草本植物，以禾本科植物较为常见。

【民间用途】以根茎入药。有微毒，具有杀虫功效。用于缓解疥疮等寄生虫感染引起的疾病。

【栽培状况】未见报道。

【危　　害】未见大面积危害报道。

027 蓍草叶马先蒿

Pedicularis achilleifolia Stephan ex Willdenow

【俗名/别名】不详。

【形态特征】根部半寄生多年生草本，高达40cm。茎常单出，圆柱状，略有条纹，被稀疏白绵毛。叶常呈丛基生，柄可达5cm，叶片披针状长圆形，长达6cm，宽达1.5cm，二回羽状全裂，第二回裂片具有胼胝的锯齿，边缘多反卷。花序一般较短，常被白色薄绵毛；花常密集着生；苞片狭长，具齿；花萼长约1cm，主脉粗壮，次脉细，主脉及齿具白毛，萼齿近三角形，全缘或偶具数枚锯齿，后方1枚较小；花冠黄色或淡白色，长达2.3cm，花管长约1.3cm，无毛，盔几近伸直，在顶端向前弓曲，具短喙和1对细长齿，下唇比盔短很多，具柄，中裂片圆卵形，向前凸出；雄蕊的1对花丝有毛。花期6-7月，果期7-8月。

【地理分布】分布于我国新疆和内蒙古。哈萨克斯坦、吉尔吉斯斯坦、蒙古国和俄罗斯也有分布。生于海拔1000-2500m的山坡、草地或草甸。

【常见寄主】可寄生多种草本植物，以禾本科植物较为常见。

【民间用途】全株入药。用于缓解肌肉疲劳、胀痛。

【栽培状况】未见报道。

【危　　害】未见大面积危害报道。

028 阿拉善马先蒿

Pedicularis alaschanica Maximowicz

【俗名/别名】不详。

【形态特征】根部半寄生多年生草本，高达35cm。植株自基部发出多条茎，常在基部分枝，罕见上部分枝；居中的茎通常直立，侧茎常铺散上升；茎中空，圆柱状略呈四棱形，密被短茸毛。叶下部对生，上部3或4枚轮生，披针状长圆形或卵状长圆形，长约3cm，宽约1.5cm，羽状全裂，裂片7-9对，具有白色胼胝的细锯齿。穗状花序生于茎枝顶端；苞片叶状；花萼膜质，长达1.3cm，前方开裂，有明显突起的主脉和次脉各5条，沿脉被白色长柔毛，齿5枚，后方1枚三角形全缘，其余均为具齿的三角状披针形；花冠黄色，长约2.5cm，花管约与花萼等长，下唇与盔等长或稍长，侧裂片斜椭圆形，远大于亚菱形的中裂片，有明显的喙，喙长短和粗细变化幅度较大；雄蕊前方1对花丝端部有长柔毛。花期6-8月，果期8-10月。

【地理分布】中国特有种，分布于青海、甘肃、内蒙古、宁夏等省区。生于海拔3900-5100m的多沙石向阳山坡或湖边平川地。

【常见寄主】可寄生多种草本植物，以禾本科和豆科植物为较优寄主。

【民间用途】全株入药。具有清热解毒、祛痰止咳、散结消肿、凉血止血等功效。用于缓解目赤肿痛、淋巴腺炎、甲状腺肿大、高血压、头晕目眩、鼻衄等病症。

【栽培状况】未见报道。

【危　　害】未见大面积危害报道。

029 狐尾马先蒿

Pedicularis alopecuros Franchet ex Maximowicz

【俗名/别名】不详。

【形态特征】根部半寄生一年生草本，高达80cm。植株直立，全株被短柔毛。茎常单出，偶见从根颈处发出数条分枝；植株上部常有对生的分枝；主茎中空，基部常木质化，呈四棱形，被短毛，但不清晰成行。叶对生或4枚轮生，茎生叶无柄，披针形或线状披针形，长达5.5cm，宽约1.4cm，叶基抱茎，羽状半裂至深裂，裂片三角形或线状长圆形，12-14对，边缘具反卷的细圆齿。穗状花序顶生；苞片具短柄，卵状披针形或三角状卵形，边缘具圆齿；花萼斜坛状卵形，长约1cm，密被长柔毛，前方开裂，5条主脉细弱，次脉不显，萼齿5枚，后1枚三角状全缘，其余4枚三角状卵形，边缘具反卷细圆齿；花冠管和下唇黄色，盔紫红色，长约2cm，喙细长并伸直，下唇3裂，全缘，裂片几相等；雄蕊的2对花丝均无毛。蒴果斜长卵形，长约1cm。种子长约1mm。花期5-8月，果期8-9月。

【地理分布】中国特有种，分布于云南和四川。生于海拔2300-4000m的高山草丛。

【常见寄主】可寄生多种草本植物，以禾本科寄主更为常见。

【民间用途】不详。

【栽培状况】未见报道。

【危　　害】未见大面积危害报道。

030 鸭首马先蒿
Pedicularis anas Maximowicz

【俗名/别名】不详。

【形态特征】根部半寄生多年生草本，高可达30cm以上。茎单出或从根颈处发出多条，一般不分枝，偶见在上部分枝；茎呈紫黑色，有4条密被短毛的沟。基生叶无毛，叶柄长约2.5cm；茎生叶4枚轮生，长圆状卵形至线状披针形，羽状全裂，裂片7-11对。花序头状或穗状；下部苞片叶状，上部苞片披针形；花萼卵圆形，常带紫斑或具紫晕，有10条粗壮的脉，齿5枚，后方1枚较小但具3齿，其余4枚三角状卵形并有锯齿；花冠紫色、黄色，或者下唇浅黄色而盔暗紫红色，花管长不及1cm，盔镰刀状弯曲，高出下唇部分约6mm，额凸起，具细而直的喙，下唇长约7.5mm，宽约1cm，侧裂片肾形，中裂片圆形，突出；雄蕊的2对花丝均无毛。蒴果三角状披针形，长约2cm，具锐尖头。种子长圆形，种皮灰白色，有纵条纹，长约2mm。花期7-9月，果期8-10月。

【地理分布】中国特有种，分布于四川、甘肃和西藏。生于海拔3000-4400m的高山草地。

【常见寄主】可寄生多种草本植物，以禾本科植物较为常见。

【民间用途】以花序入药。具有补气、平喘、利尿、愈疮、滋补等功效。用于缓解口干舌燥、烦渴欲饮、神疲乏力、水肿、疮毒、血虚等症。

【栽培状况】未见报道。

【危　　害】未见大面积危害报道。

031 狭唇马先蒿

Pedicularis angustilabris Li

【俗名/别名】不详。

【形态特征】根部半寄生多年生草本，高达70cm。茎单出或自根颈处发出数条；圆柱形，中空，下部无毛，上部和花序轴被有短细毛。叶互生，下部叶具约12cm的长柄，长圆形或长圆状披针形，叶长达13cm、宽达5.5cm，羽状全裂，裂片15-18对。穗状花序顶生，长达18cm；被有稀疏短毛，花无梗，疏距；花序下部苞片叶状，上部苞片尖卵形；花萼卵圆形，前方稍开裂，长约6mm，脉8-10条，齿三角形，5枚近相等，边缘有厚密绵毛；花冠紫红色或淡紫色，长约1.5cm，花管伸直，无毛，盔瓣强烈弯曲，与花管近呈直角，盔顶具深紫色斑点，下唇长约7mm，宽约4mm，侧裂片斜三角形，中裂片菱状狭倒卵形，均具锐头。花期7-8月，果期8-9月。

【地理分布】中国特有种，分布于云南和四川。生于海拔3000-4000m的高山草丛或疏林。

【常见寄主】可寄生多种草本植物，以禾本科植物较为常见，也可寄生于多种小灌木的根部。

【民间用途】不详。

【栽培状况】未见报道。

【危　　害】未见大面积危害报道。

032 春黄菊叶马先蒿

Pedicularis anthemifolia Fischer ex Colla

【俗名/别名】不详。

【形态特征】根部半寄生多年生草本，高达30cm。植株直立，茎单出或自根颈处发出数条，上部罕见分枝；茎上无毛或有2-4条成行白毛。基生叶具3-4cm长柄，茎生者4枚轮生，柄长仅约5mm；叶卵状长圆形或长圆状披针形，有疏毛或无毛，长达4cm，宽达1.5cm，羽状全裂，轴有翅，具线形裂片8-12对，疏距，有锯齿。穗状花序顶生，上部花轮常密集，下部稍疏离；苞片叶状，羽状浅裂至全裂；花萼杯状，有脉10条，但无网纹，长约4mm，具5枚三角状披针形的齿；花冠紫红色，长约1.5cm，花管长约1cm，在花萼顶端屈膝向前弓曲，盔稍作镰状弓曲，长约5mm，额略圆而具鸡冠状突起，不具齿或突尖，下唇与盔近等长，侧裂片圆形，中裂片端头平截或稍凹进，小侧裂片许多并向前伸出；雄蕊后方1对花丝有毛。花期5-7月，果期7-8月。

【地理分布】分布于我国新疆。哈萨克斯坦、吉尔吉斯斯坦、蒙古国和俄罗斯也有分布。生于海拔2000-2500m的草坡。

【常见寄主】可寄生多种草本植物，以禾本科植物较为常见。

【民间用途】不详。

【栽培状况】未见报道。

【危　　害】未见大面积危害报道。

033 刺齿马先蒿

Pedicularis armata Maximowicz

【俗名/别名】不详。

【形态特征】根部半寄生多年生草本，高常不及16cm。茎常丛生，丛直径可达20cm以上；居中的茎短而直立，外侧茎常强烈倾卧或弯曲上升；茎上有明显沟纹，密被短细毛。叶柄较长，基生叶柄长达4cm，茎生叶柄长约2cm，有狭翅；叶片线状长圆形，羽状深裂，长达4cm，宽约1cm，裂片三角状卵形至圆卵形，具带明显刺尖的重锯齿4-9对，基部连成轴翅。花腋生；花梗较少超过1cm；花萼长约2cm，前方开裂约1/3，具脉约20条，齿2枚，呈三角状卵形，有短柄，亚掌状3-5裂；花冠黄色，花管长达9cm，喙长约1.5cm，卷曲成一大半环，喙尖反指后上方，下唇长约2.6cm，与宽近相等，中裂片倒卵形，平圆头至截头，偶有轻微凹头，侧裂片肾脏形，约为中裂片的2倍大小；雄蕊的2对花丝均被密毛。花期8-9月，果期9-10月。

【地理分布】中国特有种，分布于甘肃、四川和青海。生于海拔3660-4600m的高山草甸。

【常见寄主】可寄生多种草本植物，以禾本科植物较为常见，也可寄生于多种小灌木的根部。

【民间用途】以花和叶入药。具有清热、固精、利尿等功效。用于缓解肝炎、胆囊炎、水肿、小便带血等症。

【栽培状况】未见报道。

【危　　害】未见大面积危害报道。

034 埃氏马先蒿
Pedicularis artselaeri Maximowicz

【俗名/别名】蚂蚁窝、短茎马先蒿。

【形态特征】根部半寄生多年生草本，高3-6cm。茎单出或从根颈处发出2-4条。叶具5-9cm长柄，密被短柔毛，常铺散于地面；叶长圆状披针形，叶长达10cm、宽约2.5cm，羽状全裂，裂片8-14对，卵形，羽状深裂，小裂片具2-4对缺刻状重锯齿，齿端有尖刺状胼胝。花腋生；花梗长达6.5cm，细柔弯曲并被长柔毛；花冠浅紫红色，花大，长约3.5cm；萼筒长约1.8cm，前方不裂，被长柔毛，5条主脉不显，但网脉明显，齿5枚，与萼管等长或长于萼管，齿基呈三角状卵形，上部卵状披针形并有尖细锯齿；花冠管伸直，略长于花萼或是其1.5倍；盔长约1.3cm，作镰形弓曲，盔端尖而顶端微钝，指向前上方；下唇稍长于盔，裂片圆形，近相等，完全开展；雄蕊的2对花丝均被长毛。蒴果卵圆形，长约1.3cm，被宿萼包裹。花期5-6月，果期7-8月。

【地理分布】中国特有种，分布于河北、山西、陕西、湖北与四川。生于海拔1000-2800m的石坡草丛或林下。

【常见寄主】可寄生多种草本植物，以禾本科植物较为常见。

【民间用途】不详。

【栽培状况】未见报道。

【危　　害】未见大面积危害报道。

035 阿墩子马先蒿
Pedicularis atuntsiensis Bonati

【俗名/别名】不详。

【形态特征】根部半寄生多年生草本，高10-20cm。茎常数条，居中者直立，侧生者弯曲上升；茎上无明显成行的毛。基生叶宿存，有约4.5cm的长柄；茎生叶4枚轮生或下部叶偶有对生，卵状长圆形，长约2.5cm，羽状全裂，裂片小叶状，9-13对。花4枚轮生；苞片叶状；花梗长约2mm；花萼长约3.5mm，主脉和次脉各5条，具三角形齿5枚，后方1枚较小，全缘，其余4枚近相等，均具齿；花冠紫色，花管长约7mm，盔具细长的喙，转指前下方，下唇无柄，长约7mm，宽约9mm，基部截形，侧裂片斜椭圆状卵形，远大于卵形中裂片，中裂片向前凸出的部分呈兜状；雄蕊的2对花丝均无毛。蒴果。花期7-8月，果期8-9月。

【地理分布】中国特有种，分布于云南西北部。生于海拔4300-4500m的草甸或灌丛。

【常见寄主】可寄生多种草本植物，以禾本科植物较为常见，偶见寄生于小灌木的根部。

【民间用途】不详。

【栽培状况】未见报道。

【危　　害】未见大面积危害报道。

036 腋花马先蒿

Pedicularis axillaris Franchet ex Maximowicz

【俗名/别名】不详。

【形态特征】根部半寄生多年生草本。植株常倾卧。常自根颈处顶端发出2-4条对生的茎，茎在基部分枝，茎枝上被稀疏细毛。叶对生，叶柄长达2.5cm，叶片椭圆状披针形，长达8cm，宽约3cm，羽状全裂，有5-12对长圆形羽状深裂至浅裂的裂片。花腋生；花梗长达2.5cm；花萼长约6mm，具齿5枚；花冠紫色，盔紫红色而下唇浅紫色略带白边，花管长约为花萼的2倍，盔以直角转折向前，喙细长伸直并略指向前下方，下唇长约8mm，裂片近相等，中裂片略向前凸出；雄蕊的2对花丝均无毛。蒴果扁圆形，长约8mm。花期6-8月，果期7-9月。

【地理分布】中国特有种，分布于云南、西藏和四川。生于海拔2750-4000m的河岸、林下或草坡。

【常见寄主】可寄生多种草本植物，以禾本科植物较为常见。

【民间用途】全株入药。具有调经、通淋、止血等功效。用于缓解月经过多、崩漏、鼻衄等症。

【栽培状况】未见报道。

【危　　害】未见大面积危害报道。

037 巴塘马先蒿

Pedicularis batangensis Bureau et Franchet

【俗名/别名】不详。

【形态特征】根部半寄生多年生草本，高10–20cm。植株多直立，茎纤细，但木质化，常密集丛生，偶见茎长而蔓生，仅顶部直立，分枝多对生，长可达30cm；茎上常有2条成行的短毛。叶对生，偶见亚对生，绿色或紫红色，有毛；叶片长圆形至卵状长圆形，长约3cm，宽约2cm，羽状全裂，裂片线形或线状披针形，疏距，每边4–6枚，叶缘有具胼胝的粗齿。花腋生；花梗与花萼近等长，约1cm；花萼前方浅裂，具5条明显突起的主脉，有5枚长齿，后方1枚较小，披针形，全缘，其余4枚中上部呈叶状卵形，羽状深裂，有带锯齿的裂片3–5枚；花冠浅红或玫瑰色，长达3cm，盔部有明显的鸡冠状突起，喙部伸直而尖端微翘，下唇与盔近等长，宽约1.8cm，浅3裂，中裂片较小；雄蕊的2对花丝均无毛。蒴果斜卵球形，有突尖。种子褐色，长约2mm。花期6–8月，果期8–9月。

【地理分布】中国特有种，分布于四川。生于海拔2500–3100m的开阔石坡。

【常见寄主】可寄生多种草本植物，以禾本科植物较为常见，偶见寄生于小灌木的根部。

【民间用途】不详。

【栽培状况】未见报道。

【危　　害】未见大面积危害报道。

038 美丽马先蒿

Pedicularis bella Hooker

【俗名/别名】不详。

【形态特征】根部半寄生一年生草本，高约8cm。植株低矮，茎高不达3cm，常丛生，茎上有白毛。叶多基生，柄长不及2cm，被疏毛；叶片卵状披针形，长约1.5cm，羽状浅裂或全缘，裂片3-9对，齿浅圆形，叶面密生白色短毛。花腋生；花梗长3-7mm，密生长白毛；花萼呈钟形，长约1.5cm，密被白色短毛，前方开裂至1/3，有较宽的主脉5条和较细的次脉6或7条，具齿5枚，后方1枚披针形的较小，其余4枚宽卵形或圆形，具细波齿；花冠深玫瑰紫色或盔瓣紫色而下唇白色，花管色较浅，花管长3-5cm，外被白色短毛，盔在花管顶端约45° 处后仰，以直角作膝状弯曲并转向前上方呈镰状弓曲，喙细长卷曲，长约8mm，下唇宽达2.5cm，常卷包盔部，侧裂片斜椭圆形，宽约为卵圆形中裂片的4倍；雄蕊的2对花丝均有毛。蒴果斜长球形，具短突尖。种子灰白色，有明显网纹。花期6-8月，果期7-9月。

【地理分布】分布于我国西藏。不丹和印度也有分布。生于海拔3600-4900m的高山草地或杜鹃花灌丛。

【常见寄主】可寄生多种草本植物，以禾本科植物较为常见，也可寄生于杜鹃花科小灌木的根部。

【民间用途】以花入药。具有清热解毒、燥湿等功效。用于缓解胃病、腹泻、食物中毒等症。

【栽培状况】未见报道。

【危　　害】未见大面积危害报道。

039 二色马先蒿

Pedicularis bicolor Diels

【俗名/别名】不详。

【形态特征】根部半寄生多年生草本，高5-6cm。植株丛生，茎极短，几不可见。叶基生，柄长约1.5cm；叶片椭圆形，长约1.5cm，宽约0.5cm，波状浅裂，裂片圆钝，常具细圆齿。花腋生；花梗长约1.5cm；花萼长约1.2cm，前方开裂，具叶状齿2枚，长约0.5cm；盔紫色而下唇淡黄色，花冠伸出部分与花萼近等长，有疏毛，喙呈“S”形向下弯曲，下唇宽约1.5cm，侧裂片宽1.2cm，约为中裂片的2.5倍，中裂片顶端平截；雄蕊前方1对花丝有毛。花期6-8月，果期8-10月。

【地理分布】中国特有种，分布于陕西—秦岭一带。生于山坡草地或林缘。

【常见寄主】可寄生多种草本植物，以禾本科植物较为常见。

【民间用途】以花入药。具有平喘、滋补、愈疮、利尿、敛黄水等功效。用于缓解肺弱、水肿、气喘、黄水病、疮疖等症。

【栽培状况】未见报道。

【危　　害】未见大面积危害报道。

040 头花马先蒿

Pedicularis cephalantha Franchet ex Maximowicz

【俗名/别名】不详。

【形态特征】根部半寄生多年生草本，高约20cm。茎常单出或从根颈处发出多条，居中的茎常直立，外侧的茎基部多倾卧；茎绿色或紫红色，有时有成行的毛，多数植株仅在下部分枝。叶多基生，椭圆状长圆形或披针状长圆形，叶柄长达4cm，叶片长达8cm、宽约2cm，羽状全裂，裂片卵形或卵状披针形，7-11对，具带尖锯齿的狭三角形小裂片；茎生叶常仅1或2枚，互生，略抱茎，叶柄较短，裂片仅5对左右。亚头状花序；苞片叶状，顶部羽状全裂，边缘通常呈紫红色；花梗长约4mm；花萼长约1cm，前方深裂至2/3处，外被疏毛，主脉5条明显，次脉不明显，萼齿5枚，极小，2枚较大的萼齿呈倒披针形，有细齿或羽状开裂，其余的较小，针状全缘；花冠深红色，花管伸直，长约1.5cm，盔直立部分多为白色或浅紫色，长约8mm，具细缩并略向下弯曲的喙，额部高凸，但不呈鸡冠状，下唇宽约1.8cm，长约1.1cm，侧裂片椭圆形，宽为中裂片的2倍；雄蕊前方1对花丝有毛。蒴果长卵形，上部有斜尖。花期7-8月，果期8-9月。

【地理分布】中国特有种，分布于云南和四川。生于海拔2800-4900m的高山草甸或云杉林。

【常见寄主】可寄生多种草本植物，以禾本科植物较为常见。

【民间用途】全株入药。具有清热解毒、消炎抗菌等功效。用于缓解胃溃疡、肠胃炎、肉食中毒等症。

【栽培状况】未见报道。

【危　　害】未见大面积危害报道，但可连片发生。

041 俯垂马先蒿

Pedicularis cernua Bonati

【俗名/别名】不详。

【形态特征】根部半寄生多年生草本，高4-22cm。茎粗壮、肉质，单出或在上方分枝。叶多基生，成丛，叶柄长3-12cm，无毛；叶片卵状长圆形，羽状深裂至全裂，长达6cm，宽达4.5cm，裂片线状披针形至长圆状披针形，较大的叶具裂片6或7对；茎生叶对生，卵状长圆形，羽状浅裂，具短柄。总状花序较短；花很多，呈头状，离心开放；苞片小，叶状，较花短；花萼长约1cm，前方稍开裂，有明显的主脉和次脉各5条，齿5枚，后1枚线形全缘的较短，其他4枚较大且上部具齿；花冠红色，花管比花萼略长，约1.3cm，盔下部直立，向上呈强烈镰形弓曲，长达2cm，额圆钝，无喙，具齿，下唇长达1.4cm，侧裂片长圆形，长达1cm，约为卵圆形中裂片的2.5倍，中裂片多向前凸出，边缘具细波齿；雄蕊的2对花丝均被白色长柔毛。蒴果长卵形，顶端锐头略偏斜，长达1.5cm。花期7-8月，果期8-9月。

【地理分布】中国特有种，分布于云南和四川。生于海拔3800-4200m的高山草地。

【常见寄主】可寄生多种草本植物，以禾本科植物较为常见。

【民间用途】不详。

【栽培状况】未见报道。

【危　　害】未见大面积危害报道。

042 碎米蕨叶马先蒿
Pedicularis cheilanthifolia Schrenk

【俗名/别名】不详。

【形态特征】根部半寄生多年生草本，高达30cm。植株直立，茎单出或自根颈处发出多条而成丛，不分枝；茎暗绿色，有4条深沟纹，沟中生成行的毛。基生叶丛生并宿存，柄长达4cm；茎生叶4枚轮生，柄长较少超过2cm；叶片线状披针形，羽状全裂，长达4cm，宽达8mm，裂片羽状浅裂，卵状披针形至线状披针形，8-12对。亚头状花序；苞片叶状；花萼长约1cm，沿脉密被白色长柔毛，前方开裂至1/3处，齿5枚，后1枚三角形全缘，其余4枚较大并有锯齿；花冠紫红、浅紫或白色，花管以直角向前屈膝，盔长约1cm，作镰状弓曲，喙不明显或极短，下唇宽约1cm，长约0.8cm，裂片圆形而几乎等宽；雄蕊的2对花丝几无毛。蒴果披针状三角形，长达1.6cm。种子卵圆形，有明显网纹，长约2mm。花期6-8月，果期7-9月。

【地理分布】分布于我国甘肃西部、青海、新疆等地。中亚等地区也有分布。生于海拔2150-4900m的河滩、水沟或阴坡桦木林、草坡。

【常见寄主】可寄生多种草本植物，以禾本科植物较为常见。

【民间用途】全株入药。具有补气平喘、利尿消肿、愈疮敛黄、滋补润肺等功效。用于气喘、水肿、黄水病、疮疖、肺弱等病症的辅助调理。

【栽培状况】未见报道。

【危　　害】未见大面积危害报道。

043 鹅首马先蒿

Pedicularis chenocephala Diels

【俗名/别名】不详。

【形态特征】根部半寄生多年生草本，高7-13cm。茎单出或者2或3条，有毛或光滑。叶对生，或者3或4枚轮生，线状长圆形，羽状全裂，长达3cm，宽约1cm，叶柄长达5cm，裂片卵状长圆形，羽状浅裂，5-10对。头状花序，长约4cm；苞片叶状，具宽达6mm的宽柄，有稀疏长缘毛，羽状开裂；花萼长约1cm，5条主脉比5条次脉稍明显，有具锯齿的萼齿5枚；花冠玫瑰色，盔直立部分高达9mm，略向前弓曲，短喙指向前方，形似鹅首，下唇侧裂片斜倒卵形，中裂片宽卵形，较小，各裂片前端均有小突尖，具啮痕状齿；雄蕊前方1对花丝有疏毛。花期7-8月，果期8-9月。

【地理分布】中国特有种，分布于甘肃、青海和四川。生于海拔3600-4300m的高山沼泽草甸。

【常见寄主】可寄生多种草本植物，以禾本科植物较为常见。

【民间用途】全株入药。具有利尿、平喘、滋阴、止痛等功效。用于缓解水肿、尿少、气喘、营养不良、骨髓炎引起的针刺样疼痛等病症。

【栽培状况】未见报道。

【危　　害】未见大面积危害报道。

044 中国马先蒿
Pedicularis chinensis Maximowicz

【俗名/别名】不详。

【形态特征】根部半寄生一年生草本，高达30cm。茎单出或自根颈处发出多条，偶见上部分枝；居中的茎直立，外侧的茎匍匐或弯曲上升；茎有深沟纹，有明显成行的毛或仅有不明显的稀疏短毛。叶披针状长圆形或线状长圆形，长达7cm，宽达2cm，羽状浅裂至半裂，裂片卵形或矩圆形，7-13对。总状花序；苞片小叶状；花萼长约1.8cm，被白色长毛，前方约开裂至2/5处，脉可达20条，但仅2条较粗，齿2枚，叶状；花冠黄色，花管长约5cm，外被白色短毛，盔直立部分稍后仰，细喙半环状，长约1cm，喙端指向喉部，下唇宽约2cm，长约1cm，具短而密的缘毛，侧裂片远宽于中裂片；雄蕊的2对花丝均被密毛。蒴果长圆状披针形，长约2cm，顶端斜截并具小突尖。花期7-8月，果期8-9月。

【地理分布】中国特有种，分布于青海、甘肃、山西、河北、内蒙古等省区。生于海拔1700-2900m的高山草地。

【常见寄主】可寄生多种草本植物，以禾本科植物较为常见。

【民间用途】以花入药。具有滋阴补肾、健脾和胃等功效。用于提高免疫力，缓解胸闷气短、营养不良等症状。

【栽培状况】未见报道。

【危　　害】未见大面积危害报道。

045 克氏马先蒿

Pedicularis clarkei Hooker

【俗名/别名】不详。

【形态特征】根部半寄生多年生草本，高达80cm。植株直立坚挺，不分枝。茎圆柱形，中空，具明显沟纹，被粗糙硬毛或长柔毛。叶互生，线状长圆形，无柄，叶基耳形抱茎，长达6cm，宽达1.3cm，轴具翅，有卵状长圆形裂片15-25对。花序长而着花密集；苞片叶状；花梗长约3mm；花萼长约1.5cm，被粗毛，具5齿，后方1枚三角形全缘，其余4枚披针形并有重锯齿；花冠紫红色或盔紫色而下唇白色，花管长约1.8cm，盔几乎不膨大，呈新月形弓曲，具长约5mm的细喙，下唇裂片倒卵形而等大；雄蕊的2对花丝均无毛。蒴果卵形，具尖头，果长约1.6cm。种子长约2.5mm，有较深网纹。花期7-9月，果期8-9月。

【地理分布】分布于我国西藏。不丹、印度和尼泊尔也有分布。生于海拔3700-4500m的矮小灌丛或坡地草丛。

【常见寄主】可寄生多种草本植物，以禾本科植物较为常见，也可寄生于多种小灌木的根部。

【民间用途】不详。

【栽培状况】未见报道。

【危　　害】未见大面积危害报道。

046 康泊东叶马先蒿

Pedicularis comptoniifolia Franchet ex Maximowicz

【俗名/别名】干黑马先蒿。

【形态特征】根部半寄生多年生草本，高达60cm。茎无毛或具稀疏短柔毛，通常在顶端分枝，分枝3或4条轮生。叶4枚轮生，叶片线形，长达5cm，宽约7mm，羽状半裂，裂片圆形并具重锯齿；叶柄长约3mm。总状花序；苞片叶状，长过花萼；花萼长约6mm，裂片5枚，三角形全缘；花冠暗红色或紫色，长约2cm，花管基部稍弯曲，长度约为花萼的3倍，盔瓣具短而宽的喙，下唇略长于盔瓣，中裂片倒卵形，比侧裂片小很多，明显凸出；雄蕊后部1对花丝被稀疏短柔毛。花期7-9月，果期9-12月。

【地理分布】分布于我国四川和云南。缅甸也有分布。生于海拔2400-3000m的草甸。

【常见寄主】可寄生多种草本植物，以禾本科植物较为常见，也可寄生于多种小灌木的根部。

【民间用途】不详。

【栽培状况】未见报道。

【危　　害】未见大面积危害报道。

047 聚花马先蒿

Pedicularis confertiflora Prain

【俗名/别名】不详。

【形态特征】根部半寄生一年生草本，通常高5-18cm。茎单出或从根颈顶端成丛发出多条，中央的茎直立，周边的茎倾卧或弯曲上升；茎圆筒形，紫红或紫黑色，具短柔毛。叶对生，卵状长圆形，羽状全裂，具卵形裂片5-7对，边缘常反卷。花对生或4枚轮生，有短梗；苞片叶状三角形；花萼长达6mm，多被粗毛并有红晕，5条主脉和5条次脉均明显，齿5枚，后1枚较小，三角状针形，全缘，其余4枚2大2小，上部均呈宽三角状卵形并明显3裂；花冠管约为花萼长的3倍，盔直立部分高约3mm，具指向前下方而伸直的细喙，长约7mm，下唇宽大，与盔近等长，前方3裂至1/3处，侧裂片斜卵形，宽为三角状卵形中裂片的3倍；雄蕊花丝无毛或仅前方1对花丝有稀疏毛。蒴果斜卵形，具突尖，长约1cm。种子卵圆形，褐色，有清晰网脉。花期7-9月，果期8-10月。

【地理分布】分布于我国云南、四川和西藏。不丹、印度和尼泊尔也有分布。生于海拔2700-4900m、空旷多石的草地。

【常见寄主】可寄生多种草本植物，以禾本科植物较为常见。

【民间用途】全株入药。具有清热解毒、利水通淋、燥湿泻火、清心除烦等功效。用于缓解小儿惊风、淋症、腰痛、胃病、腹泻、食物中毒等症。

【栽培状况】未见报道。

【危　　害】未见大面积危害报道。

048 凸额马先蒿
Pedicularis cranolopha Maximowicz

【俗名/别名】不详。

【形态特征】根部半寄生多年生草本，高5-23cm。茎常铺散丛生，在较大植株中弯曲上升，不分枝；茎上有明显沟纹，短毛清晰成行。叶互生，偶见下部叶假对生，长圆状披针形或披针状线形，长达6cm，宽达1.5cm；羽状深裂，具卵形或披针状长圆形裂片达15对，疏距。总状花序顶生；苞片叶状；花萼长达2cm，前方开裂至1/2处，主脉和次脉各5条，齿3枚，后1枚较小，全缘或有微锯齿，侧方2枚上方叶状并呈羽状全裂；花冠黄色，花管长约5cm，盔直立部分略前俯，上端呈镰状弓曲，前端具略作半环状弓曲而顶端指向喉部的喙，长约8mm，喙端具2深裂，额与喙交接处有明显鸡冠状突起，下唇宽约2cm，长约1.3cm，侧裂片扇形，与肾形的中裂片近等宽或略宽于后者，中裂片前端有明显凹头；雄蕊的2对花丝均密被短毛。花期6-7月，果期8-9月。

【地理分布】中国特有种，分布于甘肃、青海、四川和云南。生于海拔2600-4200m的高山草甸。

【常见寄主】可寄生多种草本植物，以禾本科植物较为常见。

【民间用途】全株入药。具有清热解毒、利尿消肿、消炎、固精等功效。用于缓解发热、尿路感染、水肿、肺炎、肝炎、胆囊炎、外伤肿痛、遗精、小便带血等病症。

【栽培状况】未见报道。

【危　　害】未见大面积危害报道，但可连片发生。

049 波齿马先蒿

Pedicularis crenata Maximowicz

【俗名/别名】不详。

【形态特征】根部半寄生多年生草本，高达35cm。植株密被白色短柔毛。茎圆筒形，单出，不分枝或偶尔有少数分枝。叶互生，线状长圆形或椭圆形，近肉质，密被白色短卷毛，叶缘具波状浅齿，叶长达6cm、宽达1.8cm；叶柄极短或无柄。总状花序顶生；苞片叶状卵形；花梗长约2mm；花萼长约1.1cm，外面密被柔毛，前方开裂较浅或不开裂，具2条粗壮的主脉，其余脉较细，萼齿2枚，有锯齿；花冠红色或紫红色，长约2.4cm，花管直立，盔无毛，具伸向前下方、长约2mm的短喙，下唇长约1cm，宽达1.4cm，3裂，侧裂片肾形而较大，中裂片圆形；雄蕊前方1对花丝被稀疏长毛。花期8-9月，果期9-10月。

【地理分布】中国特有种，分布于云南。生于海拔2600-3400m的高山草甸。

【常见寄主】可寄生多种草本植物，以禾本科植物较为常见。

【民间用途】不详。

【栽培状况】未见报道。

【危　　害】未见大面积危害报道。

050 具冠马先蒿

Pedicularis cristatella Pennell et Li

【俗名/别名】不详。

【形态特征】根部半寄生一年生草本，高达50cm。茎单出或从根颈处发出数条，下部常木质化，上部草质；茎方形，有明显沟纹，具4行黄色长毛；不分枝或在中上部分枝。叶对生或5枚轮生，长圆状披针形或狭披针形，长约3cm，宽约1.5cm，羽状全裂，具披针形裂片6-12枚；叶柄长约1cm，被浓密的黄色长毛。穗状花序，长达20cm；花轮含花3或4枚，多有间断，共3-7轮；下部苞片叶状，上部苞片菱状卵形；花萼白色，前方稍开裂，具10条明显高凸的脉，齿5枚，近相等，狭三角状披针形，全缘；花冠红紫色，盔色较深，花管长约1cm，盔完全直立，前缘高约5mm，具明显的鸡冠状突起和指向前下方的细喙，喙长约6.5mm，下唇长约1.1cm，宽达1.3cm，侧裂片倒三角状卵形，约为卵形中裂片的1.5倍；雄蕊前方1对花丝密被柔毛。蒴果扁卵球形，长约1.4cm，顶端尖锐。种子黑色，卵圆形，长约2mm。花期6-7月，果期7-8月。

【地理分布】中国特有种，分布于甘肃和四川。生于海拔1900-3000m的草甸、小灌丛或岩壁上。

【常见寄主】可寄生多种草本植物，以禾本科植物较为常见，也可寄生于多种小灌木的根部。

【民间用途】不详。

【栽培状况】未见报道。

【危　　害】未见大面积危害报道。

051 克洛氏马先蒿

Pedicularis croizatiana Li

【俗名/别名】凹唇马先蒿。

【形态特征】根部半寄生多年生草本，高5-21cm。茎常多数，从根颈处发出多条，密集成丛；不分枝，有棱角及明显条纹，被密毛。叶互生，偶尔亚对生，线状披针形或卵状长圆形，长达4.5cm，宽达1cm，羽状全裂，裂片卵状三角形或长圆状披针形，每边9-12枚；叶柄长达2.5cm。花腋生；苞片叶状，羽状半裂至全裂，具密毛；花梗长约1.8mm，具长柔毛；花萼长约1.3cm，外被长毛，在前方近1/3处开裂，齿3枚，偶尔2枚，后1枚较小；花冠黄色，花管长约3cm，盔前缘高约3mm，顶端向前上方作镰状弓曲，具拳卷并在前端反指前方的喙，喙长约5mm，额部与喙交接处有明显的鸡冠状突起，下唇宽达2.1cm，长达1.5cm，肾形的中裂片仅略小于椭圆形的侧裂片；雄蕊的2对花丝上端均密被短柔毛。花期6-8月，果期8-10月。

【地理分布】中国特有种，分布于四川和西藏。生于海拔3700-4200m的松林和高山草甸。

【常见寄主】可寄生多种草本植物，以禾本科植物较为常见。

【民间用途】以花入药。具有清热解毒、益肾固精、消肿利尿、生肌愈疮等功效。用于缓解肝炎、胆囊炎、水肿、遗精、小便带脓血等症。

【栽培状况】未见报道。

【危　　害】未见大面积危害报道，但可连片发生。

052 隐花马先蒿

Pedicularis cryptantha Marquand et Shaw

【俗名/别名】不详。

【形态特征】根部半寄生多年生草本，高较少超过12cm。茎匍匐或弯曲上升，分枝复杂而呈密丛。叶绿色或紫红色，叶长达7cm、宽达1.8cm，羽状全裂，裂片羽状浅裂至半裂，每边8-12对；叶柄长达6cm，有疏毛。花腋生于基部，偶见枝端顶生总状花序；苞片叶状；花梗长达2cm；花萼长约4mm，主脉5条明显，次脉6或7条较细，齿5枚，后1枚稍小，其他4枚披针形略大并具微齿；花冠硫黄色，长约2cm，花管下部直立，端部强烈增大并向前呈膝屈状，盔朝向前上方，与花管近等长，略呈镰状弓曲，额略圆凸，下唇侧裂片肾形，略宽于圆形的中裂片；雄蕊的2对花丝均无毛。花期5-8月，果期9-10月。

【地理分布】分布于我国西藏。不丹也有分布。生于海拔2700-4700m的河边草丛或阴湿林。

【常见寄主】可寄生多种草本植物，以禾本科植物较为常见。

【民间用途】不详。

【栽培状况】未见报道。

【危　　害】未见大面积危害报道。

053 弯管马先蒿

Pedicularis curvituba Maximowicz

【俗名/别名】不详。

【形态特征】根部半寄生一年生草本，高达50cm。常自根颈处发出多条茎，茎基木质化；茎上有4条成行的毛，上半部叶轮中常长出2或3条短枝。叶4枚轮生，线状披针形或长卵圆形，长达4.5cm，宽达1.7cm，羽状全裂，裂片卵状披针形或线状披针形，每边6–10枚；叶柄长达1.5cm。总状花序，由多个间断的花轮组成；下部苞片呈叶状，短于花，上半部苞片亚掌状羽状开裂；花萼长约1.1cm，前方浅裂，齿5枚，大小不等，齿常反卷；花冠黄色、白色或盔黄色而下唇白色，长2cm，花管向前呈膝屈状弓曲，盔指向前上方，额部不突起，具长约3mm略下弯的喙，下唇长约8mm，宽约13mm，斜椭圆形的侧裂片明显大于椭圆形的中裂片；雄蕊的2对花丝均有毛。蒴果。花期6–7月，果期7–8月。

【地理分布】中国特有种，分布于甘肃、山西、河北、陕西和内蒙古。生于海拔1600m左右的坡地。

【常见寄主】可寄生多种草本植物，以禾本科植物较为常见。

【民间用途】全株入药。具有补气、平喘、利尿、愈疮、消肿等功效。用于辅助缓解肺弱、水肿、气喘、黄水病、疮疖、溃疡等病症。

【栽培状况】未见报道。

【危　　害】未见大面积危害报道。

054 斗叶马先蒿

Pedicularis cyathophylla Franchet

【俗名/别名】不详。

【形态特征】根部半寄生多年生草本，高达60cm。茎直立，不分枝，被毛。叶3或4枚轮生，叶基合生呈斗状，有时下部叶的叶柄仅在基部略膨大而不结合成斗状，叶片长椭圆形，长达14cm，宽达4cm，羽状全裂，裂片边缘有刺毛状锯齿。穗状花序；苞片基部合生，前端羽状浅裂，叶状；花萼长约1.5cm，前方开裂至1/2处，具2齿，长圆状披针形；花冠紫红色，花管长达6cm，在管顶端以直角向前转折，盔强烈前俯，颜色较下唇深，具一条细长而横折并最终指向前下方的喙，喙长7mm，下唇宽过于长，包裹盔瓣；雄蕊的2对花丝均被短柔毛。花期7–8月，果期8–9月。

【地理分布】中国特有种，分布于四川和云南。生于海拔4700m左右的高山草甸或灌丛。

【常见寄主】可寄生多种草本植物，以禾本科植物较为常见，也可寄生于多种小灌木的根部。

【民间用途】不详。

【栽培状况】未见报道。

【危　　害】未见大面积危害报道，但可连片发生。

055 拟斗叶马先蒿

Pedicularis cyathophylloides Limpricht

【俗名/别名】不详。

【形态特征】根部半寄生多年生草本，高可达60cm。茎直立，常自基部分枝或不分枝，被毛；茎及枝三棱形或四方形。叶3或4枚轮生，有柄，叶基合生呈斗状，有时下部叶的叶柄仅在基部略膨大而不结合成斗状，叶片长卵形或阔披针形，羽状全裂，裂片线形，具缺刻状齿或粗锯齿。苞片基部合生，前端羽状全裂，叶状；花萼长1.1cm，具5齿，齿卵状披针形，具缺刻状重锯齿；花冠粉红色到玫瑰色，花管与花萼近等长，长约2.5cm，盔基部直立，其含有雄蕊部分斜卵形膨大并指向前上方，外被细长毛，前端有棱角，无明显的喙，下唇比盔长，3裂，平展，中裂片倒卵形，伸出于斜圆形的侧裂片之前；雄蕊的2对花丝均被长柔毛。蒴果卵球形，有刺尖，果长约2.2cm，具纵纹。种子长卵球形，长约3mm。花期7–8月，果期8–9月。

【地理分布】中国特有种，分布于西藏和四川。生于海拔3500–3900m的云杉林或桦木林缘的半阴坡地。

【常见寄主】可寄生多种草本植物，以禾本科植物较为常见，也可寄生于多种小灌木的根部。

【民间用途】不详。

【栽培状况】未见报道。

【危　　害】未见大面积危害报道。

056 环喙马先蒿

Pedicularis cyclorhyncha Li

【俗名/别名】不详。

【形态特征】根部半寄生多年生草本，高达40cm。茎直立或稍弯曲上升，单出，不分枝或仅从基部分枝；除花序外植株几无毛。叶互生，线状披针形，长达6cm，宽约9mm，羽状全裂，裂片卵形锐头，每边10-14枚；下部叶片柄长达7cm，微有翅，上部叶片柄短或无柄。总状花序顶生；苞片叶状，羽状深裂至全裂；花梗长达5mm；花萼长达1.2cm，前方几不开裂，被稀疏毛，主脉明显，5或6条，次脉不明显，齿5枚，后方1枚较小，后侧方2枚最大，均具锯齿；花冠红紫色，长约2.8cm，花管伸直，长约为花萼的2倍，外被疏毛，盔俯弯向前，具细长的半环状卷喙，喙长约8mm，下唇长约1cm，宽约2cm，侧裂片圆卵形，长宽均约1cm，远大于圆钝的中裂片，中裂片前端有钝突尖；雄蕊前方1对花丝有毛。蒴果未见。花期6-7月，果期7-8月。

【地理分布】中国特有种，分布于云南西北部。生于海拔2700-3200m的潮湿草甸或灌丛。

【常见寄主】可寄生多种草本植物，以禾本科植物较为常见，也可寄生于杜鹃花科等多种小灌木的根部。

【民间用途】不详。

【栽培状况】未见报道。

【危　　害】未见大面积危害报道。

057 舟形马先蒿

Pedicularis cymbalaria Bonati

【俗名/别名】不详。

【形态特征】根部半寄生一年生或二年生草本，高较少超过15cm。常从根颈顶端发出多条茎，且茎分枝较多，植株呈丛状；枝对生，茎枝有成行的毛2条或无毛。叶对生，肾形或心形，羽状至掌状半裂或深裂，裂片长卵圆形，6-10枚，叶长达1.2cm、宽约1cm；叶柄长达2cm，密被腺毛。花成对生于茎顶叶腋；苞片叶状；花梗长达2cm；花萼长约1cm，前方稍开裂，密被短柔毛，主脉5条，萼齿5枚，后1枚较小，狭三角形，全缘，后侧方1对最大，顶部掌状开裂；花冠黄白色或玫瑰色，长约2.5cm，花管伸直，长达1.2cm，盔作镰状弓曲，盔前端略尖削而呈舟形，额无明显高凸，前缘具1对明显的齿，下唇3裂，裂片均为菱状宽卵形，近相等，中裂片具约1.5mm的柄，明显伸出侧裂片许多；雄蕊的2对花丝上部均无毛。蒴果斜披针状长圆形，长约1.2cm，顶端具小突尖。花期7-8月，果期9-10月。

【地理分布】中国特有种，分布于云南西北部和四川西南部。生于海拔3400-4000m的高山草甸。

【常见寄主】可寄生多种草本植物，以禾本科和豆科植物为较优寄主。

【民间用途】不详。

【栽培状况】未见报道。

【危　　害】未见大面积危害报道。

058 大卫氏马先蒿
Pedicularis davidii Franchet

【俗名/别名】不详。

【形态特征】根部半寄生多年生草本，高达50cm。植株直立，密被短毛。茎单出或自根颈顶端发出多条，基部分枝，偶见中上部分枝；茎有棱，中空，密被锈色短毛，但不排列成行。叶互生，下部叶片常假对生，长卵圆形或披针状长圆形，长约7cm，宽约2cm，羽状全裂，裂片线状长圆形或卵状长圆形，每边9-14枚；叶柄长达5cm，具狭翅。总状花序顶生；苞片叶状；花梗长约3mm；花萼长约6mm，前方开裂至1/2处，几无毛，具明显的主脉5条、次脉多条，萼齿3枚均全缘，后1枚较小；花冠紫色或红色，长约1.5cm，花管伸直，长约1.2cm，盔瓣强烈扭折，喙常卷成半环形，或在近端处呈“S”形扭转而指向后方，下唇长约1.1cm，宽约1.3cm，3裂，多开展，宽肾形的侧裂片明显大于倒卵形的中裂片；雄蕊的2对花丝均被毛。蒴果狭卵形至卵状披针形，长约1cm，顶端有突尖。花期6-8月，果期8-9月。

【地理分布】中国特有种，分布于甘肃西南部、陕西南部及四川。生于海拔1400-4400m的沟边或路旁草丛及高山草甸。

【常见寄主】可寄生多种草本植物，以禾本科植物较为常见，也可寄生于多种小灌木的根部。

【民间用途】以根入药。具有益气养阴、止痛等功效。用于调理病后体虚、阴虚潮热、关节疼痛等病症。

【栽培状况】未见报道。

【危　　害】未见大面积危害报道。

059 美观马先蒿

Pedicularis decora Franchet

【俗名/别名】太白洋参。

【形态特征】根部半寄生多年生草本，高达1m以上。茎不分枝或偶尔在上部分枝，中空，生有白色的稀疏长柔毛。叶线状披针形或狭披针形，长达10cm，宽达2.5cm，羽状深裂，有约20对长圆状披针形的裂片。穗状花序，被具腺的密毛；下部苞片叶状，上部苞片尖卵形、全缘；花萼长约4mm，密被腺毛，具三角形的小齿5枚；花冠黄色，花管长约1.2cm，盔呈舟形，与下唇近等长，下缘有长须毛，下唇裂片卵形，中裂片明显大于侧裂片。蒴果卵球形，长约1.4cm，顶端有锐尖。花期6-7月，果期7-8月。

【地理分布】中国特有种，分布于陕西、甘肃、湖北和四川。生于海拔2200-2700m的草坡及疏林。

【常见寄主】可寄生多种草本植物，以禾本科植物较为常见，也可寄生于多种小灌木的根部。

【民间用途】以根入药。具有消炎止痛、滋阴补肾、补中益气、健脾和胃等功效。用于缓解肾虚乏力、身体虚弱、骨蒸潮热、关节疼痛、不思饮食等病症。

【栽培状况】在秦岭山区有较大面积栽培。

【危　　害】未见大面积危害报道。

060 极丽马先蒿

Pedicularis decorissima Diels

【俗名/别名】不详。

【形态特征】根部半寄生多年生草本，高达15cm。茎常多条，呈密丛状，中央的茎较短，外侧的茎常倾卧上升；茎略扁平，具沟纹，两侧有翅状突起，有毛或光滑。叶互生，偶尔假对生，线性或披针状长圆形，长达7cm，宽达1cm，常羽状深裂，偶见羽状浅裂，裂片三角形至三角状卵形，约9对；叶柄长达6cm，多为3cm左右。花生于叶腋，在主茎上基生，在侧茎上顶生；苞片叶状；花梗短；花萼长达2cm以上，密被长毛，前方开裂至1/2处，齿2枚，顶端羽状开裂，小裂片具锐齿；花冠玫瑰色或浅红色，花管长达12cm，外被疏毛，盔部有明显的鸡冠状突起，喙卷成大半环而顶端反指前上方，下唇宽达2.8cm，长达2.3cm，宽肾形的侧裂片明显大于倒卵形的中裂片；雄蕊的2对花丝均密被短柔毛。花期6-8月，果期8-9月。

【地理分布】中国特有种，分布于青海东部、甘肃西南部和四川西部。生于海拔2900-3500m的高山草甸。

【常见寄主】可寄生多种草本植物，以禾本科植物较为常见。

【民间用途】全株入药。具有清热解毒、燥湿和胃等功效。用于缓解急性胃肠炎、食物中毒、腹泻等病症。

【栽培状况】未见报道。

【危　　害】未见大面积危害报道。

061 密穗马先蒿

Pedicularis densispica Franchet ex Maximowicz

【俗名/别名】不详。

【形态特征】根部半寄生一年生草本，高达40cm以上。植株直立，茎不分枝或在基部有较多分枝，上部若分枝则枝常对生或轮生；茎4棱，木质化，有4条明显成行的毛。下部叶对生，上部叶3或4枚轮生，无柄或具约5mm的短柄，柄具狭翅，被长柔毛；叶片长卵形，长达5cm，宽达1.5cm，羽状深裂至全裂，裂片线形或长圆形，6-10对，边缘常反卷。穗状花序顶生，着花密集；下部苞片叶状，上部苞片菱卵形；花萼长约8mm，被密毛，5条主脉和5条次脉均明显，齿5枚，后1枚较小，三角形全缘，后侧方1对最大，卵形，具重锐齿；花冠玫瑰色至浅紫色，长达1.6cm，花管在近喉处略向前弓曲，盔稍前俯，额圆钝，常呈橘黄色或黄绿色，下缘前端具小突尖，下唇长达1cm，肾形的侧裂片远大于卵形的中裂片；雄蕊的2对花丝均被毛。蒴果卵形，长达1.2cm，顶端有突尖。种子灰褐色，长不及1mm。花期4-9月，果期8-10月。

【地理分布】中国特有种，分布于四川南部及西部、云南西北部、西藏南部和东南部。生于海拔1900-4400m的山坡、路旁、林下及草甸。

【常见寄主】可寄生多种草本植物，以禾本科和豆科植物较为常见，也可寄生于多种小灌木的根部。

【民间用途】全株入药。具有抗氧化、缓解骨骼肌疲劳等功效。用于调理产后体虚或缓解运动后疲劳。

【栽培状况】未见报道。

【危　　害】未见大面积危害报道，但可连片发生，且种子量大，对禾本科寄主影响明显。

062 二歧马先蒿
Pedicularis dichotoma Bonati

【俗名/别名】不详。

【形态特征】根部半寄生多年生草本，高达30cm。植株直立，茎不分枝或二歧状分枝。叶对生，长卵圆形或长圆状披针形，羽状全裂，裂片线形，5-7对；叶连柄长可达7cm。穗状花序；苞片卵形，先端羽状全裂而具锯齿；花萼膨大，长约1.3cm，外具棱角，5条主脉清晰，齿5枚，均为三角形，后1枚甚小；花冠粉红色或粉白色，长约2cm，盔的颜色较下唇深，以超过直角的角度向前下方向转折，喙细长，大部分伸直，端部略向一侧偏斜，下唇3裂，中裂片明显小于侧裂片；雄蕊的2对花丝上部均被毛。蒴果尖卵圆形，被宿萼完全包裹。种子卵球形，白色，长约3mm，具蜂窝状孔纹。花期7-9月，果期8-10月。

【地理分布】中国特有种，分布于云南西北部和四川西南部。生于海拔2700-4300m的多石山坡，偶见于疏林。

【常见寄主】可寄生多种草本植物，以禾本科植物较为常见。

【民间用途】全株入药。具有清热解毒、调经活血、止血补血等功效。用于缓解月经过多、崩漏、鼻衄等病症。

【栽培状况】未见报道。

【危　　害】未见大面积危害报道，但可连片发生。

063 细裂叶马先蒿

Pedicularis dissectifolia Li

【俗名/别名】不详。

【形态特征】根部半寄生多年生草本，高达40cm。植株常弯曲上升，少数直立。茎常自根颈顶端发出多条，基部多分枝。叶互生，下部叶片常呈假对生，长圆状披针形或长卵圆形，长达7cm，宽达1.8cm，叶面无毛，有稀疏的白色肤屑状物，羽状全裂，裂片小叶状，5-7对；叶柄长5-9cm，被稀疏长毛。亚头状花序；苞片叶状；花梗短，较少超过1mm；花萼长约7mm，前方开裂至1/2处，仅5条主脉明显，齿2或3枚；花冠紫红色，花管长约1.7cm，不被毛，盔呈镰状弓曲，额部有明显鸡冠状突起，具长5-6mm且指向前下方的喙，下唇长约1.2cm，宽约1.4cm，斜椭圆形的侧裂片大于狭长圆形的中裂片；雄蕊前方1对花丝有毛。蒴果。花期7-8月，果期8-9月。

【地理分布】中国特有种，分布于云南西北部。生于海拔2500-3200m的山坡草丛或疏林。

【常见寄主】可寄生多种草本植物，以禾本科植物较为常见，也可寄生于多种小灌木的根部。

【民间用途】不详。

【栽培状况】未见报道。

【危　　害】未见大面积危害报道。

064 长舟马先蒿

Pedicularis dolichocymba Handel-Mazzetti

【俗名/别名】不详。

【形态特征】根部半寄生多年生草本，高达40cm。茎直立，很少分枝；茎上有纵沟，具成条的棕褐色毛。叶互生，卵状长圆形或披针状长圆形，长达6cm，宽达2cm，无柄，略抱茎，叶缘浅裂或具重齿。头状或短总状花序；苞片叶状；花萼长约9mm，具卵形5齿；花冠盔部深玫瑰色或紫黑色，下唇黄绿色，花管伸出于花萼约5mm，盔稍前俯，含雄蕊部分较长且膨大明显，长达1.2cm，被疏毛，下缘密生长须毛，前端具明显的短喙，下唇明显短于盔部，3裂，卵形裂片近相等，斜展；雄蕊的2对花丝均无毛。蒴果尖卵圆形，被宿萼包被，长达2cm。种子肾形，有蜂窝状孔纹。花期5-8月，果期7-9月。

【地理分布】中国特有种，分布于四川西部、西藏东部及云南西北部。生于海拔3500-4300m的高山草甸和岩石坡上的灌木丛。

【常见寄主】可寄生多种草本植物，以禾本科植物较为常见，也可寄生于杜鹃花科等多种小灌木的根部。

【民间用途】以根入药。具有补肾益精功效。用于调理遗尿。

【栽培状况】未见报道。

【危　　害】未见大面积危害报道。

065 长舌马先蒿

Pedicularis dolichoglossa Li

【俗名/别名】不详。

【形态特征】根部半寄生多年生草本，高约7cm。茎单出，被深棕色长毛。叶对生，量少，椭圆状卵形，长达1.5cm，宽达8mm，羽状深裂，轴具翅，裂片卵状披针形，约7对；叶柄宽且薄，长1.5-3cm，被有暗锈色毛。亚头状花序顶生；苞片叶状；花萼长约1cm，齿5枚，后1枚三角形全缘，其余4枚近等长，长卵形，具粗齿；花冠黄色，有深色斑点，长约2.5cm，盔上部呈镰状或膝状弓曲，长达2cm，下唇具长缘毛，有长达4.5mm的柄，肾形的侧裂片明显大于圆形的中裂片；雄蕊的2对花丝上部均无毛。

【地理分布】中国特有种，分布于云南西北部。生于海拔3000-4000m的高山草甸。

【常见寄主】可寄生多种草本植物，以禾本科植物较为常见。

【民间用途】不详。

【栽培状况】未见报道。

【危　　害】未见大面积危害报道。

066 长根马先蒿
Pedicularis dolichorrhiza Schrenk

【俗名/别名】不详。

【形态特征】根部半寄生多年生草本，高者可达1m以上。植株直立，不分枝，茎单出或从根颈顶端发出2或3条；茎圆筒形，中空，具纵条纹，有成行的白色短毛。叶互生，狭披针形，极大，连柄长达45cm，多数叶长约10cm；羽状全裂，裂片披针形，多达25对，羽状深裂，具锯齿。穗状花序，长达20cm以上；下部苞片叶状，上部苞片3裂具齿；花萼长约1.3cm，具稀疏长毛，前方浅裂，主脉5条，齿5枚，极短；花冠黄色，花管长约1.5cm，盔前俯呈镰状弓曲，顶端具长约3mm的短喙，下唇与盔近等长，无缘毛，3裂，裂片均为倒卵形，侧裂片约为中裂片的2倍；雄蕊前方1对花丝有毛。蒴果卵球形，长1-1.5cm，具突尖。种子长卵形，有明显网纹。花期7-8月，果期8-9月。

【地理分布】分布于我国新疆西北部。阿富汗、吉尔吉斯斯坦、哈萨克斯坦和塔吉克斯坦等国家也有分布。生于海拔2000-2900m的草甸。

【常见寄主】可寄生多种草本植物，以禾本科植物较为常见。

【民间用途】不详。

【栽培状况】未见报道。

【危　　害】未见大面积危害报道。

067 邓氏马先蒿
Pedicularis dunniana Bonati

【俗名/别名】不详。

【形态特征】根部半寄生多年生草本，高达1.6m。植株直立，全株被棕褐色毛。茎单出或从根颈顶端发出数条，粗壮、中空，上部有时分枝。叶长披针形，羽状深裂，披针状长圆形裂片多达15对。花序长达20cm，多腺毛；花萼长达7mm，被密腺毛；花冠黄色，不含盔部长达2cm，花管长约1.2cm，盔稍向前弓曲，顶端呈舟形，下缘有长须毛，下唇与盔近等长，中裂片宽于侧裂片。蒴果卵状长圆形，长1.7cm，宽约1cm，具突尖。种子三角状肾形，长约3mm。花期7-8月，果期8-9月。

【地理分布】中国特有种，分布于四川西部和云南西北部。生于海拔3300-3800m的草坡或疏林。

【常见寄主】可寄生于多种草本植物根部，以禾本科寄主较为常见。

【民间用途】以花入药。具有利尿、平喘、滋补、愈创、敛黄水等功效。用于缓解肺弱、水肿、气喘、黄水病、疮疖等症。

【栽培状况】未见报道。

【危　　害】未见大面积危害报道。

068 哀氏马先蒿

Pedicularis elwesii Hooker

【俗名/别名】裹盔马先蒿。

【形态特征】根部半寄生多年生草本，高达30cm。植株直立，密被短柔毛。茎圆柱形，单条或从根颈顶端发出2-4条，中空，不分枝。基生叶卵状长圆形，羽状深裂，裂片多达30对，丛生，柄长达3cm；茎生叶亚对生，叶小且柄短。花序总状，常在茎顶聚成密球；苞片叶状；花梗长达1.5cm；花萼长圆状钟形，长约1.2cm，前方深裂至1/2处，具绿色萼齿3枚，后方1枚三角形全缘，另2枚具深锯齿；花冠紫色到浅紫红色，长约3cm，花管长约1cm，不超出萼外，盔瓣强烈弯曲，具弯成半环状、长约6mm的喙，下唇完全包裹盔瓣；雄蕊的2对花丝生长茸毛，前密后疏。蒴果长圆状披针形，长达2cm。种子褐色，尖卵圆形，长约3mm。花期6-8月，果期8-9月。

【地理分布】分布于我国云南西北部和西藏东南部。不丹、缅甸、尼泊尔和印度也有分布。生于海拔3200-4600m的高山草甸。

【常见寄主】可寄生于多种草本植物或小灌木的根部，以禾本科寄主较为常见。

【民间用途】以花入药。具有利尿功效。用于调理水肿。

【栽培状况】未见报道。

【危　　害】未见大面积危害报道。

069 多花马先蒿
Pedicularis floribunda Franchet

【俗名/别名】不详。

【形态特征】根部半寄生一年生草本，高达70cm。茎直立，上部多有分枝，圆柱形，中空，具3或4条成行的毛。叶3-6枚轮生，叶片披针状长圆形，羽状全裂；叶柄长约1.2cm。花序长达20cm；苞片叶形；花梗长约5mm；花萼密被茸毛，具齿5枚，不等大；花冠玫瑰色或淡紫色，长2.6cm，盔呈镰状弓曲，略有鸡冠状突起，下缘具1对大齿，下唇大，卵形而微钝，具不很明显的褶襞2条；雄蕊的2对花丝均有毛。蒴果。花期7-8月，果期8-9月。

【地理分布】中国特有种，分布于四川西部。生于海拔2300-2700m的多石山坡。

【常见寄主】可寄生于多种草本植物根部，以禾本科寄主较为常见。

【民间用途】全株入药。具有凉血止血功效。用于缓解月经过多、崩漏、鼻衄等症。

【栽培状况】未见报道。

【危　　害】未见大面积危害报道。

070 奇氏马先蒿

Pedicularis giraldiana Diels ex Bonati

【俗名/别名】太白山马先蒿。

【形态特征】根部半寄生多年生草本，高达25cm。肉质茎丛生，多达15条，有棱沟，被长白毛。基生叶线状披针形，柄长达3.5cm，叶长达3cm、宽约0.9cm，羽状全裂；茎生叶4枚轮生，形似基生叶，但较小且柄短。花序短穗状；下部苞片叶状，上部苞片线状披针形；花萼卵状长圆形，密被白色长毛，前方开裂至1/2处，裂片4或5枚，不等长，具锯齿并反卷；花冠黄色，长达2.6cm，花管长约1.4cm，盔几不弓曲，额部圆钝，具不明显的鸡冠状突起。花期7-8月，果期8-9月。

【地理分布】中国特有种，分布于陕西西南部。生于海拔2900-3000m的草坡或灌丛。

【常见寄主】可寄生于多种草本植物根部，以禾本科寄主较为常见，偶见寄生于小灌木根部。

【民间用途】不详。

【栽培状况】未见报道。

【危　　害】未见大面积危害报道。

071 球花马先蒿

Pedicularis globifera Hooker

【俗名/别名】不详。

【形态特征】根部半寄生多年生草本，高达25cm。茎丛生，多达10余条，中央的茎直立，外侧的茎多强烈倾卧而后上升，有4条纵条纹及成行的毛。叶片披针形至线形，羽状全裂；基生叶丛生，长达4cm、宽1cm，柄长达5cm；茎生叶4枚轮生，较基生叶小。密穗状花序，亚球形，长达6cm；花萼长圆状钟形，密被茸毛，前方开裂至1/3处，长约1cm，齿5枚，大小不等；花冠红色到白色，花管长约1.2cm，盔约呈镰状弓曲或伸直，额圆突，有明显的鸡冠状突起，具顶端平截的短喙。蒴果卵状披针形，长约1.4cm。种子卵圆形。花期7-8月，果期8-9月。

【地理分布】分布于我国西藏南部和东南部。尼泊尔和印度也有分布。生于海拔3600-5400m的湿地及河滩莎草丛。

【常见寄主】可寄生于多种草本植物根部，以禾本科寄主较为常见。

【民间用途】全株入药。具有清热解毒、利水消肿等功效，主要用于缓解口腔溃疡、胃溃疡、水肿等病症。

【栽培状况】未见报道。

【危　　害】未见大面积危害报道。

072 纤细马先蒿

Pedicularis gracilis Wallich

【俗名/别名】不详。

【形态特征】根部半寄生一年生草本，高达1m。植株直立坚挺，分枝繁茂，常4-6条枝轮生。茎红褐色，略呈方形，具3或4行毛。叶片卵状长圆形，绿色或紫红色，3或4枚轮生，无梗；羽状全裂，有长圆形裂片6-9对，具齿。总状花序；花常4朵轮生；苞片叶状；花萼圆筒状，被短柔毛，萼齿5枚，全缘或有锯齿；花冠粉红色略带紫色，长达1.5cm，花管直立，盔瓣顶部成直角弯曲，具长约5mm的喙，下唇宽达1cm，亚圆形侧裂片为卵菱形中裂片的2-3倍；雄蕊的2对花丝均无毛。蒴果尖卵形，长约8mm。种子灰褐色，卵圆形。花期8-9月，果期9-10月。

【地理分布】分布于我国云南西北部、四川西部和西藏南部。不丹、孟加拉国、巴基斯坦、阿富汗、尼泊尔、缅甸、印度等国家也有分布。生于海拔2000-4000m的高山草甸或稍干燥的草坡。

【常见寄主】可寄生于多种草本植物根部，以禾本科寄主较为常见。

【民间用途】不详。

【栽培状况】未见报道。

【危　　害】未见大面积危害报道，但可连片发生，且种子量大。

073 野苏子

Pedicularis grandiflora Fischer

【俗名/别名】不详。

【形态特征】根部半寄生多年生草本，高达1m以上。植株多分枝，无毛。茎绿色，粗壮，中空，有明显的条纹及棱角。叶互生，卵状长圆形，二回羽状全裂，裂片羽状深裂至全裂，长短不等，具粗齿；叶长可达25cm，柄长约7cm。总状花序较长，着花稀疏，向心开放；苞片不明显，近三角形；花萼钟形，三角状齿5枚，常反卷；花冠紫色或粉紫色，长达3.5cm，盔瓣镰刀形，顶端尖，无齿；雄蕊花丝无毛。蒴果尖卵圆形。花期7-8月，果期8-9月。

【地理分布】分布于我国吉林和内蒙古。俄罗斯东部也有分布。生于海拔300-400m的沼泽草甸。

【常见寄主】可寄生于多种草本植物根部，以禾本科寄主较为常见。

【民间用途】全株入药。具有清热解毒、活血化瘀、健脾和胃的功效。用于缓解咽喉肿痛、胃脘痛、乳房胀痛、跌打损伤、关节痛、蛇虫咬伤等症状。幼嫩叶片也作野生蔬菜食用。

【栽培状况】未见报道。

【危　　害】未见大面积危害报道。

074 亨氏马先蒿
Pedicularis henryi Maximowicz

【俗名/别名】不详。

【形态特征】根部半寄生多年生草本，高达35cm。茎基圆筒形，上部略带棱角，中空；常从根颈顶端发出3-5条茎，基部倾卧再弯曲上升，具较多分枝，密生锈褐色柔毛。叶互生，纸质，长圆状披针形，羽状全裂，具长卵圆形的裂片6-8对，基生叶中裂片达12对。长总状花序；花腋生，花梗长约0.5cm，密生短毛；花萼长达0.8cm，前方深裂至1/2或更多，齿5枚；花冠浅紫红色，花管长达1.3cm，盔中部向前上方弓曲，具长约1.5mm的短喙，下唇与盔近等长，2瓣侧裂片稍大于中裂片；雄蕊的2对花丝均密被长柔毛。蒴果斜披针状尖卵形，长达1.6cm。种子桃形，褐色，长约1mm。花期5-9月，果期8-11月。

【地理分布】中国特有种，分布于我国云南、贵州、广西、江西、江苏、浙江、湖南、湖北及广东。生于海拔400-1400m的开阔山坡、草甸及疏林边。

【常见寄主】可寄生于多种草本植物根部，以禾本科寄主较为常见。

【民间用途】以根入药。具有补气血、强筋骨、健脾胃等功效。用于缓解头晕耳鸣、心慌气短、手足痿软、筋骨疼痛、小儿疳积等病症。

【栽培状况】未见报道。

【危　　害】未见大面积危害报道。

075 矮马先蒿

Pedicularis humilis Bonati

【俗名/别名】不详。

【形态特征】根部半寄生多年生草本。植株常匍匐生长，茎多条，简单或少量分枝，长达15cm。基生叶具长柄，柄有狭翅且叶基膨大，叶长约1.5cm、宽约1cm，羽状全裂，具卵形锐头的裂片5或6对；茎生叶互生，偶见亚对生，与基生叶形似但较小。苞片叶状；花腋生，花梗长达1cm，无毛；花萼前方深裂，呈佛焰苞状，具齿2枚；花冠玫瑰色，长达2.5cm，盔基部扭转，具短腺毛，略有鸡冠状突起，具线形的喙，下唇浅3裂小而圆，均密生缘毛；雄蕊的2对花丝中前方1对具短柔毛。蒴果。花期7月，果期8月。

【地理分布】中国特有种，分布于云南西北部。生于海拔3000-3100m的高山草甸。

【常见寄主】可寄生于多种草本植物根部，以禾本科寄主较为常见。

【民间用途】以花入药。具有清热解毒、消肿利尿、固精补肾等功效。用于缓解肝炎、胆囊炎、水肿、遗精、小便带脓血、高烧、肉食中毒等症。

【栽培状况】未见报道。

【危　　害】未见大面积危害报道。

076 硕大马先蒿

Pedicularis ingens Maximowicz

【俗名/别名】不详。

【形态特征】根部半寄生多年生草本，高达60cm以上。植株直立，茎有明显纵条纹，中空。叶线状长圆形，羽状浅裂，叶缘具40多对小缺刻状重锯齿，叶基耳状抱茎，长达9cm，宽约1.2cm。穗状花序长约20cm；苞片常短于花，宽尖卵形，密生粗毛；花萼长约1.2cm，萼齿5枚；花冠黄色，长约2.5cm，花管长约1.4cm，盔在近端处略向前弓曲，盔顶略呈舟形，指向前下方，下缘具长须毛，具不明显短喙，下唇长约0.8cm，宽约1cm，唇缘具细圆齿；雄蕊仅1对花丝，具短柔毛。蒴果。花期7-9月，果期8-10月。

【地理分布】中国特有种，分布于青海东部、四川北部和甘肃。生于海拔3000-4200m的山坡草丛或灌木丛。

【常见寄主】可寄生于多种草本植物根部，以禾本科寄主较为常见。

【民间用途】以根状茎入药。具有生肌、增热、敛黄水、壮阳等功效。用于缓解冷病、阳痿、黄水病、跌打外伤等。

【栽培状况】未见报道。

【危　　害】未见大面积危害报道。

077 全叶马先蒿
Pedicularis integrifolia Hooker

【俗名/别名】不详。

【形态特征】根部半寄生多年生草本，高约10cm。植株直立或倾斜上升，茎1到多条。叶多基生，呈莲座状丛生，狭披针形或线状披针形，全缘，叶长达5cm、宽约0.7cm。穗状花序顶生；苞片叶状；花萼长约1.2cm，密被腺状短柔毛，具长圆形的裂片5枚，后1枚较小；花冠深紫色，筒部直立，长约2cm，盔瓣顶端呈直角弯曲，具“S”形的细喙，喙端回勾指向下唇。蒴果卵球形。种子白色。花期6-7月，果期7-9月。

【地理分布】自我国青海经西藏昌都地区西部与以西地区至东喜马拉雅都有分布。生于海拔2700-5100m的高山草甸或疏林下。

【常见寄主】可寄生于多种草本植物根部，以禾本科寄主较为常见，偶见寄生于杜鹃花科等小灌木的根部。

【民间用途】全株入药。具有利尿平喘、益阴、止痛、强筋滋补等功效。用于缓解肺病、水肿、气喘、黄水病、疮疖等病症。

【栽培状况】未见报道。

【危　　害】未见大面积危害报道，但可连片发生。

078 甘肃马先蒿
Pedicularis kansuensis Maximowicz

【俗名/别名】不详。
【形态特征】根部半寄生一年生或二年生草本，高达70cm。植株形态差异较大，常自根颈顶端发出多条茎，全株被短柔毛；茎方形、草质、中空，有4条明显成行的毛。叶常4枚轮生，长圆形或长卵圆形，长约3cm，宽约1.4cm，羽状全裂，具披针形羽状深裂的裂片约10对。花腋生，常4朵轮生，花序长可达25cm以上；下部苞片叶状，上部亚掌状3裂；花萼前方不开裂，主脉明显，常为紫红色，具大小不等的三角形齿5枚；花冠紫色或白色，长约1.5cm，花冠管长约为花萼的2倍，盔长约0.6cm，呈镰状弓曲，常具明显的鸡冠状突起，下缘无明显突尖，下唇长于盔，裂片圆形，侧裂片明显大于中裂片；雄蕊花丝仅1对，有毛。蒴果斜尖卵形。种子球形，黄褐色。花期6-8月，果期7-9月。
【地理分布】中国特有种，分布于甘肃、青海、四川、西藏和新疆。生于海拔1800-4000m的草甸、山坡和田边。
【常见寄主】可寄生于多种草本植物根部，以禾本科和豆科植物为较优寄主。
【民间用途】全株入药。具有清热、调经、活血、固齿等功效。用于缓解肝炎、月经不调、口腔溃疡、牙龈肿痛等症状。
【栽培状况】未见报道。
【危　　害】在新疆、甘肃和青海等地大面积蔓延，可严重降低禾本科牧草的生产力和牧场质量。

079 拉氏马先蒿

Pedicularis labordei Vaniot ex Bonati

【俗名/别名】不详。

【形态特征】根部半寄生多年生草本，高约10cm。植株常匍匐或斜升，被白色短毛。茎常数条丛生，多分枝。叶互生或亚对生，长圆形，长达4.5cm，羽状深裂或全裂，具卵状披针形或三角状卵形的裂片5-8对；叶柄长达1cm，密生白色长毛。花序亚头状顶生；苞片叶状；花梗长约0.6cm；花萼长约1.2cm，前方开裂至约1/2处，密生白色长柔毛，齿5枚；花冠紫红色，长约3cm，花管长约1.5cm，盔呈直角膝状弓曲，额高凸，具长约0.3cm的喙，略向左扭转，下唇长约1cm，宽约1.4cm，侧裂片肾形，中裂片宽卵圆形，具2条通至花喉的褶襞；雄蕊的2对花丝均被长毛。蒴果狭斜卵形。花期7-9月，果期8-10月。

【地理分布】中国特有种，分布于四川西南部、贵州西北部和云南东部及西北部。生于海拔2800-3500m的草甸。

【常见寄主】可寄生于多种草本植物根部，以禾本科寄主较为多见。

【民间用途】以花入药。具有清热解毒、燥湿等功效。用于缓解胃病、腹泻、食物中毒等。

【栽培状况】未见报道。

【危　　害】未见大面积危害报道。

080 绒舌马先蒿
Pedicularis lachnoglossa Hooker

【俗名/别名】不详。

【形态特征】根部半寄生多年生草本，高达50cm。茎常自根颈顶端发出多条，不分枝，密被棕色短毛。叶多在基部丛生，披针状线形，长达16cm，宽达2.6cm，羽状全裂，具羽状深裂或有重锯齿的裂片20–40对；叶柄长达8cm。总状花序；苞片线形；花萼长约1cm，前方浅裂或裂至1/2处，具主脉和次脉各5条，具披针形齿5枚；花冠紫红色，长约1.6cm，盔指向前下方，颏部、额部及其下缘密生浅红褐色长茸毛，具长约4mm的细直喙，密被长毛，下唇3枚裂片卵状披针形，被长而密的浅红褐色缘毛；雄蕊花丝无毛。蒴果长卵圆形，黑色，长达1.4cm。种子黄白色，长约1.6mm。花期6–7月，果期8–9月。

【地理分布】分布于我国云南西北部、四川西部、西藏南部和东南部。不丹、尼泊尔和印度也有分布。生于海拔2500–5400m的高山草甸、灌丛或疏林。

【常见寄主】可寄生于多种草本植物或小灌木的根部，以禾本科寄主较为多见。

【民间用途】全株入药。具有利尿平喘、益阴、止痛、强筋滋补等功效。用于缓解水肿、肺病、气喘、黄水病、疮疖等病症。

【栽培状况】未见报道。

【危　　害】未见大面积危害报道。

081 长花马先蒿

Pedicularis longiflora Rudolph

【俗名/别名】不详。

【形态特征】根部半寄生一年生低矮草本，高10-18cm。茎通常较短。基生叶呈莲座丛，叶柄长1-2cm，疏生长缘毛；叶片披针形至狭长圆形，光滑无毛，羽状半裂至深裂，裂片5-9对，边缘具重锯齿，齿常有胼胝而反卷；茎生叶互生或假对生，具短叶柄。花腋生；花梗短；花萼管状，前方开裂至约2/5处，具齿2枚，掌裂并具柄；花冠黄色，部分下唇近喉处有棕红色斑点，花管外面有毛，管长5-8cm，盔瓣逐渐弯曲成喙，具半圆状喙，下唇有长缘毛，宽过于长，宽达20mm，长仅11-12mm，中裂片较小，近倒心脏形，约向前凸出1/2；雄蕊的2对花丝均被密毛。蒴果披针形，长达22mm，基部有伸长的梗，长可达2cm。种子狭卵圆形，长约2mm。花期7-9月，果期8-10月。

【地理分布】分布于我国云南、四川、青海、西藏、甘肃、河北和内蒙古。印度、尼泊尔、巴基斯坦、哈萨克斯坦、吉尔吉斯斯坦、蒙古国、俄罗斯、塔吉克斯坦、土库曼斯坦、乌兹别克斯坦也有分布。生于海拔2100-5300m的高山草甸，多见于溪流旁。

【常见寄主】可寄生于多种草本植物根部，以禾本科寄主较为多见。

【民间用途】以花入药。具有清热、固精、利尿等功效。用于缓解肝炎、胆囊炎、水肿、遗精、小便带脓血等病症。

【栽培状况】未见报道。

【危　　害】常见较大面积连片发生，但未见危害报道。

082 浅黄马先蒿

Pedicularis lutescens Franchet ex Maximowicz

【俗名/别名】不详。

【形态特征】根部半寄生多年生草本，高达40cm。植株直立，3-10条茎丛生或单条，上部不分枝或分枝，密被柔毛。茎中空，略具棱角，有4条明显成行的毛，茎基常木质化。叶多4枚轮生，长卵形，长达5cm，宽达2.2cm，羽状浅裂或半裂，裂片三角状卵形，具锯齿；叶柄长达2.2cm，具翅。总状花序顶生，长达6cm；下部苞片叶状，上部苞片卵菱状，具长尖；花梗长约1mm；花萼长约1cm，前方不开裂，密被长柔毛，萼齿5枚，后方1枚较小；花冠淡黄色，长约2.5cm，下唇多有紫斑，盔呈镰形弓曲，盔端尖削，额不高凸，下缘具齿，下唇明显比盔短，边缘具清晰的细齿，中裂片近圆形，大于卵菱形的侧裂片；雄蕊的2对花丝顶部均无毛。蒴果斜披针形，长约1.4cm。花期6-8月，果期8-9月。

【地理分布】中国特有种，分布于云南和四川。生于海拔3000-4000m的高山草甸或灌丛。

【常见寄主】可寄生于多种草本植物或小灌木的根部，以禾本科寄主较为多见。

【民间用途】全株入药。具有疏风散热、止咳平喘、利尿消肿的功效。用于缓解外感发热、头痛、咳嗽、气喘、咽喉肿痛等症状。

【栽培状况】未见报道。

【危　　害】未见大面积危害报道。

083 琴盔马先蒿

Pedicularis lyrata Prain ex Maximowicz

【俗名/别名】不详。

【形态特征】根部半寄生一年生草本，高约6cm。植株直立，密被灰白色柔毛。茎单出，不分枝，具棱。叶对生，长圆状披针形或卵状长圆形，长达1.5cm，宽达6mm，羽状浅裂。总状花序顶生；苞片叶状；花梗短；花萼长约1cm，前方不开裂，萼齿5枚，后1枚较小；花冠黄色，长约2cm，盔长约1.1cm，呈镰形弯曲，额圆突，有时略呈鸡冠状突起，下缘具齿，下唇比盔短1/2，裂片3枚，圆形，中裂片大于侧裂片，向前突出1/2，具约1mm的宽柄；雄蕊的2对花丝均无毛。蒴果斜披针状尖卵形。种子暗棕色，椭圆形，长约1.4mm。花期7-8月，果期9月。

【地理分布】分布于我国青海、西藏和四川西部。印度也有分布。生于海拔3600-4200m的高山草甸。

【常见寄主】可寄生于多种草本植物根部，以禾本科寄主较为多见。

【民间用途】不详。

【栽培状况】未见报道。

【危　　害】未见大面积危害报道。

084 大管马先蒿

Pedicularis macrosiphon Franchet

【俗名/别名】不详。

【形态特征】根部半寄生多年生草本。植株常丛生匍匐生长，枝长达40cm。下部叶对生或亚对生，上部叶互生；叶形多变，卵状披针形至线状长圆形，长达10cm，羽状全裂，卵圆形裂片7-12对。花腋生；花梗长约1cm；花萼长约1cm，前方不开裂，主脉和次脉各5条，齿5枚，后1枚较小；花冠浅紫色至玫瑰色，长达6cm，花管长约4cm，盔呈镰状弓曲，具伸直的短喙，下唇长约1.5cm，宽约1.4cm，椭圆形侧裂片明显大于狭卵形中裂片；雄蕊的2对花丝均无毛。蒴果长卵圆形，长约1.2cm，具突尖。花期5-8月，果期7-9月。

【地理分布】中国特有种，分布于云南西北部和四川西北部。生于海拔1200-3500m的阴坡、沟边或林下。

【常见寄主】可寄生于多种草本植物根部，以禾本科寄主较为多见。

【民间用途】以花入药。具有健胃、解毒等功效。主要用于调理胃病和缓解食物中毒症状。

【栽培状况】未见报道。

【危　　害】未见大面积危害报道。

085 硕花马先蒿

Pedicularis megalantha Don

【俗名/别名】不详。

【形态特征】根部半寄生一年生草本，高达45cm。植株直立，茎丛生或单条。基生叶早枯，茎生叶较少，线状长圆形，长达7cm，宽达3.5cm，羽状深裂，裂片长卵圆形或三角状披针形，7-12对；叶柄长约6cm。穗状花序，离心开放，花序长达30cm以上；下部苞片叶状，上部苞片三角状卵形；花梗长达1.2cm；花萼长约1.5cm，前方浅裂，具齿5枚，后1枚较小或缺失；花冠常呈玫瑰红色或紫色，花管长达6cm，盔直角转折并指向前上方，具卷曲成环状的细喙，喙长达1.4cm，下唇宽达3.5cm，常包裹盔部；雄蕊前方1对花丝有毛。蒴果卵状披针形。种子灰色，卵圆形。花期6-8月，果期7-9月。

【地理分布】分布于我国西藏南部及昌都地区西南部。沿喜马拉雅山脉广泛分布，东起不丹以东，西至克什米尔。生于海拔2300-4200m的溪流旁湿润处与林中。

【常见寄主】可寄生于多种草本植物或小灌丛的根部，以禾本科寄主较为多见。

【民间用途】以花入药。具有清热解毒、消炎止痛等功效。用于调理急性胃肠炎和缓解食物中毒症状。

【栽培状况】未见报道。

【危　　害】未见大面积危害报道。

086 大唇马先蒿

Pedicularis megalochila Li

【俗名/别名】不详。

【形态特征】根部半寄生多年生草本，高不超过15cm。茎单条或丛生，不分枝，被长白毛。叶多基生，长圆状披针形，长达5.5cm，宽达1.3cm，羽状浅裂或深裂，具三角状卵圆形的裂片5-14对；叶柄长达2cm。花离心开放；苞片叶状；花梗长达1cm；萼管长约1cm，被深紫斑，前方深裂达2/3处，齿5枚，后1枚很小；花冠黄色，仅喙部红褐色或紫色，或花冠和喙均为红色，花管长约1.5cm，盔直立部分显著后仰，呈镰状弓曲，具半环状卷曲、长约1cm的细喙，下唇长约2cm，宽约2.5cm；雄蕊的2对花丝均被毛。花期7-8月，果期8-9月。

【地理分布】分布于我国西藏东南部和西南部。不丹和缅甸也有分布。生于海拔3800-4600m的草坡、高山草甸或杜鹃花等灌丛。

【常见寄主】可寄生于多种草本植物和小灌丛的根部，以禾本科和杜鹃花属寄主较为多见。

【民间用途】全株入药。具有清热解毒、利尿平喘、益阴、止痛、强筋滋补等功效。用于缓解胆囊炎、肝炎、水肿、遗精、小便带脓血、肺病、气喘、黄水病、疮疖等病症。

【栽培状况】未见报道。

【危　　害】未见大面积危害报道。

087 山萝花马先蒿

Pedicularis melampyriflora Franchet ex Maximowicz

【俗名/别名】不详。

【形态特征】根部半寄生一年生草本，高可达1m。植株直立，分枝极多，枝多4-6条轮生。茎高度木质化，有沟纹和成行的毛。叶3-6枚轮生，披针状长圆形，长达8cm，羽状全裂，具排列稀疏的披针形裂片7-11对；叶柄长达1.2cm。总状花序；苞片叶状；花萼长约6mm，具齿5枚，后1枚三角形全缘，另4枚具疏齿；花冠玫瑰色到紫色，长约1.6cm，盔伸直，长约5.5mm，无明显的鸡冠状突起，下缘具1对齿，下唇宽约7.5mm，长约6mm，卵形中裂片略长于侧裂片；雄蕊的2对花丝均无毛。蒴果斜卵形，长约1cm。种子灰褐色，球形。花期7-8月，果期9-10月。

【地理分布】中国特有种，分布于云南西北部和四川西南部。生于海拔2700-3600m的山坡、路旁或疏林。

【常见寄主】可寄生于多种草本植物根部，以禾本科寄主较为多见。

【民间用途】不详。

【栽培状况】未见报道。

【危　　害】未见大面积危害报道。

088 藓生马先蒿
Pedicularis muscicola Maximowicz

【俗名/别名】不详。

【形态特征】根部半寄生多年生草本，高约25cm。茎常密集丛生，中央茎直立，周围的茎常弯曲上升或倾卧。叶绿色或紫红色，椭圆形至披针形，长达5cm，羽状全裂，有具柄的长卵形裂片4-9对；叶柄长约1.5cm。花腋生；花梗长约1.5cm；花萼长达1.1cm，前方不裂，齿5枚；花冠玫瑰色，花管长达7.5cm，盔在基部左旋而使盔顶向下，具长达1cm以上的“S”形长喙，喙端向上反卷，下唇长宽均达2cm左右；雄蕊的2对花丝均无毛。蒴果偏卵形，长约1cm。花期5-7月，果期8-9月。

【地理分布】中国特有种，分布于山西、陕西、甘肃、青海、湖北、河北和内蒙古。生于海拔1700-2700m的灌丛或冷杉林中苔藓多见的阴湿环境。

【常见寄主】可寄生于多种草本植物根部，以禾本科寄主较为多见。

【民间用途】以花入药。具有清热解毒、固精、利尿等功效。用于缓解胃病、腹泻、食物中毒、肝炎、胆囊炎、水肿等病症。

【栽培状况】未见报道。

【危　　害】未见大面积危害报道。

089 藓状马先蒿

Pedicularis muscoides Li

【俗名/别名】不详。

【形态特征】根部半寄生多年生草本，高罕超4cm。叶长圆状披针形，叶长约1cm、宽约3mm，羽状全裂或羽状深裂，有卵状具齿裂片8-10对，基生叶具长达1.5cm的叶柄。每条茎仅着花2或3朵；苞片卵状披针形，叶状；花梗长约3mm；花萼长约8mm，具狭三角形齿5枚，近全缘；花冠浅米黄色或亮玫瑰色，长约2.3cm，盔长约1.2cm，前俯，额圆形，下缘具尖，但无齿，下唇长约9mm，裂片全缘，圆形中裂片向前伸出，约为斜卵形侧裂片的1/2；雄蕊花丝着生于花管基部，前方1对近端处有毛。蒴果长圆状卵球形，长约1.1cm。花期6-8月，果期7-9月。

【地理分布】中国特有种，分布于云南西北部、四川西部和西藏东南部。生于3900-5300m的高山草甸。

【常见寄主】可寄生于多种草本植物根部，以禾本科寄主较为多见。

【民间用途】全株入药。具有安神、强心、消炎和解毒等功效。用于缓解气血虚损、虚痨多汗、虚脱衰竭、急性肠胃炎、食物中毒等症。

【栽培状况】未见报道。

【危　　害】未见大面积危害报道。

090 谬氏马先蒿
Pedicularis mussotii Franchet

【俗名/别名】不详。

【形态特征】根部半寄生多年生草本，高约15cm。植株常匍匐生长。茎常丛生，具沟纹，密生细短毛。叶常基生，羽状深裂或近全裂，具三角状卵形或披针形裂片6-13对，叶片大小多变，叶长2-10.5cm、宽0.5-2.5cm，叶柄长达10cm，具狭翅，被疏毛；茎生叶对生，叶形与基生叶相似，但较小。花腋生；具柔软弯曲的长梗，花梗长3-11.5cm；花萼前方深裂至1/2以上，齿3枚，后1枚不显或为小刺尖，侧方2枚宽三角形；花冠红色或紫色，花管长约1cm，盔以近直角转折指向前方，具卷成半环状的长喙，喙长可达1.1cm，下唇宽过于长，与盔基接触部分多为白色；雄蕊的2对花丝均有毛。蒴果半圆形，长约1.2cm，具小刺尖。花期7-8月，果期8-9月。

【地理分布】中国特有种，分布于云南西北部与四川西部及西南部。生于3600-4900m的高山草甸。

【常见寄主】可寄生于多种草本植物根部，以禾本科寄主较为多见。

【民间用途】偶见用于庭院造景。

【栽培状况】未见报道。

【危　　害】未见大面积危害报道。

091 南川马先蒿

Pedicularis nanchuanensis Tsoong

【俗名/别名】不详。

【形态特征】根部半寄生多年生草本，高达25cm。植株主茎直立，具较多分枝，枝互生，密生白色长毛，茎基常有长圆形膜质鳞叶。叶互生，分枝上的叶片常对生，长圆状披针形至卵状长圆形，羽状全裂，具羽状半裂的长卵形裂片7-12对；叶长达11cm、宽达5cm，叶柄长达5cm。花腋生；花梗长达3.5cm；花萼长约1cm，前方不开裂，齿5枚；花冠红色，长约3cm，盔顶部呈直角弯曲，具约4mm长的直喙，下唇长于盔，长约1.2cm，宽约1.5cm；雄蕊前方1对花丝被疏毛。蒴果。花期5-6月，果期7-8月。

【地理分布】中国特有种，分布于四川东南部。生于海拔2100-2300m的林缘。

【常见寄主】可寄生多种草本植物，以禾本科寄主较为常见。

【民间用途】全株入药。具有清热解毒、消肿利尿等功效。用于缓解口腔溃疡、胃溃疡、水肿等病症。

【栽培状况】未见报道。

【危　　害】未见大面积危害报道。

092 蔊菜叶马先蒿

Pedicularis nasturtiifolia Franchet

【俗名/别名】不详。

【形态特征】根部半寄生多年生草本。植株常匍匐生长。茎多单出，分枝较少。叶对生，卵形或椭圆形，羽状全裂，有带锯齿的裂片2–7对，形似蔊菜叶；叶长达9cm、宽达5cm，质薄，叶柄长达5cm。花腋生；花梗长达2cm；花萼长约7mm，前方不开裂，具叶状萼齿5枚；花冠玫瑰色，花管长约1.2cm，盔前俯，额圆凸，具长约4cm的直喙，下唇大，半圆形侧裂片远大于尖卵形中裂片；雄蕊前方1对花丝具短柔毛。蒴果。花期6–7月，果期7–8月。

【地理分布】中国特有种，分布于四川东部、陕西西南部和湖北西部。生于海拔2000m左右的林下或潮湿的山坡草丛。

【常见寄主】可寄生于多种草本植物根部，以禾本科寄主较为常见。

【民间用途】全株入药。具有活血化瘀、清热解毒等功效。用于缓解跌打损伤、筋骨痛等。

【栽培状况】未见报道。

【危　　害】未见大面积危害报道。

093 黑马先蒿

Pedicularis nigra (Bonati) Vaniot ex Bonati

【俗名/别名】鸡脚参。

【形态特征】根部半寄生多年生草本，高达70cm。植株直立坚挺，有分枝。茎中空，圆柱状。叶互生，偶见假对生，卵状椭圆形或披针状长圆形，叶缘有圆形重锯齿，常反卷；叶长达7cm、宽达9mm，叶柄长达10cm。穗状花序，偶见亚头状；苞片叶状；花萼长达1.5cm，前方开裂至1/2处，具圆形全缘或略带细齿的裂片2枚；花冠紫红色，长达3.5cm，盔长达1.5cm，呈镰形弓曲，无明显的喙，下唇倒卵状椭圆形，长约1.4cm，宽约1.1cm；雄蕊的2对花丝均被疏毛。蒴果斜披针形，长约1.4cm。种子三角状卵圆形，黑色，长约1.2mm，具疣状颗粒。花期7-10月，果期8-11月。

【地理分布】分布于我国云南东、南部和贵州。泰国北部也有分布。生于海拔1100-2300m的草坡。

【常见寄主】可寄生于多种草本植物根部，以禾本科寄主较为常见。

【民间用途】以根入药。具有滋阴润肺、健肾壮腰、补益气血等功效。用于缓解肺结核和肾虚腰痛等症。

【栽培状况】未见报道。

【危　　害】未见大面积危害报道。

094 欧氏马先蒿

Pedicularis oederi Vahl

【俗名/别名】不详。

【形态特征】根部半寄生多年生草本，高罕超20cm。植株直立，茎常呈花葶状，多具绵毛。叶常基生，线状披针形，羽状全裂，裂片卵形或长圆形，叶长达7cm，叶柄长达5cm；茎生叶很少，比基生叶小很多，但叶形与基生叶相似。花序顶生；苞片披针形或线形；花萼长达1.2cm，具披针形的齿5枚；花冠黄色，盔瓣红褐色或紫色，偶见下唇有紫斑，花管长达1.6cm，盔长约1cm，镰形弓曲并前倾，前端呈三角形凸出，宽过于长，宽达1.4cm；雄蕊前方1对花丝被毛。蒴果长卵形或卵状披针形，长达1.8cm。种子尖长卵形。花期6-9月，果期7-10月。

【地理分布】分布于我国云南、四川、青海、西藏、陕西、山西、甘肃、河北、新疆等地。日本、不丹、哈萨克斯坦、吉尔吉斯斯坦、塔吉克斯坦、蒙古国、俄罗斯、欧洲中部和北部以及北美洲北部的多个国家也有分布。生于海拔2600-5400m的高山草甸、苔原或石灰岩山坡。

【常见寄主】可寄生于多种草本植物或小灌木的根部，以禾本科寄主较为常见。

【民间用途】全株入药。具有清热解毒、健胃固齿等功效。用于缓解肉食中毒、慢性胃病和牙齿松动等病症。

【栽培状况】未见报道。

【危　　害】未见大面积危害报道。

095 奥氏马先蒿

Pedicularis oliveriana Prain

【俗名/别名】川滇马先蒿、扭盔马先蒿、茸背马先蒿。

【形态特征】根部半寄生多年生草本，高达50cm。植株直立，常自根颈处长出多条茎，茎不分枝，有4行疏毛。茎生叶对生或者3或4枚轮生，长圆状披针形，羽状深裂至全裂，具羽状半裂的卵形或披针形裂片5-8对；叶长达4.5cm、宽达1.5cm，叶柄长约1cm或无柄。花序顶生，长达20cm；所有花轮均有间断，每轮多至15枚；苞片叶状；花萼长约6mm，前方稍裂，具脉10条，萼齿5枚；花冠深紫色或深红色，长达1.6cm，花管长约7mm，盔扭折，盔背丛生粉紫色长茸毛，具"S"形细喙，喙端指向前下方，下唇楔形；雄蕊的2对花丝均密被长柔毛。蒴果长卵圆形，顶端向外钩曲，长约1.1cm。种子尖长卵形，褐色，长约2mm。花期6-8月，果期7-9月。

【地理分布】中国特有种，分布于西藏东部、南部和东南部。生于海拔3400-4000m的路旁、草坡、田埂或疏林。

【常见寄主】可寄生于多种草本植物根部，以禾本科寄主较为常见。

【民间用途】以花入药。具有清热解毒、燥湿等功效。用于调理胃热痛、十二指肠溃疡、热性腹泻和缓解食物中毒。

【栽培状况】未见报道。

【危　　害】未见大面积危害报道。但田间地头多发、种群面积较大、适应性强，有一定的蔓延风险。

096 尖果马先蒿
Pedicularis oxycarpa Franchet ex Maximowicz

【俗名/别名】不详。

【形态特征】根部半寄生多年生草本，高达40cm。植株直立，茎常单出，或从根颈顶端发出5-10条，上部较少分枝。叶互生，线状长圆形或披针状长圆形，羽状全裂，具线状披针形裂片7-15对；叶长达10cm、宽达2cm，叶柄长达2cm。总状花序顶生；苞片叶状；花萼长约5mm，前方开裂至约1/2处，具钻状全缘的萼齿3枚；花冠两色，长达1.8cm，下唇白色或浅紫色，3裂，半圆形的侧裂片远宽于近圆形的中裂片，喙紫色，长达7mm，呈细长的镰状弓曲；雄蕊的2对花丝均被毛。蒴果披针状斜尖卵形，长约1.3cm。种子灰褐色，长约2.7mm。花期5-8月，果期8-10月。

【地理分布】中国特有种，分布于云南西北部和四川西南部。生于海拔2800-4400m的高山草甸或路旁坡地。

【常见寄主】可寄生于多种草本植物或小灌木的根部，以禾本科寄主较为常见。

【民间用途】全株入药。具有补血益气、通经活络、止咳平喘等功效。用于缓解头晕耳鸣、心慌气短、筋骨疼痛、虚烧不退等症状。云南的藏族用尖果马先蒿花枝进行煨桑。

【栽培状况】未见报道。

【危　　害】未见大面积危害报道，但可连片发生。

097 沼生马先蒿

Pedicularis palustris Linnaeus

【俗名/别名】不详。

【形态特征】根部半寄生二年生（稀一年生）草本，高达60cm。植株直立，常多分枝，枝互生，近无毛。叶互生或对生，三角状披针形，羽状全裂，具齿裂片线形或披针形。花序总状，顶生于枝端；苞片叶状；花梗长约1.5mm；花萼长约8mm，具带锯齿的萼齿2枚；花冠紫色，长达2.5cm，盔瓣直立，无喙，但具齿，下唇稍长或近等于盔瓣，具缘毛；雄蕊的2对花丝均无毛。蒴果尖斜卵形。花期7–8月，果期8–9月。

【地理分布】分布于我国黑龙江西北部、内蒙古东北部和新疆北部。哈萨克斯坦、蒙古国北部、俄罗斯及欧洲中部和北部的多个国家也有分布。多见于海拔400m左右的沼泽草甸或沟边草丛。

【常见寄主】可寄生于多种草本植物根部，以禾本科寄主较为常见。

【民间用途】全株入药。具有祛风除湿、消肿利尿、清热解毒等功效。用于缓解风湿性关节疼痛、水肿、急性胃肠炎、妇女白带异常等病症。

【栽培状况】未见报道。

【危　　害】未见大面积危害报道。

098 伯氏马先蒿

Pedicularis petitmenginii Bonati

【俗名/别名】曲喙马先蒿。

【形态特征】根部半寄生多年生草本，高达60cm。茎较少单出，常4-6条，基部和上部均可分枝，茎中空，基部稍具棱角。茎上部的叶互生，下部叶假对生，卵状长圆形或线状长圆形，长达5.5cm，宽达1.7cm，羽状全裂，具线状披针形或长圆形的裂片8-12对；叶柄长达2.5cm。总状花序；苞片叶状；花梗长达3cm；花萼长约5mm，前方开裂至1/2处，被白色长柔毛，具3齿；花冠长达1.5cm，花管及下唇为淡黄色或白色，盔瓣紫色或紫红色，顶部直角弓曲，鸡冠状突起明显，具"S"形指向上方的喙，喙长约6mm，下唇宽大，中裂片基部具柄，明显小于侧裂片；雄蕊的2对花丝均被长柔毛。蒴果斜尖卵形，长约1cm。花期5-8月，果期7-9月。

【地理分布】中国特有种，分布于四川西部和西北部。生于海拔3100-3900m的草甸、疏林或林缘。

【常见寄主】可寄生于多种草本植物根部。

【民间用途】不详。

【栽培状况】未见报道。

【危　　害】未见大面积危害报道。

099 皱褶马先蒿

Pedicularis plicata Maximowicz

【俗名/别名】不详。

【形态特征】根部半寄生多年生草本，高达20cm。常从根颈顶端发出1到多条茎，中央的茎直立，外围的茎弯曲上升；茎圆筒形而具微棱，有成行的毛。基生叶线状披针形，羽状深裂或全裂，具卵状长圆形的裂片6-12对，叶长和柄长均可达3cm；茎生叶常4枚轮生，形似基生叶，但较小。穗状花序顶生；下部苞片叶状，上部苞片披针形；花萼长达1.3cm，前方开裂至约1/2处，具不等长的齿5枚，常反卷；花冠黄色或黄白色，长达2.6cm，盔瓣略呈镰刀形弓曲，端圆钝，近方形，无喙，下唇长约9mm，侧裂片肾形，中裂片圆形，具长约2mm的柄；雄蕊的2对花丝均无毛。蒴果。花期7-8月，果期8-9月。

【地理分布】中国特有种，分布于云南西北部、四川北部、西藏东南部、青海和甘肃。生于海拔2900-5000m的石灰岩山地或草坡。

【常见寄主】可寄生于多种草本植物根部，以禾本科寄主较为常见。

【民间用途】以花入药。具有清热解毒等功效。用于缓解口腔溃疡、咽喉肿痛等病症。

【栽培状况】未见报道。

【危　　害】未见大面积危害报道。

100 多齿马先蒿
Pedicularis polyodonta Li

【俗名/别名】不详。

【形态特征】根部半寄生一年生草本，高达20cm。植株直立，密被白色短柔毛。茎单出，或常在基部分枝；茎中空，基部圆柱形，上部稍有棱。叶常对生，偶见3枚轮生，卵形或卵状披针形，长达3cm，宽达1.1cm，羽状半裂，裂片卵圆形；基生叶的叶柄长达1.7cm，茎生叶的叶柄长约5mm。穗状花序；苞片呈三角状卵形的叶状；花萼长达1.5cm，前方开裂至近1/2处，齿5枚，后1枚较小，狭三角形全缘；花冠黄色，长达2.5cm，盔呈镰刀形，无喙，具齿，下唇比盔短，有短且明显的阔柄，裂片边缘有细齿；雄蕊花丝2对，基部被短柔毛。蒴果三角状狭卵形，长达1.4cm。种子黑色，长约0.7mm。花期6-8月，果期8-9月。

【地理分布】中国特有种，分布于四川西部与西北部。生于海拔2700-4200m的高山草甸或疏林。

【常见寄主】可寄生于多种草本植物根部，以禾本科寄主较为常见。

【民间用途】盆栽观赏，或用于点缀花坛及花镜，或成片种植于草坪。

【栽培状况】未见报道。

【危　　害】未见大面积危害报道。

101 高超马先蒿

Pedicularis princeps Bureau et Franchet

【俗名/别名】不详。

【形态特征】根部半寄生多年生草本，高可达1m以上。植株直立，茎不分枝或在上部分枝，中空，被白色柔毛。基部叶抱茎，披针形，长达8cm，宽达2.4cm，羽状深裂，具披针状长圆形裂片达18对；茎生叶互生，与基生叶形似，但较小。总状花序，长达20cm；花梗长达3mm；花萼长约6mm，具三角形全缘的齿5枚；花冠长达1.5cm，盔呈镰形，无喙，无齿，下唇与盔近等长，3枚卵形裂片约相等，边缘交叠，具长缘毛；雄蕊花丝基部有毛。蒴果。花期6-7月，果期8-9月。

【地理分布】中国特有种，分布于云南西北部和四川西部。生于海拔2800-3500m的草坡、灌丛或林缘。

【常见寄主】可寄生于多种草本植物或灌丛的根部，以禾本科寄主较为常见。

【民间用途】不详。

【栽培状况】未见报道。

【危　　害】未见大面积危害报道。

102 普氏马先蒿

Pedicularis przewalskii Maximowicz

【俗名/别名】青海马先蒿。

【形态特征】根部半寄生多年生草本，高较少超12cm。茎常单出，或自根颈顶端长出2或3条。叶披针状线形，长达4cm，宽达6mm，羽状浅裂，具圆齿状裂片9-30对；基生叶柄长达2.5cm，茎生叶柄极短。花序离心开放；花萼长约1.1cm，前方开裂不达1/2处，具短柄的裂片5枚，3小2大；花冠紫红色，或盔部紫红色而下唇黄色或白色，花管长达3.5cm，被长毛，盔顶呈直角弓曲，额高凸，喙直而细长，约6mm，下唇3深裂，裂片近相等；雄蕊的2对花丝均有毛。蒴果斜长圆形，具短尖。花期6-8月，果期7-9月。

【地理分布】中国特有种，分布于甘肃南部、云南西北部、四川西部、青海东部、西藏南部和东南部。生于海拔4000-5300m的高山草甸。

【常见寄主】可寄生于多种草本植物根部，以禾本科寄主较为常见。

【民间用途】以花入药。具有化湿消肿、清热解毒、利尿等功效。用于缓解热性腹泻、肝炎、胆囊炎、水肿、小便带脓血等症状。

【栽培状况】未见报道。

【危　　害】未见大面积危害报道。

103 假头花马先蒿

Pedicularis pseudocephalantha Bonati

【俗名/别名】不详。

【形态特征】根部半寄生一年生草本，高达40cm。植株直立，具较多分枝。茎上有条纹，被稀疏的短柔毛。叶互生，长圆形或卵状长圆形，羽状深裂，具斜三角形或长圆形的裂片6-9对；叶长达6cm、宽达2.7cm，叶柄长达5cm。头状或总状花序；苞片叶状；花梗长约3mm；花萼长约8mm，在前方约1/3处开裂，密被白色长毛，具不相等的齿5枚；花冠长达2.2cm，常具2色，盔紫红色而下唇多为淡黄色或白色，盔顶呈直角弯曲，具细长而略向右下扭转的喙，长约5mm，下唇3裂，中裂片狭长，明显小于斜椭圆形的侧裂片；雄蕊前方1对花丝被密毛，后方1对略被稀疏的白色柔毛。蒴果宽卵形，长达1.5cm。花期7-8月，果期9月。

【地理分布】中国特有种，分布于云南西北部。生于海拔3000-3800m的高山草甸。

【常见寄主】可寄生于多种草本植物根部，以禾本科和豆科寄主较为常见。

【民间用途】以根入药。具有祛风除湿、补气益血、健脾养胃等功效。用于缓解筋骨疼痛、头晕耳鸣、心慌气短、手足痿软等病症。

【栽培状况】未见报道。

【危　　害】未见大面积危害报道。

104 假山萝花马先蒿

Pedicularis pseudomelampyriflora Bonati

【俗名/别名】不详。

【形态特征】根部半寄生一年生草本，高达60cm。植株直立，茎常单出，中上部有较多分枝，枝3或4条轮生，有成行的毛；茎中空，老茎木质化。叶3-6枚轮生，偶见下部叶对生，卵状长圆形或披针状长圆形，羽状深裂至全裂，裂片线形；叶长达4.5cm、宽达1.5cm，具短柄。总状花序；苞片叶状；花梗短；花萼长约4mm，有明显的脉10条，齿5枚；花冠玫瑰色，长达2.1cm，盔呈镰形，无喙，具齿，下唇长达1.2cm，宽与长近相等；雄蕊的1对花丝有毛。花期6-8月，果期9-10月。

【地理分布】中国特有种，分布于云南西北部、四川西北部和西藏东南部。生于海拔3000-3800m的草丛或小灌丛。

【常见寄主】可寄生于多种草本植物根部，以禾本科和菊科寄主较为常见。

【民间用途】不详。

【栽培状况】未见报道。

【危　　害】未见大面积危害报道，但可连片发生，种子量大。

105 假多色马先蒿

Pedicularis pseudoversicolor Handel-Mazzetti

【俗名/别名】不详。

【形态特征】根部半寄生多年生草本，高10cm左右。植株直立，茎常单出。叶常基生，披针形，羽状全裂，具长圆形或倒卵形的裂片11-18对，叶长达6cm、宽达1.2cm，叶柄长达5.5cm；茎生叶互生，与基生叶形似，但较小且柄短。穗状花序，着花密集；苞片叶状；无花梗或较短；花萼长约1.2cm，具不等大的齿5枚；花冠黄色，盔上半部紫红色，长达2.8cm，盔顶镰形弓曲，长达1.4cm，远长于下唇，前凸呈喙状，下唇宽约1cm，中裂片具长柄，明显小于2瓣侧裂片；雄蕊前方1对花丝有毛。蒴果。花期6-8月，果期8-9月。

【地理分布】分布于我国云南西北部和西藏南部。不丹也有分布。生于海拔3600-4500m的高山草甸。

【常见寄主】可寄生于多种草本植物根部，以禾本科和豆科寄主较为常见。

【民间用途】盆栽观赏。

【栽培状况】未见报道。

【危　　害】未见大面积危害报道。

106 侏儒马先蒿

Pedicularis pygmaea Maximowicz

【俗名/别名】不详。

【形态特征】根部半寄生一年生草本，高不达3cm。茎直立，不分枝，四棱形，具4条成行的毛。叶4枚轮生，线状长圆形，羽状深裂至全裂，具三角状卵形裂片6-8对，基生叶长约1.5cm，叶柄长达7mm。头状花序；苞片叶状，具长柔毛；花萼长约4mm，前方开裂至约1/2处，具脉10条，密被黄柔毛，齿5枚不等大；花冠紫红色，长约1cm，盔略呈镰形，额部圆形，有不明显的鸡冠状突起，无喙，无齿，下唇宽过于长，宽约6mm，圆形中裂片具柄，宽约为斜卵形侧裂片的1/2；雄蕊的2对花丝均无毛。蒴果。花期7月，果期8月。

【地理分布】中国特有种，分布于青海西北部。多见于海拔4000m左右的草丛。

【常见寄主】可寄生于多种草本植物根部，以禾本科寄主较为常见。

【民间用途】全株入药。具有清热解毒、祛痰止咳、散结消肿、凉血止血等功效。用于缓解肝炎性黄疸、高血压、甲状腺肿大等病症。

【栽培状况】未见报道。

【危　　害】未见大面积危害报道。

107 返顾马先蒿

Pedicularis resupinata Linnaeus

【俗名/别名】不详。

【形态特征】根部半寄生多年生草本，高达70cm。植株直立，茎常单出，多分枝，粗壮而中空，具棱。叶互生，偶见对生，卵形或长圆状披针形，叶基楔形或圆形，向叶梢渐窄，边缘有钝圆状具刺尖的重齿；叶长达5.5cm、宽达2cm，叶柄长不超过1.2cm。花单朵腋生；花萼长达9mm，前方深裂，具三角形全缘或有微齿的萼齿2枚；花冠紫红色、粉红色或淡黄色，长达2.5cm，盔呈镰形弓曲，具长约3mm的圆锥状短喙，下唇略长于盔，3瓣裂片浅裂，中裂片较小，盔和下唇的前端均向右扭旋，呈返顾状；雄蕊前方1对花丝有毛。蒴果斜长卵状披针形，长达1.6cm。花期6-8月，果期7-9月。

【地理分布】分布于我国黑龙江、吉林、辽宁、内蒙古、山东、河北、山西、陕西、四川、广西、贵州等省区。日本、俄罗斯、哈萨克斯坦、朝鲜、蒙古国等国家也有分布。生于海拔300-2000m的草坡或疏林。

【常见寄主】可寄生于多种草本植物根部，以禾本科寄主较为常见。

【民间用途】全株入药。具有祛风除湿、利尿消肿、消炎解毒等功效。用于缓解风湿性关节疼痛、小便不畅、妇女白带、疥疮等病症。嫩茎叶可作蔬菜食用。

【栽培状况】未见报道。

【危　　害】未见大面积危害报道。

108 大王马先蒿

Pedicularis rex Clarke ex Maximowicz

【俗名/别名】还阳草、羊肝狼头草、四方合子草、五凤朝阳草。

【形态特征】根部半寄生多年生草本，高达90cm。植株直立、粗壮。茎具棱角和条纹，分枝或不分枝。叶常4枚轮生，线状长圆形或披针状长圆形，长达12cm，宽达4cm，羽状全裂或深裂，具线状长圆形的裂片10–14对；植株中上部的同轮叶柄基部常合生而呈斗状体。花序呈间断的穗状；苞片叶状；花无梗；花萼常达1.2cm，无毛，具圆齿2枚；花冠黄色、紫红色或白色，盔瓣弯曲前俯，无喙，具齿，盔背生同色丛毛，下唇短于盔瓣，以锐角开展，中裂片小；雄蕊的2对花丝均被短柔毛。蒴果尖卵圆形，长达1.5cm。种子棕褐色，长约3mm。花期5–8月，果期8–9月。

【地理分布】分布于我国云南、四川、西藏、贵州和湖北。印度和缅甸也有分布。生于海拔2000–4300m的空旷山坡草地、路边或疏林旁。

【常见寄主】可寄生于多种草本植物或灌木的根部，以豆科植物或与之竞争性较小的禾本科植物为较优寄主。

【民间用途】以根入药或全株入药。以根入药具有补血益气、健脾利尿的功效，用于缓解阴虚潮热、风湿瘫痪、肝硬化腹水、慢性肝炎、小儿疳积、妇女乳少、宫寒不孕等症；全株入药具有祛风活络、散寒止咳的功效，用于缓解关节冷痛、风湿痛、虚劳咳嗽等症状。

【栽培状况】在云南有小面积栽培。

【危　　害】未见大面积危害报道，但可连片发生，种子量大。

109 喙毛马先蒿

Pedicularis rhynchotricha Tsoong

【俗名/别名】不详。

【形态特征】根部半寄生多年生草本，高达60cm。植株直立，茎单出或从根颈顶端发出多条，中上部常有轮生短枝，具沟纹和4或5条成行的毛。叶4或5枚轮生，披针状长圆形，羽状半裂，具带锐齿的线形裂片6-10对；叶长达7cm、宽达3cm，叶柄长达1.5cm。花常4朵轮生组成间断的花轮，花序向心开放；苞片线形；花萼长约9mm，具齿5枚，大小不等；花冠紫红色，盔顶弯曲前俯，具先伸直向下再指向后方的"S"形长喙，喙长达1cm，中部密生棕色短毛，下唇3浅裂，中裂片较小；雄蕊花丝上部无毛。蒴果长卵球形，长约1.2cm。花期6-8月，果期8-9月。

【地理分布】中国特有种，分布于西藏东南部。生于海拔2700-3700m的草丛或林缘。

【常见寄主】可寄生于多种草本植物根部，以禾本科寄主较为常见。

【民间用途】全株入药。具有祛风除湿、利水消肿、除菌杀虫等功效。用于缓解风湿性关节炎、小便不利、疥疮等。

【栽培状况】未见报道。

【危　　害】未见大面积危害报道。

110 罗氏马先蒿

Pedicularis roylei Maximowicz

【俗名/别名】草甸马先蒿、青藏马先蒿、肉根马先蒿。

【形态特征】根部半寄生多年生草本，高达15cm。植株直立，茎单出或从根颈顶端发出数条，具纵棱和成行的白毛。叶常3或4枚轮生，披针状长圆形，羽状深裂，具带锯齿的披针形或长圆形裂片7-12对；叶长达4cm，叶柄长达2.5cm。总状花序，花2-4朵形成花轮；苞片叶状；花梗长约2mm；花萼长约9mm，前方几不开裂，密被白色柔毛，具齿5枚，不等大；花冠紫红色，长达2cm，花管长约1cm，盔略呈镰形，前俯，无喙，无齿，下唇长近1cm，3裂，近平展，中裂片近圆形，小于椭圆形的侧裂片；雄蕊的2对花丝均无毛。蒴果尖卵状披针形，长约1.2cm。种子棕黄色，长约1.5mm。花期7-8月，果期8-9月。

【地理分布】分布于我国云南西北部、四川西南部、西藏东部和东南部。阿富汗、不丹和印度也有分布。生于海拔3400-5500m的高山草甸或杜鹃花灌丛。

【常见寄主】可寄生于多种草本植物根部，以禾本科寄主较为常见。

【民间用途】全株入药。具有补虚、健脾、消炎的功效。用于缓解头晕耳鸣、心慌气短、手足痿软、筋骨疼痛等病症。

【栽培状况】未见报道。

【危　　害】未见大面积危害报道。

111 红色马先蒿

Pedicularis rubens Stephan ex Willdenow

【俗名/别名】山马先蒿、细叶马先蒿。

【形态特征】根部半寄生多年生草本，高达35cm。植株直立，茎常单出或从根颈顶端发出数条，不分枝，具明显沟纹和成行的白色毛线。叶多基生，长圆状披针形，二或三回羽状全裂，线形裂片具锐齿；叶长达10cm、宽达3cm，叶柄长达7cm。总状花序；苞片叶状，常为一回羽状开裂；花萼长达1.3cm，密被白色长毛，具不等大的萼齿5枚；花冠紫红色或粉红色，长约2.7cm，盔下部伸直，中上部呈镰形弓曲，具粗短的喙，下唇较盔稍短，宽过于长，中裂片较侧裂片稍小，明显凸出；雄蕊花丝具稀疏短柔毛。花期6-7月，果期7-8月。

【地理分布】分布于我国河北、内蒙古、黑龙江、吉林和辽宁。蒙古国和俄罗斯也有分布。多生于草原或山坡草丛。

【常见寄主】可寄生于多种草本植物根部，以禾本科寄主较为常见。

【民间用途】全株入药。具有利水消肿、固本涩精、生津止渴等功效。用于缓解水肿、遗精、耳鸣、口干舌燥等病症。

【栽培状况】未见报道。

【危　　害】未见大面积危害报道。

112 粗野马先蒿

Pedicularis rudis Maximowicz

【俗名/别名】不详。

【形态特征】根部半寄生多年生草本，高达1m以上。植株直立，上部常有分枝，常被白色柔毛。茎中空、圆形。叶互生，披针状线形，常抱茎，羽状深裂，长圆形或披针形裂片多达24对；叶长达15cm，宽达2.2cm。穗状花序排列较稀疏，长达30cm以上；下部苞片叶状，上部苞片常卵形全缘；花萼长约6mm，密生白色腺状短柔毛，具卵形带锯齿的萼齿5枚，近相等；花冠白色或淡黄色，盔顶端呈紫红色、额部黄色，长约2cm，盔前端明显呈舟形，上仰形成凸出的短喙，下缘具白色长须毛，下唇与盔近等长，具卵状椭圆形裂片3枚，中裂片稍大；雄蕊花丝无毛。蒴果宽卵球形，长约1.3cm。种子肾状，长约2.5mm。花期7-8月，果期8-9月。

【地理分布】中国特有种，分布于甘肃、内蒙古、青海、陕西、四川和西藏。生于海拔2200-3400m的草甸、灌丛或疏林。

【常见寄主】可寄生于多种草本植物或小灌木的根部，以禾本科寄主较为常见。

【民间用途】全株或以根茎入药。全株入药具有消炎止痛的作用，主要外敷以缓解红热肿痛。以根茎入药具有补虚健脾、滋阴补肾、解毒止痛等功效，用于调理脾胃虚弱、纳呆食少、腹痛下痢等病症。

【栽培状况】未见报道。

【危　　害】未见大面积危害报道。

113 柳叶马先蒿

Pedicularis salicifolia Bonati

【俗名/别名】不详。

【形态特征】根部半寄生一年生草本，高达60cm。植株直立，多分枝。茎基常木质化，圆筒形。叶对生，无柄，肉质，狭长披针状柳叶形，全缘或具细波齿；叶长达5cm，宽达1cm。穗状花序；下部苞片线形，中上部苞片卵形；花萼长约1cm，具棱角和黏质，被短绵毛，具三角状披针形全缘的齿5枚，不等长；花冠深玫瑰色，长约1.5cm，盔长约8mm，略呈镰形前俯，无喙，无齿，下唇明显长于盔，基部缢缩，前端3裂，斜椭圆形的侧裂片略大于卵形的中裂片。蒴果尖卵形。花期7-8月，果期8-9月。

【地理分布】中国特有种，分布于云南西北部。生于海拔900-3500m的多石草甸或林缘。

【常见寄主】可寄生于多种草本植物或小灌木的根部，以禾本科寄主较为常见。

【民间用途】观赏。

【栽培状况】未见报道。

【危　　害】未见大面积危害报道。

114 丹参花马先蒿

Pedicularis salviiflora Franchet

【俗名/别名】不详。

【形态特征】根部半寄生多年生草本，高达1.3m。植株直立，但不坚挺，稍具蔓性，多有细长分枝，枝常对生，以近直角伸展。茎基常木质化，中空，茎枝方形并有纵纹，具成行排列的密毛。叶对生，卵形或长圆状披针形，叶面密被短毛，羽状深裂至全裂，具卵状披针形的裂片10-14对；叶长达7cm、宽达3.5cm，叶柄长约1.5cm。总状花序，排列较稀疏；花萼长达1.5cm，前方开裂至约1/3处，萼齿5枚；花冠紫红色，长达5cm，被疏毛，盔呈镰形弓曲，顶端圆钝，无喙，无齿，下唇与盔近等长，约2cm，中部稍向上弓曲；雄蕊的2对花丝均无毛。蒴果尖卵圆形，长达1.5cm，被密毛。种子肾形，长约2.5mm。花期8-9月，果期10-11月。

【地理分布】中国特有种，分布于云南西北部和四川西部。多见于海拔1800-4000m的草丛或灌丛。

【常见寄主】可寄生于多种草本植物或小灌木的根部，以禾本科寄主较为常见。

【民间用途】全株入药。用于发热、尿路感染、肝炎、外伤肿痛的辅助调理。

【栽培状况】未见报道。

【危　　害】未见大面积危害报道。

115 旌节马先蒿

Pedicularis sceptrum-carolinum Linnaeus

【俗名/别名】黄旗马先蒿。

【形态特征】根部半寄生多年生草本，高达60cm，无毛或被稀疏细毛。植株直立，茎常单出，在中上部有少量分枝。叶多在基部丛生，叶片倒披针形或线状长圆形，羽状全裂或深裂，具三角状卵形或长卵形裂片7-17对；叶长达30cm、宽达4cm，叶柄长达12cm，具狭翅；茎生叶较少，与基生叶形似，但较小。花序顶生，花常假对生或假轮生；苞片宽卵形；花萼长达1.5cm，具三角状卵形的萼齿5枚；花冠黄色，长达3.8cm，下唇和盔端偶有紫红晕，盔瓣略呈镰形，顶端圆钝，无喙，无齿，下唇紧贴上唇，不张开。蒴果尖卵球形，长约2cm。种子三角状肾形，长达2.7mm。花期6-8月，果期8-9月。

【地理分布】分布于我国黑龙江、吉林、辽宁和内蒙古。日本、哈萨克斯坦、朝鲜、蒙古国、俄罗斯及欧洲中部和北部的多个国家均有分布。多见于海拔400-500m的沼泽草甸与河边潮湿的草丛。

【常见寄主】可寄生于多种草本植物根部，以禾本科寄主较为常见。

【民间用途】全株入药。具有清热解毒的功效。幼苗可食用。

【栽培状况】未见报道。

【危　　害】未见大面积危害报道。

116 半扭卷马先蒿

Pedicularis semitorta Maximowicz

【俗名/别名】不详。

【形态特征】根部半寄生一年生草本，高达60cm。植株直立，茎单出或从根颈顶端发出多条，不分枝或在上部有纤细分枝；茎圆形中空，具条纹。叶3-5枚轮生，卵状长圆形或线状长圆形，羽状全裂，具线形裂片8-10对；叶长达10cm，宽达5cm。穗状花序；苞片叶状或亚掌状；花萼长约1cm，前方开裂至1/2处以上，具线形萼齿5枚；花冠黄色，长约1.1cm，盔中上部向前隆起并强烈向右扭转，具向右上方扭折、端部指向前上方的细长喙，长约7mm，下唇宽过于长，宽达1.7cm，3枚裂片均呈卵形，大小相近；雄蕊2对花丝中的1对具长柔毛，另1对无毛。蒴果尖卵形，长约1.7cm。花期6-7月，果期7-8月。

【地理分布】中国特有种，分布于四川北部、青海东部和甘肃中部及西南部。生于海拔2500-3900m的高山草甸。

【常见寄主】可寄生于多种草本植物根部，以禾本科寄主较为常见。

【民间用途】全株入药。具有清热利水、固精补肾、活血安胎等功效。用于缓解肝炎、胆囊炎、遗精、高烧不退、不孕不育等病症。

【栽培状况】未见报道。

【危　　害】未见大面积危害报道。

117 山西马先蒿

Pedicularis shansiensis Tsoong

【俗名/别名】不详。

【形态特征】根部半寄生多年生草本，高达70cm。植株直立，茎常单出，不分枝，中空，具条纹。叶互生，披针状线形，叶基楔形，抱茎，羽状深裂，具三角状卵形或长卵形裂片9–15对；叶长达12cm，宽达4.5cm。总状花序；苞片叶状；花萼长约1.4cm，前方开裂至约1/2处，具不等长的萼齿5枚；花冠浅黄色，长约4.5cm，密被腺毛，盔略呈镰形前俯，前端圆钝，无喙，无齿，下唇椭圆形，长达1.6cm，与盔部之间张开角度较小，前端3裂，中裂片叠于肾形侧裂片之下；雄蕊的2对花丝均无毛。蒴果尖长卵形，长达2cm。种子三角形，长约4mm。花期6–8月，果期7–9月。

【地理分布】中国特有种，分布于河南、山西和陕西。生于海拔1200–2400m的草坡或灌丛。

【常见寄主】可寄生于多种草本植物或小灌木的根部，以禾本科寄主较为常见。

【民间用途】以根入药。具有祛风利湿和杀虫的功效。主要用于缓解风湿性关节炎、疥疮等病症。

【栽培状况】未见报道。

【危　　害】未见大面积危害报道。

118 管花马先蒿
Pedicularis siphonantha Don

【俗名/别名】不详。

【形态特征】根部半寄生多年生草本，高不足10cm。茎单出，或从根颈顶端发出多条，植株常倾卧铺散而呈密丛。叶披针状长圆形或线状长圆形，羽状全裂，披针形裂片6-15对；叶长达6cm、宽达1.6cm，叶柄长达3.5cm，具明显的膜质翅。花腋生；苞片叶状；花萼长约1.2cm，前方开裂至约1/3处，有毛，具萼齿2枚；花冠紫红色，花管长达7cm，被细毛，盔顶强烈扭曲，具向右上方呈半圆形卷曲或略呈“S”形的细长喙，喙长达1.1cm，下唇宽过于长，宽达1.8cm，长达1.5cm；雄蕊前方1对花丝有毛。蒴果尖卵状长圆形。花期6-7月，果期7-8月。

【地理分布】分布于我国云南西北部、四川西部、青海和西藏南部及东南部。不丹、印度和尼泊尔也有分布。生于海拔3000-4600m的高山草甸。

【常见寄主】可寄生于多种草本植物根部，以禾本科寄主较为常见。

【民间用途】以花入药。具有清热、敛毒的功效。用于缓解热性腹泻和食物中毒。

【栽培状况】未见报道。

【危　　害】常见较大面积连片发生，但未见危害报道。

119 穗花马先蒿

Pedicularis spicata Pallas

【俗名/别名】马尿烧。

【形态特征】根部半寄生一年生草本，高达40cm。植株直立，茎单出或从根颈顶端发出数条，中上部分枝较多，分枝常4条轮生；茎中空，四棱形，具4条成行的毛，茎基常木质化。叶常4枚轮生，长圆状披针形或线状狭披针形，叶基楔形，向叶梢渐细，羽状浅裂至深裂，具三角状卵形至长圆形裂片9或10对；叶长达7cm、宽达1.3cm，叶柄长约1cm。穗状花序，密被白色长毛；下部苞片叶状，中上部苞片菱状卵状、有长尖头；花萼长约4mm，前方略微开裂，具不等长的萼齿3枚；花冠红色，长达1.8cm，盔指向前上方，长约4mm，额高凸，无喙，无齿，下唇长约为盔的2.5倍，中裂片倒卵形，具柄，比斜卵形的侧裂片稍小；雄蕊的2对花丝仅1对有毛。蒴果狭卵形斜截，长约7mm。种子长达2mm。花期6-9月，果期8-10月。

【地理分布】分布于我国四川北部、湖北北部、甘肃南部、陕西、山西、河北、内蒙古、黑龙江、吉林和辽宁。日本、朝鲜北部、蒙古国和俄罗斯也有分布。生于海拔1500-2600m的草地或灌丛。

【常见寄主】可寄生于多种草本植物根部，以禾本科寄主较为常见。

【民间用途】以根入药或全株入药。具有凉血滋阴、泻火解毒、祛风除湿、利尿消肿等功效。用于缓解热病伤阴、舌绛烦渴、湿毒发斑、津伤便秘、风湿关节疼痛、小便不畅、白带异常、疥疮等症。

【栽培状况】未见报道。

【危　　害】未见大面积危害报道。

120 红纹马先蒿

Pedicularis striata Pallas

【俗名/别名】细叶马先蒿、太白参。

【形态特征】根部半寄生多年生草本，高达1m以上。植株直立、粗壮，茎单出或从根颈处发出多条，中上部少见分枝；茎老时常木质化。叶互生，披针形，羽状深裂至全裂，裂片线形、平展，边缘有浅锯齿；叶长达10cm、宽达4cm，基生叶柄长达10cm，茎生叶柄较短。穗状花序；苞片三角形或披针形；花萼长达1.3cm，被稀疏毛，具不等长的萼齿5枚；花冠黄色，具绛红色脉纹，长达3.3cm，花冠稍偏向右方，盔呈镰形弓曲，无喙，具齿，下唇略短于盔，3浅裂，中裂片叠置于斜肾形侧裂片的下面；雄蕊的1对花丝被短柔毛，另1对无毛。蒴果尖卵圆形，长达1.6cm。种子长圆形或卵圆形，黑色。花期6-7月，果期7-8月。

【地理分布】分布于我国甘肃、陕西、山西、河北、宁夏、辽宁和内蒙古。蒙古国和俄罗斯也有分布。生于海拔1300-2700m的草丛及疏林。

【常见寄主】可寄生于多种草本植物根部，以禾本科寄主较为常见。

【民间用途】全株入药。具有敛毒、清火、止泻、利水等功效。用于缓解毒蛇咬伤、肉毒症、眼花、胃胀、腹泻等病症。

【栽培状况】未见报道。

【危　　害】未见大面积危害报道。

121 华丽马先蒿

Pedicularis superba Franchet ex Maximowicz

【俗名/别名】莲座参、兰嘎孜。

【形态特征】根部半寄生多年生草本，高达90cm。植株直立、粗壮，茎单出或从根颈顶端发出多条，中空，被疏毛或无毛，不分枝。叶3或4枚轮生，植株下部的叶柄基部通常不合生，中上部的叶柄基部常膨大合生而呈斗状；叶片长椭圆形，羽状全裂，具披针形裂片12-15对；叶长达13cm，宽达3cm。穗状花序；苞片为羽状深裂至全裂的叶状，基部膨大合生为高达1cm的斗状体；花萼长达2.5cm，具不等长的萼齿5枚；花冠紫红色或红色，长达5cm，花管长达3cm，盔部呈直角状弓曲，具伸向前下方的喙，喙长约4mm，下唇宽过于长，宽达3.5cm，长达2cm，3瓣裂片外卷，中裂片比侧裂片略小，顶端平钝；雄蕊的2对花丝均被短柔毛。蒴果卵圆形，长达2.5cm。花期6-8月，果期7-8月。

【地理分布】中国特有种，分布于云南西北部和四川西南部。生于海拔2800-4000m的高山草地、开阔山坡或林缘灌丛。

【常见寄主】可寄生于多种草本植物或小灌丛的根部，以禾本科寄主较为常见。

【民间用途】全株入药。具有清热解毒、利湿消肿、补肾固精等功效。用于缓解胆囊炎、水肿、月经过多、遗精、淋病等病症。

【栽培状况】未见报道。

【危　　害】未见大面积危害报道。

122 四川马先蒿

Pedicularis szetschuanica Maximowicz

【俗名/别名】不详。

【形态特征】根部半寄生一年生草本，高达30cm。植株直立，茎单出或自根颈顶端发出多条，中央的茎直立，周围的茎弯曲上升，常不分枝；茎具棱沟和4条成行的毛线。叶常4枚轮生，卵形或长圆状披针形，羽状浅裂至半裂，具卵形裂片5-11对；叶长达3cm、宽达1cm，叶柄长短多变，0.7-3.5cm。穗状花序，着花繁密；苞片叶状；花萼长约4mm，具不等大的齿5枚，绿色或具紫晕；花冠紫红色，长达1.7cm，盔略呈镰形，长约5mm，具三角状尖头，无喙，无齿，下唇长约8mm，宽约1cm，卵圆形的中裂片明显具柄，较斜卵圆形的侧裂片略小；雄蕊的2对花丝均无毛。花期6-8月，果期8-9月。

【地理分布】中国特有种，分布于四川西部及北部、青海东南部、西藏东部和甘肃西南部。生于海拔3400-4600m的高山草甸。

【常见寄主】可寄生于多种草本植物根部，以禾本科寄主较为常见。

【民间用途】以花入药。具有利水消肿、愈疮、祛风除湿等功效。主要用于缓解水肿、疥疮、风湿性疼痛等症。

【栽培状况】未见报道。

【危　　害】未见大面积危害报道。

123 塔氏马先蒿
Pedicularis tatarinowii Maximowicz

【俗名/别名】华北马先蒿。

【形态特征】根部半寄生一年生草本，高达50cm。植株直立，茎常单出或从根颈顶端发出多条，侧出茎常弯曲上升，中上部多分枝，常2-4枝轮生；茎枝圆形，有4条成行的毛。叶3或4枚轮生，羽状全裂，披针形裂片5-15对；叶长达7cm，宽达3cm。总状花序；苞片叶状；花萼长达8mm，前方稍开裂，脉10条，密被白色长毛，齿5枚；花冠紫红色，盔顶圆形弓曲，具长约2mm弯曲向下的短喙，下唇3枚裂片卵圆状或近卵圆状，侧裂片部分叠于中裂片上方，较中裂片稍大；雄蕊的2对花丝均有毛，或仅前方1对有毛。蒴果尖歪卵形，长达1.6cm。种子灰白色，长约3mm。花期7-8月，果期8-9月。

【地理分布】中国特有种，分布于河北北部、山西北部和内蒙古南部。生于海拔2000-2300m的草甸。

【常见寄主】可寄生于多种草本植物根部，以禾本科寄主较为常见。

【民间用途】全株入药。具有祛风除湿、利水消肿、杀虫抑菌等功效。用于缓解风湿关节疼痛、小便不利、尿路结石、妇女带下、疥疮等病症。

【栽培状况】未见报道。

【危　　害】未见大面积危害报道。

124 纤裂马先蒿

Pedicularis tenuisecta Franchet ex Maximowicz

【俗名/别名】不详。

【形态特征】根部半寄生多年生草本，高达60cm。植株直立，茎常从根颈顶端发出多条，分枝较多，圆筒形，中空。叶互生，无柄，卵状椭圆形至披针状长圆形，二回羽状开裂。总状花序顶生；苞片叶状；花梗长仅1mm；花萼长约8mm，前方深裂，5条主脉明显，具狭倒卵形的齿5枚；花冠紫红色，长达2.4cm，盔呈较深的镰形弓曲，前俯，具长约1mm的粗喙，下唇较盔短，长达1.1cm，顶端3裂不张开，倒卵形的中裂片小于斜椭圆形的侧裂片，叠于侧裂片之下；雄蕊的2对花丝均被有疏散的长柔毛。蒴果斜披针状卵球形，长达1.1cm。种子卵球形，长约1.5mm。花期8-11月，果9-11月。

【地理分布】分布于我国云南西北部、四川西南部和贵州西部。老挝也有分布。生于海拔1500-3700m的草甸或林缘。

【常见寄主】可寄生于多种草本植物或小灌木的根部。

【民间用途】不详。

【栽培状况】未见报道。

【危　　害】未见大面积危害报道。

125 狭管马先蒿

Pedicularis tenuituba Li

【俗名/别名】不详。

【形态特征】根部半寄生多年生草本，高达20cm。植株直立或铺散，常从根颈顶端发出多条茎，不分枝。基生叶长圆形或线形，羽状全裂，具卵形裂片10-15对，叶长达9cm、宽达1.6cm，叶柄长达4cm，具狭翅；茎生叶常互生，与基生叶形似，但较小。花腋生；苞片叶状、具柄；花梗长达3mm；花萼长约8mm，前方开裂，具大小不等的3齿；花冠紫色，花管长达11cm，无毛或有疏毛，盔强烈扭旋，有腺毛，额部有鸡冠状突起，具"S"形翘举的长喙，喙长达1cm，下唇宽过于长，宽达1.6cm，长约9mm，3深裂，裂片近相等；雄蕊的2对花丝中仅前方1对顶端有毛。蒴果斜尖卵形，长约1.7cm。花期7-8月，果期8-9月。

【地理分布】中国特有种，分布于四川西南部。生于海拔3000-3500m的草甸。

【常见寄主】可寄生于多种草本植物根部。

【民间用途】不详。

【栽培状况】未见报道。

【危　　害】偶见连片发生，但未见大面积危害报道。

126 东俄洛马先蒿

Pedicularis tongolensis Franchet

【俗名/别名】不详。

【形态特征】根部半寄生多年生草本，高达60cm。植株直立，不分枝；茎具棱和明显沟纹，被白色毛。叶互生，无柄，披针状线形，叶缘具细微具齿的缺刻状裂片，叶长达7cm。花序穗状；花萼上有清晰的粗脉，具卵状披针形且全缘的萼齿5枚；花冠黄色，花管长约为萼筒的2倍，盔弯曲具短喙，弓曲处异常膨圆，下部有极长的稠密红毛，下唇与盔近等长，2裂；雄蕊的2对花丝均无毛。蒴果。花期6-8月，果期8-9月。

【地理分布】中国特有种，分布于四川西部。生于海拔3600m左右的高山草甸或灌丛。

【常见寄主】可寄生于多种草本植物或小灌木的根部，以禾本科草本植物或杜鹃花科小灌木为主。

【民间用途】不详。

【栽培状况】未见报道。

【危　　害】未见大面积危害报道。

127 扭旋马先蒿

Pedicularis torta Maximowicz

【俗名/别名】不详。

【形态特征】根部半寄生多年生草本，高达70cm。植株直立，茎单出或自根颈处发出多条，中上部无分枝，中空，稍具棱角，幼枝疏被柔毛。叶互生或假对生，膜质，长圆状披针形至线状长圆形，羽状全裂，具披针形裂片9-16对；叶长达9.5cm、宽达2.5cm，叶柄长达5cm。总状花序顶生；苞片叶状具短柄；花具1-2.5mm短梗；花萼长约7mm，前方开裂至花管的1/2处，具大小不等的萼齿3枚；花冠长达2cm，花管及下唇黄色，盔紫色或紫红色，盔直立部分顶端直角前折再强烈右旋，"S"形长喙依次向上、向后再转指前上方，下唇宽过于长，宽约1.3cm，长约1cm，3裂开展，中裂片倒卵形，基部具柄，稍凸出，明显小于肾形的侧裂片；雄蕊的2对花丝顶端均有毛。蒴果卵形，长达1.6cm。花期6-8月，果期8-9月。

【地理分布】中国特有种，分布于甘肃南部、四川东部和北部、湖北西部。生于海拔2500-4000m的草坡。

【常见寄主】可寄生于多种草本植物根部。

【民间用途】全株入药。具有抗菌消炎、抗病毒、护肝、抗氧化等功效。用于缓解热性腹泻、肝炎、胆囊炎、水肿、小便带脓血等症状。

【栽培状况】未见报道。

【危　　害】未见大面积危害报道。

128 毛盔马先蒿

Pedicularis trichoglossa Hooker

【俗名/别名】不详。

【形态特征】根部半寄生多年生草本，高达60cm。植株直立，茎不分枝，有沟纹和具成行的毛。叶线状披针形，羽状浅裂或深裂，裂片多不达叶缘至中脉的1/2处；叶长达7cm、宽达1.5cm，基生叶有短柄，茎生叶常无柄抱茎。总状花序；苞片线形，不显著；花梗长约3mm；花萼长约1cm，密被紫褐色长毛，具三角状卵形的萼齿5枚；花冠暗紫红色，花强烈前俯，盔背密生紫红色长毛，具狭长无毛并转指后方的喙，下唇宽过于长，3裂，圆形中裂片和肾形侧裂片常交叠，不完全展开。蒴果短卵形，长达1.5cm。花期7-8月，果期8-9月。

【地理分布】分布于我国云南西北部、四川西部和西藏南部及东南部。不丹、印度、缅甸和尼泊尔也有分布。生于海拔3500-5000m的高山草甸或多石的林缘草丛及灌木丛。

【常见寄主】可寄生于多种草本植物或小灌木的根部。

【民间用途】以花入药或全株入药。具有清热解毒、健胃养胃的功效。用于缓解急性胃肠炎、肉食中毒等症。

【栽培状况】未见报道。

【危　　害】未见大面积危害报道。

129 须毛马先蒿

Pedicularis trichomata Li

【俗名/别名】不详。

【形态特征】根部半寄生多年生草本，高达40cm。植株直立，茎不分枝，具条纹。叶线状披针形，长达4.5cm，宽约6mm，叶缘浅裂，叶基亚抱茎而具耳。总状花序顶生；花几无梗；苞片叶状；花萼长达1.2cm，具三角形齿5枚，近全缘；花冠黄色，花管与花萼近等长，盔顶端膨大呈舟形，长1.5cm，宽约5mm，膨大部分的下缘密生长须毛，具伸直的短喙，下唇长和宽近相等，约1.2cm，卵形裂片3枚近相等，中裂片稍宽，前端具细齿；雄蕊前方1对花丝上端密生长毛。蒴果。花期7-8月，果期8-9月。

【地理分布】中国特有种，分布于云南西北部。生于海拔2500-3200m的草甸或小灌丛。

【常见寄主】可寄生于多种草本植物根部。

【民间用途】不详。

【栽培状况】未见报道。

【危　　害】未见大面积危害报道。

130 三色马先蒿

Pedicularis tricolor Handel-Mazzetti

【俗名/别名】不详。

【形态特征】根部半寄生一年生草本，高不达10cm。植株铺散，茎单出或从根颈顶端发出多条。叶多基生，茎生叶对生，叶片披针形，羽状深裂，具披针形裂片11-14对；叶长达4.5cm、宽达1.2cm，叶柄最多与叶长相当，具狭翅。花疏生于叶腋或呈穗状；苞片叶状；花梗长达8mm；花萼长达1.2cm，前方开裂至基部，有15条清晰的脉，密被长白毛，具叶状的萼齿3枚，不等大；花冠由黄色、黄白色和紫红色3种颜色组成，花冠管长达5cm，盔紫红色，稍前俯，额部有明显的鸡冠状突起，具向左下方弯卷成环状的长喙，长达1.7cm，下唇黄色，唇缘黄白色或白色，宽过于长，宽达3cm，长约1.7cm，3裂，常内卷；雄蕊的2对花丝顶端均被白色长毛。蒴果尖卵形，长约1.5cm。种子棕褐色，卵球形，长约1.5mm。花期7-9月，果期8-10月。

【地理分布】中国特有种，分布于云南西北部。生于海拔3300-3700m的高山草地。

【常见寄主】可寄生于多种草本植物根部，以禾本科植物为较优寄主。

【民间用途】全株入药。具有抗运动性贫血和缓解运动性疲劳的功效。

【栽培状况】在云南省迪庆藏族自治州香格里拉高山植物园作为花镜植物栽培。

【危　　害】未见大面积危害报道。

131 阴郁马先蒿

Pedicularis tristis Linnaeus

【俗名/别名】不详。

【形态特征】根部半寄生多年生直立草本，高达50cm。植株直立，不分枝；茎中空，具纵条纹和成行的毛。叶互生，线形或线状披针形，羽状深裂，裂片三角形或卵形；叶长达8cm、宽达2cm，无柄。总状花序顶生；苞片卵状三角形；花萼长达1.5cm，萼齿5枚，等长或不等长；花冠黄色，长达3cm，盔向前弓曲，端钝或有喙状小锐尖，下唇有限开展，稍长于盔，3裂；雄蕊的2对花丝均无毛。蒴果。花期6-8月，果期7-9月。

【地理分布】分布于我国山西和甘肃。蒙古国和俄罗斯也有分布。生于海拔2700-3200m的草地或灌丛。

【常见寄主】可寄生于多种草本植物根部。

【民间用途】以根入药。具有滋阴补肾、利水消肿、舒筋活血等功效。用于缓解肾寒、肾虚、浮肿、腰及下肢痹痛等症。

【栽培状况】未见报道。

【危　　害】未见大面积危害报道。

132 水泽马先蒿

Pedicularis uliginosa Bunge

【俗名/别名】不详。

【形态特征】根部半寄生多年生草本，高达35cm。植株直立，茎常单出，不分枝，具明显纵纹。基生叶披针形，羽状全裂，披针形裂片具胼胝质短尖和锯齿，叶柄较叶片稍短或仅为叶片长度的1/2；茎生叶互生，叶形与基生叶相似而较小。总状花序；苞片线状披针形，密被长茸毛；花梗长达1cm；花萼长达1.4cm，脉10条，具大小不等的三角状披针形萼齿5枚；花冠紫色，长达2.5cm，盔呈镰形，短喙具钩状齿1对，下唇比盔稍短；雄蕊的2对花丝仅1对被毛或全部无毛。蒴果长圆状披针形，长达2cm。花期7-8月，果期8-9月。

【地理分布】分布于我国新疆阿尔泰山一带。阿富汗、哈萨克斯坦、吉尔吉斯斯坦、塔吉克斯坦、蒙古国和俄罗斯也有分布。生于草地及小溪边。

【常见寄主】可寄生于多种草本植物根部。

【民间用途】全株药用。具有抗肿瘤活性。主要用于肝癌和肾癌的辅助调理。

【栽培状况】未见报道。

【危　　害】未见大面积危害报道。

133 坛萼马先蒿

Pedicularis urceolata Tsoong

【俗名/别名】不详。

【形态特征】根部半寄生一年生草本，高达20cm。茎常从根颈顶端发出多条，丛生，中央的茎直立且较粗壮，周围的茎倾卧上升；茎不分枝，有2条明显成行的毛。叶量少，叶片椭圆状长圆形或披针状长圆形，羽状深裂，有卵形具缺刻状齿的裂片5对左右；基生叶早枯，叶长达1.8cm、宽约8mm，叶柄长达2.5cm；茎生叶仅1对或无，与基生叶形似，但较小。花序顶生，花常多朵簇生；苞片叶状；花梗长达1cm；花萼坛状，长约1cm，萼齿5枚不等大；花冠玫瑰红色，管端、盔基部与喉部略带黄色，花管长达3cm，盔在直立部分前端呈直角转折并膨大，在镰形弓曲端部骤缩成一条指向前下方的细喙，长约6mm，下唇宽过于长，宽达1.4cm，长约9mm，3裂，宽卵形的中裂片远小于斜椭圆形的侧裂片，侧裂片向后伸出盔而呈明显的耳形；雄蕊的2对花丝均无毛。蒴果长达1.3cm。花期6–7月，果期7–8月。

【地理分布】中国特有种，分布于四川西部。生于海拔3800m左右的高山草地。

【常见寄主】可寄生于多种草本植物根部。

【民间用途】不详。

【栽培状况】未见报道。

【危　　害】未见大面积危害报道。

134 变色马先蒿

Pedicularis variegata Li

【俗名/别名】不详。

【形态特征】根部半寄生多年生草本，高不超过15cm。植株铺散或直立，茎多数，常丛生，不分枝。叶互生，长卵圆形，羽状全裂，具卵形裂片9-12对，叶面被粗毛；叶长达4cm、宽达1.4cm，叶柄长达2.5cm。花腋生，几无梗；苞片叶状具柄；花萼长达9mm，前方开裂，被稀疏长毛，具不等大齿2枚；花冠除盔为紫色外均带白色，花管长达4.5cm，盔强烈扭转，有腺毛和鸡冠状突起，喙长约1cm，先右旋再向上、向前，呈“S”形，下唇宽约2cm，长约1cm，3深裂，卵形的中裂片远小于圆形的侧裂片；雄蕊前方1对花丝端部有疏毛。蒴果。花期7-8月，果期8-9月。

【地理分布】中国特有种，分布于四川西南部。生于海拔4100-4200m的沼泽草甸。

【常见寄主】可寄生于多种草本植物根部。

【民间用途】不详。

【栽培状况】未见报道。

【危　　害】未见大面积危害报道。

135 秀丽马先蒿

Pedicularis venusta Schangin ex Bunge

【俗名/别名】不详。

【形态特征】根部半寄生多年生草本，高达40cm。植株直立，茎通常单出或从根颈顶端发出数条，不分枝。叶互生，披针形，羽状全裂，裂片长圆形，具细尖；叶柄被细长毛，长短多变，长者与叶片等长。穗状花序顶生，向心开放，常被稀疏的粗糙长毛；苞片叶形；花梗几无；花萼长达1cm，具宽三角形全缘的萼齿5枚；花冠黄色，长达2.5cm，盔前倾并呈镰形弓曲，无喙，具齿，下唇短于盔，3裂，无缘毛；雄蕊的1对花丝有毛。蒴果斜长圆形，长达1.2cm。花期6-7月，果期7-8月。

【地理分布】分布于我国新疆、内蒙古和黑龙江。俄罗斯和蒙古国也有分布。常生于多石山坡的禾草丛。

【常见寄主】可寄生于多种草本植物根部。

【民间用途】不详。

【栽培状况】未见报道。

【危　　害】未见大面积危害报道。

136 地黄叶马先蒿

Pedicularis veronicifolia Franchet

【俗名/别名】不详。

【形态特征】根部半寄生多年生草本，高达60cm。植株直立，茎常单出，下部圆柱形，简单或有多数分枝，常被白色细短毛。叶互生，形状多变，阔倒卵形至菱状披针形，长达10cm，宽达2.5cm，叶缘有羽状浅裂或圆重齿，上面多有泡状鼓凸。总状花序顶生；苞片宽大、叶形；花紫红色，长达3cm；花萼长1.2cm，前方开裂，5条主脉明显，外被长毛，齿2或3枚；花管长约1.5cm，盔长达1.4cm，呈镰形弓曲，额圆，向下后方钩曲，形成长约2mm的短喙，下唇3裂，裂片椭圆状卵形；雄蕊的2对花丝均被长柔毛。蒴果斜披针状卵圆形，长达1.3cm。花期8-10月，果期9-11月。

【地理分布】中国特有种，分布于云南东部及南部和四川西北部及西南部。生于海拔1000-2600m的草地或疏林。

【常见寄主】可寄生于多种草本植物根部。

【民间用途】不详。

【栽培状况】未见报道。

【危　　害】未见大面积危害报道。

137 轮叶马先蒿

Pedicularis verticillata Linnaeus

【俗名/别名】土人参、土儿参。

【形态特征】根部半寄生多年生草本，高达35cm，部分植株极低矮。茎单条或从根颈处发出多条，中央的茎直立，周围的茎弯曲上升，下部圆柱形，上部近四棱形，具4条成行的毛。叶常4枚轮生，偶见对生，长圆形至线状披针形，羽状深裂至全裂，裂片线状长圆形至卵状三角形；茎生叶长达3cm，柄短或几无柄；基生叶较长，仅叶柄即可达3cm。总状花序；苞片叶状或长三角状卵形；花萼长约6mm，前方深裂，具10条暗红色脉纹，密被白色长柔毛，萼齿3-5枚，不等大；花冠紫红色，长约1.3cm，盔呈镰形弓曲，长约5mm，额圆，无明显的鸡冠状突起，盔端的突尖也不明显，下唇略长于盔或等长，圆形的中裂片具柄，远小于侧裂片，3瓣裂片通常具清晰的红纹；雄蕊的2对花丝中前方1对有毛。蒴果披针形，长达1.5cm。种子黑色，半圆形，长约1.8mm。花期6-8月，果期7-9月。

【地理分布】分布于我国四川、西藏、青海、甘肃、河北、山西、陕西、新疆、内蒙古、吉林、辽宁和黑龙江。广布于北温带较寒地带，在北极、欧亚大陆北部及北美洲西北部的多个国家均有分布。生于海拔2100-4400m的湿润草地或生满地衣的苔原。

【常见寄主】可寄生于多种草本植物根部。

【民间用途】以根入药。具有补气益血的功效。用于缓解气血虚损、疲劳多汗等症。

【栽培状况】未见报道。

【危　　害】未见大面积危害报道。

138 维氏马先蒿
Pedicularis vialii Franchet

【俗名/别名】不详。

【形态特征】根部半寄生直立草本，高达80cm。植株直立，多分枝。叶互生，披针状长圆形，叶梢羽状深裂，叶基羽状全裂，具披针状长圆形裂片5-10对；叶长达10cm、宽达6cm，叶柄长达5cm。总状花序长达30cm，着花较稀疏；苞片披针形或线形；花萼长约6mm，具三角形全缘的萼齿5枚；花冠白色，盔瓣紫色或玫瑰色，长约1cm，盔前俯，具长约5mm的上卷象鼻状长喙，下唇短于上唇，不开展，基部贴近上唇，3裂，侧裂基部外方呈明显耳形。蒴果披针形，长约1.1cm。花期5-8月，果期7-9月。

【地理分布】分布于我国云南西北部、四川西部和西藏东南部。缅甸北部也有分布。生于海拔2700-4300m的针叶林下或草坡。

【常见寄主】可寄生于多种草本植物根部。

【民间用途】不详。

【栽培状况】未见报道。

【危　　害】未见大面积危害报道。

139 松蒿

Phtheirospermum japonicum (Thunberg) Kanitz

【俗名/别名】糯蒿、细绒蒿。

【形态特征】根部半寄生一年生草本，高达1m。植株直立，多分枝，常被腺毛。叶对生，长三角状卵形，长达5.5cm，宽达3cm，羽状全裂或深裂，小裂片斜长卵形或卵圆形；叶柄长达1.2cm，具狭翅。花梗长达7mm；花萼长达1cm，具披针形叶状萼齿5枚；花冠紫红色或淡紫红色，长达2.5cm，被长柔毛；上唇裂片三角状卵形，下唇在中部呈直角下折，裂片端部圆钝。蒴果卵球形，长达1cm。种子卵圆形，长约1.2mm。花期6-8月，果期8-10月。

【地理分布】分布于我国除新疆和青海以外的省区。朝鲜、日本及俄罗斯也有分布。生于海拔100-1900m的草丛或小灌丛。

【常见寄主】寄主范围广，可寄生于多种植物根部。

【民间用途】全株入药。具有清热利湿和解毒的功效。主要用于缓解黄疸、水肿、风热感冒、口疮、鼻炎、痈肿疮毒等症。

【栽培状况】国内外多个实验室有栽培，是研究列当科根部半寄生植物的模式物种之一。

【危　　害】未见大面积危害报道。

140 细裂叶松蒿

Phtheirospermum tenuisectum Bureau et Franchet

【俗名/别名】草柏枝。

【形态特征】根部半寄生多年生草本，高达55cm。植株直立或弯曲上升，通常从根颈顶端发出多条茎，丛生，具腺毛，茎不分枝或在上部分枝。叶对生，偶见亚对生，三角状卵形，二或三回羽状全裂，小裂片条形；叶长达4cm，宽达3.5cm。花单生于叶腋，花梗长达3mm；花萼长约8mm，卵形至披针形萼齿3-5枚；花冠黄色或橙黄色，密被腺毛及柔毛，上唇裂片卵形，长约4mm，下唇具倒卵形的裂片3枚，近相等。蒴果卵形，长达6mm。种子卵球形，长不及1mm。花期5-8月，果期9-10月。

【地理分布】分布于我国云南、四川、贵州、青海、西藏等省区。不丹也有分布。生于海拔2800-4300m的草坡。

【常见寄主】可寄生于多种草本植物根部。

【民间用途】全株入药。具有散瘀解毒、养血安神的功效。用于缓解骨折肿痛、咳嗽、心悸、失眠、蛇犬咬伤等症。

【栽培状况】未见报道。

【危　　害】未见大面积危害报道。

141 圆茎翅茎草

Pterygiella cylindrica Tsoong

【俗名/别名】不详。

【形态特征】根部半寄生一年生草本，高达60cm。植株直立坚挺，茎常单出，圆柱形，实心，基部常木质化，下部较少分枝，中上部常见对生的分枝，多被毛。叶对生，无柄，披针状线形，全缘或略有波状齿，长达3.5cm，宽约4mm，叶面密被细毛，有主脉3条。总状花序顶生；苞片叶状；花梗长约3mm；花萼长达1.6cm，内外均密被短毛，萼齿5枚近相等；花二唇形，花冠黄色，长达1.5cm，包被于萼筒中，上唇长约5mm，略弯而顶微凹，下唇近等于上唇或略短，具3瓣长约1.5mm的卵状长圆形裂片，中裂片基部有褶襞2条，下唇裂片基部至花喉之间高隆。蒴果斜卵圆形，具突尖，长约8mm。种子黑褐色，长不及0.5mm。花期9-10月，果期10-11月。

【地理分布】中国特有种，分布于云南和四川。生于海拔1800-2100m的草坡。

【常见寄主】可寄生于多种草本植物或小灌木的根部。

【民间用途】不详。

【栽培状况】未见报道。

【危　　害】未见大面积危害报道。

142 杜氏翅茎草

Pterygiella duclouxii Franchet

【俗名/别名】疏毛翅茎草。

【形态特征】根部半寄生一年生草本，高达55cm。植株直立或弯曲上升，茎常单出或从根颈顶端发出2-7条而丛生，常不分枝或仅有1-3对分枝；茎基常木质化，实心，呈四棱形，沿棱有4条狭翅，近无毛或被稀疏毛，无成行的毛。叶对生，无柄，线形或线状披针形，全缘，长达4.5cm，宽约3mm，主脉1条。总状花序顶生；花对生；苞片叶状；花梗长约3mm；花萼长约1.5cm，具卵状三角形的萼齿5枚；花二唇形，花冠黄色，长达1.6cm，花管长约1cm，上唇略呈盔状，长约6mm，2枚裂片边缘略向外反卷，下唇与上唇约等长，3枚裂片近相等，矩圆形，中裂片基部的褶襞高凸并延至花喉。蒴果短卵圆形，黑褐色，长约1cm。种子肾形，黑色，长不及0.5mm。花期7-9月，果期9-10月。

【地理分布】中国特有种，分布于云南、广西和四川。生于海拔1000-2800m的林缘、草坡及路旁。

【常见寄主】可寄生于多种草本植物或小灌木的根部。

【民间用途】全株入药。具有清热利湿、消肿止痛的功效。主要用于缓解肝炎、胃肠炎、口腔炎、咽喉肿痛、牙疼等症。

【栽培状况】未见报道。

【危　　害】未见大面积危害报道。

143 鼻花

Rhinanthus glaber Lamarck

【俗名/别名】不详。

【形态特征】根部半寄生一年生草本，高达60cm。植株直立，茎多分枝或单生；茎具棱，并有4列成行的柔毛。叶对生，无柄，条形或条状披针形，叶缘具三角状锯齿，长达6cm，叶面有短硬毛。苞片叶形，但比叶宽；花梗长仅2mm；花萼长约1cm；花冠黄色，长约1.7cm，下唇贴伏于上唇。蒴果直径约8mm。种子长达4.5mm，具宽达1mm的翅。花期6-8月，果期8-10月。

【地理分布】分布于我国新疆、黑龙江、吉林、辽宁和内蒙古。哈萨克斯坦、蒙古国、俄罗斯和欧洲的多个国家均有分布。生于1200-2400m的坡地或草甸。

【常见寄主】可寄生于多种草本植物根部。

【民间用途】不详。

【栽培状况】未见报道。

【危　　害】未见大面积危害报道。

144 阴行草

Siphonostegia chinensis Bentham

【俗名/别名】金钟茵陈、黄花茵陈、北刘寄奴、阴阳连。

【形态特征】根部半寄生一年生草本，高达80cm。植株直立、坚挺，茎多单出，中空，下部较少分枝，中上部多分枝；枝对生，稍具棱角，密生无腺短毛。叶对生，广卵形，二回羽状全裂，小裂片线形或线状披针形，锐头，全缘；叶长达5.5cm、宽达6cm，无柄或具柄，叶柄长达1cm。总状花序顶生；花对生或假对生；苞片叶状；花梗长1-2mm；花萼长达1.5cm，具近相等的线状披针形或卵状长圆形萼齿5枚；花冠上唇红紫色，下唇黄色，长达2.5cm，上唇呈镰形弓曲，额稍圆，顶端斜截，或具啮痕状，具短齿1对，背部密被长1-2mm的纤毛，下唇与上唇等长或稍长，卵形裂片3枚，中裂片基部褶襞的前部高凸，向前袋状伸长，与侧裂片等长，向后渐低而止于管喉。蒴果呈偏斜的披针状长圆形，长约1.5cm，具短尖。种子长卵圆形，黑色，长约0.8mm。花期6-8月，果期8-10月。

【地理分布】在我国分布甚广，东北、华北、华中、华南和西南的多个省区均有分布。日本、朝鲜和俄罗斯也有分布。生于海拔800-3400m的干山坡与草地。

【常见寄主】可寄生于多种草本植物或小灌木的根部。

【民间用途】全株入药。具有活血化瘀、通络止痛、凉血止血、清热利湿等功效。主要用于缓解跌打损伤、外伤出血、产后瘀痛、月经不调、癥瘕积聚、血淋、血痢、湿热黄疸、水肿腹胀、白带过多等病症。

【栽培状况】未见报道。

【危　　害】未见大面积危害报道。

145 腺毛阴行草

Siphonostegia laeta Moore

【俗名/别名】不详。

【形态特征】根部半寄生一年生草本，高达70cm。植株直立，全株密被腺毛。茎常单出，基部多木质化，不分枝或在中部以上分枝，枝对生，较细长柔弱；茎枝圆筒形，中空，具棱角，密被褐色腺毛。叶对生，三角状长卵形，叶缘具大小不等的亚掌状3深裂，中裂片卵菱形，具3-6对羽状半裂或浅裂的卵形小裂片；侧裂片斜三角状卵形，仅外侧羽状半裂，具卵形小裂片2或3枚；叶长达2.5cm、宽达1.5cm，叶柄长达1cm。总状花序顶生；苞片叶状，卵菱形或卵状披针形；花无梗或具长2mm左右的短梗；花萼长达1.5cm，具披针形全缘的萼齿5枚；花冠黄色，偶见盔背略带紫色，长达2.7cm，密被长毛，花管长达1.7cm，盔呈镰形弓曲，额圆，前端截形，下角具小齿1对，下唇与盔近等长，具3瓣大小近等的宽三角状卵形裂片。蒴果卵状长椭圆形，黑褐色，长约1.3cm，具突尖。种子长卵圆形，黄褐色，长约1.5mm。花期7-9月，果期9-10月。

【地理分布】中国特有种，分布于江西、江苏、浙江、湖南、安徽、广东和福建。生于海拔200-500m的潮湿草丛或灌木丛。

【常见寄主】可寄生于多种草本植物根部，以农作物甘蔗、高粱、玉米为主。

【民间用途】全株入药。具有清热利湿、凉血止血、散瘀止痛等功效。主要用于缓解湿热黄疸、痢疾、肠炎、痈疽肿毒、小便淋浊、尿血、便血、瘀血经闭、跌打肿痛、关节炎等病症。

【栽培状况】未见报道。

【危　　害】未见大面积危害报道。

146 独脚金

Striga asiatica (Linnaeus) Kuntze

【俗名/别名】干草、矮脚子、疳积草。

【形态特征】根部半寄生一年生草本，株高达30cm。植株直立，多被粗毛。茎常单出，不分枝或有少数分枝。基生叶对生，上部叶互生，线形、条形或狭披针形，叶长达2cm，偶见鳞片状。穗状花序顶生或单花腋生；花冠多为黄色，偶见红色或白色，长达1.5cm，花冠筒近顶端急剧前俯，上唇2裂，下唇3裂，上唇短于下唇。蒴果卵球形，包于宿存的萼筒内。花期7-9月，果期8-10月。

【地理分布】分布于我国广西、广东、福建、贵州、云南、江西、湖南、台湾等省区。不丹、印度、尼泊尔、泰国、越南、柬埔寨、菲律宾、斯里兰卡和美国及非洲的热带地区也广泛分布。生于海拔800m以下的农田或荒地。

【常见寄主】寄生于多种草本植物根部，农田中以甘蔗、高粱、玉米等根部较为常见。

【民间用途】全株入药。具有抗菌消炎、抗寄生虫、抗肿瘤等功效。主要用于缓解小儿疳积、肝炎、肠道寄生虫、腹泻以及夜盲症等病。

【栽培状况】在广西有少量栽培。

【危　　害】对甘蔗、玉米、高粱及黍类等禾本科作物危害很大。

147 大独脚金

Striga masuria (Buchanan-Hamilton ex Bentham) Bentham

【俗名/别名】不详。

【形态特征】根部半寄生多年生草本，高达60cm。植株直立，全株被刚毛。茎单出或有少数分枝，近四棱形。叶对生，条形，茎中部的最长，长达3cm。花常单生，偶见在茎顶形成穗状花序；花萼长达1.5cm，具15条棱，裂片条状椭圆形，几与筒部等长；花冠粉红色，偶见白色或黄色，花冠筒长近2cm，近顶端向前弯曲，上唇为下唇的1/2，具叉状凹缺，下唇3裂长卵形，近相等，张开。蒴果卵球状，长约6mm。花期6-9月，果期8-10月。

【地理分布】分布于我国云南、四川、贵州、广西、广东、湖南、福建、台湾和江苏。印度、缅甸和菲律宾也有分布。生于海拔1100m以下的山坡草地及杂木林内。

【常见寄主】可寄生于多种禾本科植物根部。

【民间用途】全株入药。具有强筋健骨的功效。用于调理骨质疏松等症。

【栽培状况】未见报道。

【危　　害】未见大面积危害报道。

148 野菰

Aeginetia indica Linnaeus

【俗名/别名】烟斗花、土灵芝草、马口含珠、鸭脚板。

【形态特征】根部全寄生一年生草本，高达40cm。植株直立。茎黄褐色或紫红色，不分枝或在近基处分枝，偶见中部以上分枝。叶红色，卵状披针形或披针形，长达1cm，宽约4mm，光滑无毛。花常单生茎顶，稍俯垂；花梗粗壮、直立，长达40cm，直径约3mm，无毛，多具紫色条纹；花萼紫红色、黄色或黄白色，具紫红色条纹，前方开裂至近基部，长达6cm，顶端急尖或渐尖；花冠多为紫红色，常带黏液，长达4.5cm，筒状钟形，呈不明显的二唇形，5浅裂。蒴果圆锥状或长卵球形，长达3cm，2瓣开裂。种子椭圆形，黄色，长约0.04mm。花期4-8月，果期8-10月。

【地理分布】分布于我国江苏、安徽、浙江、江西、福建、台湾、湖南、广东、广西、四川、贵州和云南。印度、孟加拉国、不丹、缅甸、泰国、越南、柬埔寨、老挝、菲律宾、斯里兰卡、马来西亚和日本也有分布。生于海拔200-1800m土层深厚、湿润及枯叶多的地区。

【常见寄主】常寄生于芒属和甘蔗属等禾本科植物的根部。

【民间用途】根、花可分别入药，也可全株入药。具有清热解毒、消肿止痛、补血益气等功效。用于缓解阳痿、骨髓炎、喉痛和月经不调等症。

【栽培状况】未见报道。

【危　　害】大量发生时可严重危害蕉芋。

149 中国野菰

Aeginetia sinensis Beck

【俗名/别名】横杯草。

【形态特征】根部全寄生一年生草本，高达30cm。植株直立，全株无毛。茎长达7cm，紫褐色或淡紫色，常自下部分枝。叶卵状披针形或披针形，生于茎基，长约8mm，宽约4mm。花常单生茎顶，花筒横生；花梗紫红色，直立，长达25cm，具明显纵纹；花萼佛焰苞状，长达5cm，顶端钝圆，常具红晕，前方开裂至距基部约1.5cm处；花冠近唇形，红紫色，或唇瓣红紫色而下部白色，长达6cm，顶端5浅裂，裂片边缘具细齿。蒴果长圆锥形或圆锥形，长达2.5cm，成熟后2瓣开裂。种子近圆形，直径约0.04mm。花期4-6月，果期6-8月。

【地理分布】分布于我国安徽、浙江、江西和福建。日本也有分布。生于海拔800-900m的路旁禾草丛中。

【常见寄主】常寄生于禾本科植物根部。

【民间用途】全株入药。具有祛风除痹、通经活络等功效。用于缓解风湿痹证、关节疼痛、肢麻拘挛等病症。

【栽培状况】未见报道。

【危　　害】未见大面积危害报道。

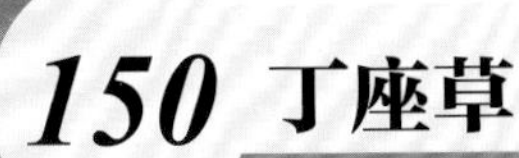

150 丁座草

Boschniakia himalaica Hooker et Thomson

【俗名/别名】千斤坠、枇杷芋。

【形态特征】根部全寄生多年生草本，高达45cm。植株直立，常仅有1条直立的肉质茎，不分枝，近无毛。叶淡黄色，三角状卵形或卵形，长达2cm，宽达1.2cm。穗形总状花序；苞片生于花梗基部，花序下部的苞片呈三角状卵形，长达1.5cm，上部的苞片渐狭；花梗长达1cm；花萼长约5mm，顶端具线状披针形或狭三角形的裂片5枚，不等长；花冠黄褐色或淡紫色，长达2.5cm，上唇盔状，几全缘，长达9mm，下唇甚短，长约3mm，浅裂，具3枚三角形或狭长圆形的裂片。蒴果近圆球形或卵球形，长达2.2cm，常3瓣开裂，偶见2瓣开裂。种子亮浅黄色或浅褐色，不规则球形，直径达1.2mm。花期4-6月，果期6-9月。

【地理分布】分布于我国青海、甘肃、陕西、湖北、四川、云南、西藏和台湾。不丹、尼泊尔和印度北部也有分布。生于海拔2500-4400m的灌丛。

【常见寄主】常寄生于杜鹃花属植物根部。

【民间用途】全株入药。具有理气止痛、止咳祛痰、消胀健胃、消炎解毒等功效。用于缓解肾虚乏力、腰膝酸软、风湿痹痛、脘腹胀痛、疝气、跌打损伤、月经不调、劳伤咳嗽、血吸虫病、疮痈溃疡、咽喉肿痛、腮腺炎等病症。

【栽培状况】未见报道。

【危　　害】未见大面积危害报道。

151 草苁蓉

Boschniakia rossica (Chamisso et Schlechtendal) Fedtschenko

【俗名/别名】不老草。

【形态特征】根部全寄生多年生草本，高达35cm。根状茎圆柱状，多横生，常从根状茎上发出2或3条直立的茎。茎不分枝，粗壮，全株几无毛。叶片淡黄色，三角形或宽卵状三角形，常密生于茎基，长约8mm。穗状花序，呈圆柱形；苞片宽卵形或近圆形，1枚；花梗长约2mm或几无梗；花萼长约7mm，具狭三角形或披针形的萼齿3-5枚，不等大；花冠暗紫红色或暗紫色，宽钟状，上唇直立，盔形，长达7mm，下唇极短，具三角形或三角状披针形的裂片3枚，常向外反折。蒴果近球形，长达1cm，2瓣开裂。种子椭圆球形，长约0.5mm。花期5-7月，果期7-9月。

【地理分布】分布于我国黑龙江、吉林、辽宁和内蒙古。朝鲜、日本、俄罗斯及北美洲的部分国家也有分布。生于海拔1500-1800m的山坡、林下低湿处或河边。

【常见寄主】常寄生于桤木属植物根部。

【民间用途】全株入药。常作为肉苁蓉的代用品。具有补肾壮阳、润肠通便的功效。用于缓解肾虚阳痿、腰关节冷痛、便秘等症。

【栽培状况】在东北部分省区有小面积栽培，未见大规模种植报道。

【危　　害】未见大面积危害报道。

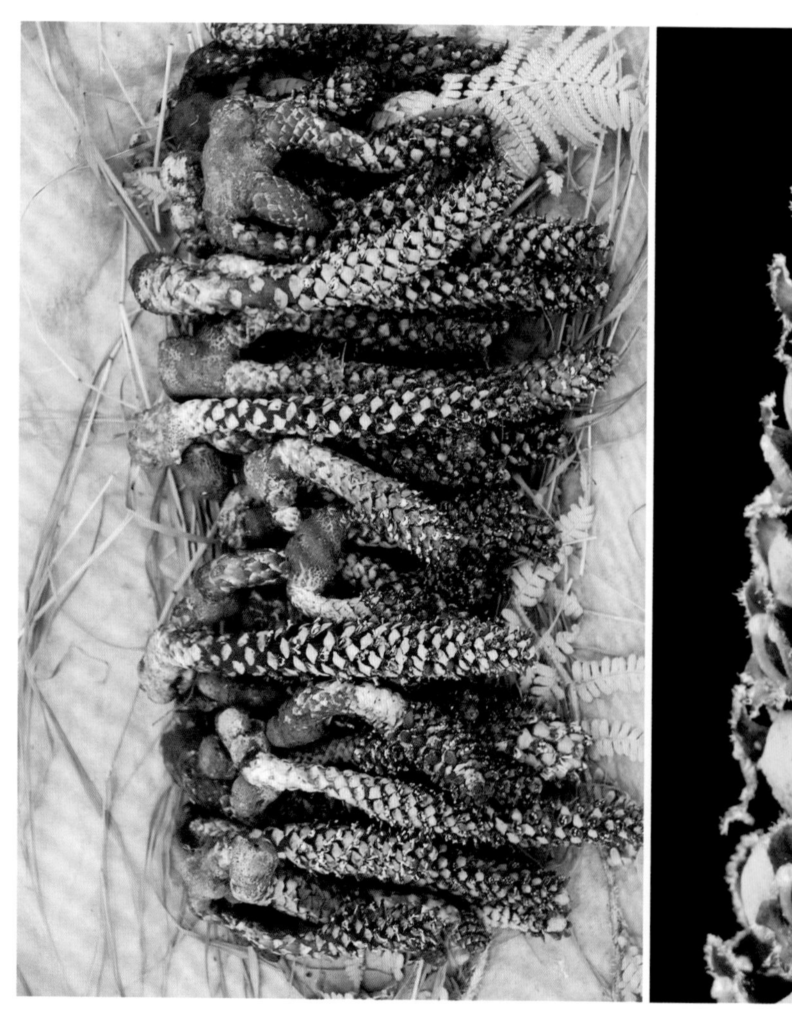

152 假野菰

Christisonia hookeri Clarke

【俗名/别名】花菰、竹花、竹子花。

【形态特征】根部全寄生多年生草本，高达8cm。常数株簇生，近无毛。茎很短，长1-2cm，较少分枝。叶卵形，黄棕色。花常簇生于茎顶；苞片长圆形或卵形，长达1cm，宽约5mm，具极短的梗或无梗；花萼筒状，长达3cm，萼齿三角形或披针形，5枚不等大；花冠多为白色，偶见淡紫色，筒状，长达7cm，具近圆形全缘的裂片5枚。蒴果卵球形。种子细小。花期5-8月，果期8-9月。

【地理分布】分布于我国广东北部和南部、海南、广西西南部、四川、贵州东部和云南东南部。印度、老挝、斯里兰卡和泰国也有分布。常生于海拔1500-2000m的竹子林下或田边。

【常见寄主】常寄生于竹子、高粱、玉米等禾本科植物及茎花崖爬藤的根部。

【民间用途】全株入药。具有清热解毒和除湿等功效。用于缓解咽喉肿痛、扁桃体炎、痈肿疮毒、皮肤瘙痒等病症。

【栽培状况】未见报道。

【危　　害】未见大面积危害报道。

153 肉苁蓉

Cistanche deserticola Ma

【俗名/别名】苁蓉、大芸。

【形态特征】根部全寄生多年生草本，高达160cm。肉质茎大部分长在地下，不分枝或自基部分枝2-4条。叶黄褐色，宽卵形或三角状卵形，长达1.5cm，宽达2cm。穗状花序，长50cm或更长，直径达7cm；苞片卵状披针形、披针形或线状披针形，长于花冠或等长；花萼钟状，长达1.5cm，5枚萼齿均近圆形；花冠淡黄白色或淡紫色，筒状钟形，长达4cm，顶端具近半圆形的裂片5枚，宽达1cm，边缘多外卷；药室基部有小尖头。蒴果卵球形，长达2.7cm，常2瓣开裂。种子椭圆形或近卵形，长约1mm。花期5-6月，果期6-8月。

【地理分布】中国特有种，分布于内蒙古、宁夏、甘肃和新疆。生于海拔200-1200m的沙地，多见于长有梭梭的沙丘。

【常见寄主】主要寄生于梭梭及白梭梭的根部。

【民间用途】茎入药，有“沙漠人参”之称。具有补精血、益肾壮阳、抗衰老、润肠通便等功效。用于缓解肾虚阳痿、腰关节冷痛、记忆力衰退、大便干结等病症。

【栽培状况】在内蒙古、宁夏、甘肃及新疆有大面积人工栽培。

【危　　害】未见大面积危害报道。

154 蒙古肉苁蓉

Cistanche mongolica Beck

【俗名/别名】管花肉苁蓉。

【形态特征】根部全寄生多年生草本，高达100cm。植株直立。茎大部分生长于地下，地上不分枝。叶乳白色，三角形或披针状三角形，长达3cm，宽约5mm。穗状花序，长达18cm，直径达6cm；苞片长圆状披针形或卵状披针形，长达2.7cm；花萼筒状，长达1.8cm，开裂至近中部，萼齿乳白色，长卵状三角形或披针形，5枚近等大；花冠筒部常呈黄白色，裂片带紫色，筒状漏斗形，长4cm，顶端5裂，裂片近圆形，略相等，宽约1cm，不被毛；药室基部钝圆，不具小尖头。蒴果长圆形，长达1.2cm。种子近圆形，黑褐色。花期5-6月，果期7-8月。

【地理分布】分布于我国新疆南部。巴基斯坦、印度、俄罗斯、阿拉伯半岛及非洲北部的多个国家也有分布。生于海拔1200m以下沙丘地的柽柳丛。

【常见寄主】主要寄生于柽柳属植物根部。

【民间用途】以茎入药。具有补精血、益肾壮阳、润肠通便、调节机体免疫力等功效。用于缓解肾虚阳痿、腰关节冷痛、大便干结、免疫力下降等病症。

【栽培状况】在新疆和田地区人工栽培取得成功，并初具规模。

【危　　害】未见大面积危害报道。

155 盐生肉苁蓉

Cistanche salsa (Meyer) Beck

【俗名/别名】不详。

【形态特征】根部全寄生多年生草本，高达45cm。植株直立，肉质茎不分枝或偶见从基部分2或3枝。叶卵状长圆形或卵状披针形，长达1.6cm，宽达8mm，不被毛。穗状花序，长达20cm，直径达7cm；苞片卵形或长圆状披针形，长约为花冠的1/2，疏被柔毛；花萼淡黄色或白色，钟状，长度约为花冠的1/3，具卵形或近圆形的萼齿5枚，浅裂、近等大；花冠筒近白色或淡黄白色，裂片紫色或淡紫色，筒状钟形，长达4cm，5枚裂片近圆形，长、宽均约6mm；花药长卵形，基部具小尖头。蒴果卵形或椭圆形，长达1.4cm。种子近球形，直径约0.5mm。花期5-6月，果期7-8月。

【地理分布】分布于我国内蒙古、甘肃、青海和新疆。哈萨克斯坦、吉尔吉斯斯坦、塔吉克斯坦、蒙古国、土库曼斯坦、乌兹别克斯坦及亚洲西南部的多个国家也有分布。生于海拔700-2700m荒漠草原带的湖盆低地及盐碱较重的地区。

【常见寄主】常在藜科、柽柳科、禾本科植物的根部寄生，比较多见的寄主有盐爪爪、细枝盐爪爪、尖叶盐爪爪、珍珠柴、白刺、红砂和芨芨草等。

【民间用途】以茎入药或全株入药。具有补精血、益肾壮阳、润肠通便的功效。主要用于缓解阳痿遗精、腰膝冷痛、血虚便秘等症。

【栽培状况】未见报道。

【危　　害】未见大面积危害报道。

156 沙苁蓉
Cistanche sinensis Beck

【俗名/别名】不详。

【形态特征】根部全寄生多年生草本，高达70cm。植株直立，茎亮黄色，常不分枝或自茎基分2-4枝。叶卵状三角形或卵状披针形，长达2cm，宽达8mm，几无毛。穗状花序，长达15cm，直径达6cm；苞片卵状披针形或线状披针形，长达2cm，宽达7mm；花萼近钟状，长达2.2cm，具线形或长圆状披针形萼齿4枚，深裂，常开裂至中部或近基部，长达1.2cm；花冠筒状钟形，长达3cm，淡黄色或亮黄色，偶见裂片略带浅红色，干后多变为墨蓝色，裂片5枚，近圆形或半圆形，全缘，长达8mm，宽达1.2cm；花药长卵形，长约4mm，基部具小尖头。蒴果长卵状球形或长圆形，长达1.5cm，直径约1cm。种子长圆状球形，长约0.4mm。花期5-6月，果期6-8月。

【地理分布】中国特有种，分布于内蒙古、甘肃、宁夏和新疆东北部。生于海拔1000-2400m的荒漠草原带及荒漠区的沙质地、砾石地或丘陵坡地。

【常见寄主】常见寄主有红砂、珍珠柴、沙冬青、西藏锦鸡儿、霸王、四合木、绵刺等。

【民间用途】全株入药。具有温阳益精、润肠通便等功效。主要用于缓解肾虚阳衰、便秘等症。

【栽培状况】未见报道。

【危　　害】未见大面积危害报道。

157 蘸寄生

Gleadovia ruborum Gamble et Prain

【俗名/别名】石腊竹。

【形态特征】根部全寄生一年生或二年生草本，高达18cm。植株直立，茎圆柱状，粗壮，长达10cm。叶近圆形或卵圆形，顶端稍尖，不被毛。花常数朵簇生于茎顶，具1-2cm短梗或几无梗；苞片长卵形或长圆形，顶稍尖，多生于花梗基部，长达2cm，宽达8mm；花萼筒状钟形，长达3cm，具长圆形或三角形的短萼齿5枚，近等大；花冠红色或玫瑰红色，偶有白色，具芳香气味，长达7cm，二唇形，上唇顶端微凹或具2枚半圆形的浅裂片，下唇甚小于上唇，具3枚长圆状披针形的小裂片。蒴果卵球形。种子椭圆形。花期4-8月，果期8-10月。

【地理分布】分布于我国云南西南部、广西北部、湖南西部、湖北和四川。印度也有分布。生于海拔900-3500m的潮湿林下或灌丛。

【常见寄主】常寄生于悬钩子属植物根部。

【民间用途】全株药用。具有抗病毒活性。用于调理梅毒。

【栽培状况】未见报道。

【危　　害】未见大面积危害报道。

158 齿鳞草

Lathraea japonica Miquel

【俗名/别名】不详。

【形态特征】根部全寄生多年生草本，高达30cm。植株直立，茎高达20cm，常从基部分枝或不分枝，茎下部几无毛，上部生黄褐色腺毛。叶生于茎基，白色，菱形或宽卵圆形，长约1mm。总状花序，密被黄褐色腺毛；苞片卵状披针形或披针形，长达1cm；花无小苞片；花梗长不超过1cm；花萼钟状，长约9mm，具三角形的萼齿4枚，不等大；花冠紫色或蓝紫色，长约1.7cm，筒部比花萼长，白色，上唇盔状全缘或顶端微凹，下唇短于上唇，具半圆形全缘的裂片3枚。蒴果倒卵形，长约7mm。种子浅黄色，不规则球形，直径约2mm。花期3–5月，果期5–7月。

【地理分布】分布于我国陕西南部、甘肃南部、广东北部、四川东南部和贵州北部。日本和朝鲜也有分布。生于海拔1500–2200m的路旁或林下阴湿处。

【常见寄主】常寄生于榛属、桤木属、水青冈属植物的根部。

【民间用途】全株入药。具有解毒、消肿、止痛的功效。

【栽培状况】未见报道。

【危　　害】未见大面积危害报道。

159 矮生豆列当

Mannagettaea hummelii Smith

【俗名/别名】不详。

【形态特征】根部全寄生一年生草本，植株矮小，高罕超5cm。茎极短，仅达1.5cm。叶鳞片状或宽卵状三角形，长和宽均约6mm，不被毛。近头状花序，花常数朵至十几朵簇生于茎顶；苞片长卵形，长达2cm，顶端渐尖，边缘密生长绵毛；花梗长约0.2cm；花萼筒状，长约1.7cm，萼齿5浅裂，分裂式样多变，或均为近等大的三角形，或裂片的顶端2齿裂，或后面1或2枚裂片较小，或后2枚裂片之间深裂至基部；花冠紫色，较小，长较少超过3cm，花筒长远超唇部，上唇全缘或唇端2浅裂，下唇具线形裂片瓣，裂片之间不具褶；雄蕊4枚，花丝着生于距花筒基部1cm处。蒴果长圆形或卵状球形，长约1cm。种子长圆形，长约0.15mm。花期6-7月，果期8-9月。

【地理分布】分布于我国甘肃西南部和青海东南部。俄罗斯也有分布。生于海拔3200-3700m的山坡灌丛及林下。

【常见寄主】常寄生于锦鸡儿属、柳属植物的根部。

【民间用途】全株入药。具有消肿、解毒、止泻等功效。用于缓解无名肿毒、痈肿、腹泻等症状。

【栽培状况】未见报道。

【危　　害】未见大面积危害报道。

160 豆列当

Mannagettaea labiata Smith

【俗名/别名】不详。

【形态特征】根部全寄生一年生草本，高约10cm。植株直立，茎粗短，高罕超3.5cm。叶鳞片状或卵状披针形，长约1.5cm。近头状花序，花常8-10朵簇生于茎顶；苞片卵状披针形，长达2.2cm，顶端渐尖，近无毛；花梗长约0.5cm或几无梗；小苞片线状披针形，长约2cm；花萼筒状，长达3cm，具萼齿5枚，后1枚呈极小的狭三角形，其余4枚近等大；花冠二唇形，干后黄色，长达6cm，筒部长出唇部甚多，上唇长约2cm，全缘，顶端钝圆，下唇长约1.2cm，具3瓣近等大的狭披针形裂片；雄蕊4枚，着生于距筒基部约1cm处。蒴果。花期6-7月。

【地理分布】中国特有种，分布于四川西北部。生于海拔3600m左右的山坡灌丛或林下。

【常见寄主】常寄生于锦鸡儿属植物根部。

【民间用途】全株入药。具有清热解毒、消肿、止泻等功效。用于缓解痈肿疮毒、无名肿毒、腹泻等病症。

【栽培状况】未见报道。

【危　　害】未见大面积危害报道。

161 分枝列当

Orobanche aegyptiaca Persoon

【俗名/别名】瓜列当。

【形态特征】根部全寄生一年生草本，高达50cm。植株直立，茎坚挺，具条纹，在基部或中上部均可分枝，全株密被腺毛。叶卵状披针形，长约1cm，宽约3mm。穗状花序，长达15cm；苞片卵状披针形或披针形，长达1cm；具2枚小苞片，线形，略长于苞片或近等长；花梗长仅1-2mm或无梗；花萼短钟状，长达1.4cm，开裂至约1/2处，具4或5枚近等大的线状披针形萼齿；花冠蓝紫色，长达3.5cm，花筒长约2cm，上唇2浅裂，长圆形裂片长约6mm，下唇长于上唇，具3枚近圆形或卵形的裂片；雄蕊4枚，花丝着生于距筒基约6mm处。蒴果长圆形，长达1.2cm。种子长卵形，长约0.5mm。花期4-6月，果期6-8月。

【地理分布】主要分布于我国新疆。阿富汗、孟加拉国、印度、尼泊尔、巴基斯坦、哈萨克斯坦、吉尔吉斯斯坦、俄罗斯、塔吉克斯坦、土库曼斯坦、乌兹别克斯坦等以及非洲北部和亚洲西南部多地也有分布。生于海拔100-1400m的农田或庭园。

【常见寄主】多寄生于瓜类植物根部，在其他植物上也可寄生。常见寄主有西瓜、香瓜、黄瓜、向日葵及番茄等。

【民间用途】全株药用。具有补肾助阳、强筋骨、润肠、止泻等功效。用于缓解阳痿遗精、腰膝冷痛、血虚便秘、腹泻等症状。

【栽培状况】未见报道。

【危　　害】在新疆严重危害甜瓜、西瓜、籽瓜、番茄等重要经济作物。

162 白花列当
Orobanche alba Stephan

【俗名/别名】不详。

【形态特征】根部全寄生一年生草本，高达65cm。植株直立，全株被短腺毛。茎粗壮。叶黄褐色，卵状披针形或披针形，长达3cm。穗状花序，长达22cm；苞片披针形，长达2.5cm；无小苞片；花无梗或梗极短；花萼杯状，常2深裂至基部或近基部，裂片卵圆形或披针形，长达1.5cm；花冠黄色或黄褐色，偶见白色，钟状，长达2.5cm，上唇全缘或微凹，下唇较上唇稍短，具3枚边缘具细齿的近圆形裂片；雄蕊4枚，花丝着生于距筒基约4mm处。蒴果长圆形，长达1.2cm。种子长圆形，长约0.35mm。花期4-6月，果期7-8月。

【地理分布】分布于我国四川西北部和西藏东南部。阿富汗、尼泊尔、巴基斯坦、土库曼斯坦及亚洲西南部和欧洲多地也有分布。生于海拔2500-3700m的山坡及路旁草丛。

【常见寄主】常寄生于唇形科牛至属、菊科亚菊属植物的根部。

【民间用途】根或全株入药。具有凉血解毒的功效。用于缓解食欲不振、疼痛、烧伤、烫伤等症状。

【栽培状况】未见报道。

【危　　害】未见大面积危害报道。

163 美丽列当

Orobanche amoena Meyer

【俗名/别名】不详。

【形态特征】根部全寄生二年生或多年生草本，高达30cm。植株直立，被稀疏短腺毛或近无毛。茎在地上部不分枝，基部略增粗。叶卵状披针形，长达1.5cm，宽约0.5cm。穗状花序，长达12cm；苞片卵状披针形，长达1.2cm；无小苞片；花无梗或近无梗；花萼杯状，长达1.4cm，2裂达基部或近基部，萼裂片顶端2浅裂；花冠近直立或斜生，长达3.5cm，筒部淡黄白色，裂片常为蓝紫色，上唇2裂，裂片半圆形或近圆形，长达3.5mm，宽达5mm，下唇较上唇长，具3枚近圆形裂片；花丝着生于距筒基约8mm处。果实椭圆状长圆形，长达1.2cm。种子长圆形，长约0.45mm。花期5-6月，果期6-8月。

【地理分布】分布于我国陕西、山西、河北、辽宁、内蒙古和新疆。伊朗、阿富汗、巴基斯坦、哈萨克斯坦、吉尔吉斯斯坦、蒙古国、塔吉克斯坦、土库曼斯坦和乌兹别克斯坦也有分布。生于海拔600-1500m的沙质山坡。

【常见寄主】常寄生于菊科蒿属及豆科植物的根部。

【民间用途】全株入药。具有补肾助阳、强筋健骨、润肠通便、止泻等功效。用于缓解阳痿遗精、腰膝冷痛、大便干结、腹泻等症状。

【栽培状况】未见报道。

【危　　害】未见大面积危害报道。

164 光药列当
Orobanche brassicae Novopokrovsky

【俗名/别名】不详。

【形态特征】根部全寄生一年生草本，高达30cm。植株直立，密被短腺毛。茎在基部分枝，常纤细。叶卵形，长约1cm。穗状花序，长达10cm；苞片卵状披针形，长约8mm，顶端急尖；具2枚线形的小苞片，长约7mm，顶端钻状；花萼长约8mm，具近等大的披针形萼齿4枚；花冠淡蓝色，长达2cm，上唇2浅裂，裂片近三角形，下唇具3瓣半圆形或近圆形的裂片，具细齿，裂片间无褶；花药卵球形，无毛，基部具短尖。蒴果卵球形。种子近球形，直径约0.4mm。花期3-5月，果期5-8月。

【地理分布】分布于我国福建。亚洲西部和南部及欧洲的罗马尼亚、保加利亚、俄罗斯等多个国家均有分布。生于海拔较低区域的草丛或灌木丛。

【常见寄主】常寄生于十字花科圆白菜、菊科等植物的根部。

【民间用途】不详。

【栽培状况】未见报道。

【危　　害】未见大面积危害报道。

165 弯管列当

Orobanche cernua Loefling

【俗名/别名】二色列当、欧亚列当、向日葵列当。

【形态特征】根部全寄生一年生、二年生或多年生草本，高达35cm。植株直立，全株密生腺毛。茎黄褐色，圆柱状，直径达1.5cm，地上部分不分枝。叶三角状卵形或卵状披针形，长达1.5cm。穗状花序，长达30cm；苞片卵形或卵状披针形，长达1.5cm；无小苞片；花无梗或近无梗；花萼钟状，长达1.2cm，2深裂至基部，裂片顶端常2浅裂；花冠长达2.2cm，筒部淡黄色或蓝紫色，裂片淡紫色或淡蓝色，在花筒基部约1/3处呈膝状弓曲而前俯，上唇2浅裂，下唇略短于上唇，具近圆形的3枚裂片。蒴果长圆形或长圆状椭圆形，长达1.2cm。种子长椭圆形，长约0.5mm。花期5-7月，果期7-9月。

【地理分布】分布于我国吉林西部、内蒙古、河北、甘肃、山西、陕西、四川、青海、新疆和西藏西部。阿富汗、哈萨克斯坦、吉尔吉斯斯坦、蒙古国、尼泊尔、巴基斯坦、塔吉克斯坦、土库曼斯坦、乌兹别克斯坦、俄罗斯等国家也有分布。生于海拔500-3000m的草原、山坡、林下、路边或沙丘。

【常见寄主】常寄生于蒿属植物及多种农作物如谷类、茄子、烟草、番茄等的根部。

【民间用途】全株入药。具有补肾助阳、强筋壮骨等功效。主要用于缓解炭疽、阳痿、腰腿酸软、神经官能症、小儿腹泻等。

【栽培状况】未见报道。

【危　　害】大面积发生时对多种农作物有严重危害。

166 列当

Orobanche coerulescens Stephan

【俗名/别名】兔子拐棍、独根草（内蒙古）、草苁蓉、北亚列当。

【形态特征】根部全寄生二年生或多年生草本，高达50cm。植株直立，全株密被长绵毛。茎直立，具明显条纹，地上部分不分枝。叶黄色或黄褐色，卵状披针形，长达2cm。穗状花序；苞片长达2cm，卵状披针形，顶端尾状渐尖；无小苞片；无梗或近无梗；花萼杯状，长达1.5cm，2深裂近基部，每枚裂片又具2浅裂；花冠深蓝色、蓝紫色或淡紫色，长达2.5cm，筒部约1/3处稍缢缩，花冠外倾，但不下俯，上唇2浅裂，下唇具3枚近圆形或长圆形的裂片。蒴果卵状长圆形或圆柱形，长约1cm。种子不规则椭圆形或长卵形，长约0.3mm。花期4-7月，果期7-9月。

【地理分布】广泛分布于我国东北、华北、西北以及山东、湖北、四川、云南和西藏。朝鲜、日本、尼泊尔、俄罗斯及中亚的多个国家也有分布。生于海拔800-4000m的沙丘、山坡及沟边草地。

【常见寄主】常寄生于蒿属植物根部。

【民间用途】全株入药。具有补肾壮阳、强筋健骨、润肠通便、利水消肿等功效。用于缓解阳痿早泄、腰酸腿软、神经官能症、小儿腹泻、无名肿痛等。

【栽培状况】未见报道。

【危　　害】未见大面积危害报道。

167 毛药列当

Orobanche ombrochares Hance

【俗名/别名】不详。

【形态特征】根部全寄生二年生或多年生草本，高达30cm。植株直立，全株密生蛛丝状白色长绵毛。茎直立，不分枝。叶狭卵状披针形或披针形，长达2.2cm。穗状花序，长达15cm；苞片狭卵状披针形或披针形；无小苞片；花无梗或近无梗；花萼长达1.2cm，2裂几达基部，裂片顶端又具2浅裂；花冠深蓝色或蓝紫色，长达2.5cm，斜生，上唇2浅裂，下唇略长于上唇，具3枚长圆形裂片；雄蕊4枚，花丝生于花筒中部；花药卵球形，长约2mm，密被白色绵毛状长柔毛。蒴果长圆形，长约1cm。种子近圆形或长圆形，长约0.3mm。花期4-7月，果期7-10月。

【地理分布】中国特有种，分布于河北、山西、陕西、辽宁和内蒙古。生于海拔600-1500m的砂质山坡。

【常见寄主】可寄生于菊科等多种植物根部。

【民间用途】全株入药。具有补肾壮阳、强筋健骨等功效。主要用于缓解阳痿遗精、腰膝酸软等症。

【栽培状况】未见报道。

【危　　害】未见大面积危害报道。

168 黄花列当

Orobanche pycnostachya Hance

【俗名/别名】独根草。

【形态特征】根部全寄生二年生或多年生草本，高达50cm。植株直立，茎不分枝，基部膨大，全株密生腺毛。叶卵状披针形或披针形，黄色或黄褐色，长达2.5cm，宽达8mm。穗状花序，长达20cm；苞片卵状披针形，长达2cm，宽达6mm，顶端渐尖；无小苞片；花无梗或近无梗；花萼长达1.5cm，2深裂至基部，每枚裂片又具2浅裂；花冠黄色，长达3cm，上唇2浅裂，下唇比上唇长，具近圆形裂片3枚，中裂片较大；雄蕊4枚，花丝生于距筒基约5mm处，花药长卵形，沿缝线被长柔毛。蒴果卵球形，长约1cm。种子卵球形，长约0.4mm。花期4-6月，果期6-8月。

【地理分布】分布于我国安徽、河南、山东、陕西及东北和华北的多个省区。朝鲜、蒙古国和俄罗斯也有分布。生于海拔200-2500m的沙丘、山坡及草原。

【常见寄主】多寄生于蒿属植物根部。

【民间用途】全株入药。具有补肾助阳、强筋健骨、利水消肿等功效。用于缓解炭疽、阳痿、腰腿酸软、神经官能症、小儿腹泻、无名肿痛等。

【栽培状况】未见报道。

【危　　害】未见大面积危害报道。

169 滇列当

Orobanche yunnanensis (Beck) Handel-Mazzetti

【俗名/别名】不详。

【形态特征】根部全寄生二年生或多年生草本，高达25cm。植株直立，茎不分枝，全株密生腺毛。叶卵状披针形，长达1.5cm，宽达6mm。穗状花序，长达12cm；苞片卵状披针形或披针形，长达1.8cm，顶端渐尖；无小苞片；花几无梗；花萼长达1.5cm，萼齿2枚深裂至基部，顶端2浅裂或全缘；花冠多为肉红色，偶见黄褐色，长达1.8cm，弧状弓曲，上唇前伸，长约6mm，顶端微凹，下唇长约为上唇的1/2，具3枚半圆形并外折的裂片；花丝生于距筒基约2mm处。蒴果椭圆形，长约8mm。种子长椭圆形，长约0.3mm。花期5-6月，果期7-8月。

【地理分布】中国特有种，分布于云南北部、四川西南部和贵州西部。生于海拔2200-3400m的多砂石坡地。

【常见寄主】常寄生于唇形科牛至属植物根部。

【民间用途】全株入药。具有补肾助阳、强筋健骨、利水消肿等功效。用于缓解阳痿遗精、小儿麻痹、肢体消瘦、无名肿痛等症。

【栽培状况】未见报道。

【危　　害】未见大面积危害报道。

170 黄筒花

Phacellanthus tubiflorus Siebold et Zuccarini

【俗名/别名】不详。

【形态特征】根部全寄生多年生草本，高达11cm。植株直立，茎单生或簇生，不分枝，全株几无毛。叶黄褐色或淡黄色，卵状三角形或狭卵状三角形，常稀疏地螺旋状排列于茎上，长达1cm，宽约4mm，顶端尖。近头状花序，花多数簇生于茎顶；苞片1枚，宽卵形至长椭圆形，长达2.3cm；花几无梗；无花萼；花冠筒状二唇形，白色或浅黄色，长达3.5cm，筒部不膨大，长达3cm，上唇端部微凹或2浅裂，下唇比上唇短，具3枚近等大的长圆形裂片，裂片间有褶；雄蕊4枚，生于距筒基约1cm处；子房椭圆球形，侧膜胎座4-6个。蒴果长圆形，长达1.4cm。种子卵球形，长约0.4mm。花期5-7月，果期7-8月。

【地理分布】分布于我国浙江、湖北、湖南、陕西、甘肃和吉林。朝鲜、日本和俄罗斯也有分布。生于海拔800-1400m的林下。

【常见寄主】常寄生于木樨科梣属植物根部。

【民间用途】全株入药。具有补肝益肾、强腰健膝、清热解毒等功效。用于缓解头晕目眩、神经衰弱、腰膝冷痛、肠炎、无名肿毒等。

【栽培状况】未见报道。

【危　　害】未见大面积危害报道。

第三章　桑寄生科寄生植物

桑寄生科Loranthaceae是檀香目中寄生植物种类最多的一个科。桑寄生科的寄生植物为常绿灌木、亚灌木或小乔木，少数种类为乔木。该科寄生植物均具绿色叶片、有光合能力，多数为茎部半寄生类型，常寄生于双子叶木本植物的茎干或枝上，极少数种类可寄生于裸子植物，但罕见寄生于单子叶植物。桑寄生科中也有部分种类寄生于寄主根部，属于根部半寄生类型，如金榄檀属*Atkinsonia*、金桂檀属*Gaiadendron*和金焰檀属*Nuytsia*的寄生植物。

世界范围内正式收录的桑寄生科寄生植物共76属1046种，在我国分布的有8属52种，均为茎部半寄生植物，包括钝果寄生属*Taxillus* 19种、梨果寄生属*Scurrula* 10种、离瓣寄生属*Helixanthera* 7种、桑寄生属*Loranthus* 6种、鞘花属*Macrosolen* 5种、大苞鞘花属*Elytranthe* 2种、大苞寄生属*Tolypanthus* 2种和五蕊寄生属*Dendrophthoe* 1种。桑寄生科的寄生植物主要分布于热带和亚热带地区，少数种类分布于温带地区，在南半球有更为广泛的分布范围和更高的物种丰富度。我国各省区均有桑寄生科寄生植物分布。

桑寄生科植物叶片为单叶，披针形至卵圆形，通常对生，少数互生或轮生；叶片全缘，没有托叶。花通常较大，多为两性花，个别种类为单性花，辐射对称或两侧对称，花序多样，包括总状、穗状、聚伞状等，极少数种类的花单生；副萼呈杯状或环状，全缘或具齿；花被片呈花瓣状，常3–6枚镊合状排列，部分种类可达8枚。果实多为浆果，仅含1粒种子，中果皮含有丰富的果胶。种子中有发达的胚乳，富含叶绿素，没有种皮，多在秋、冬季节成熟。桑寄生科寄生植物的传粉主要依靠鸟类，部分具有小型花朵的种类则依靠昆虫传粉。鸟类是该科植物主要的种子传播者，一些脊椎动物也可以帮助部分种类传播种子。

桑寄生科茎部半寄生植物的种子通常没有休眠特性，被鸟类取食果肉后吐出或经消化道随粪便排出后，借助其外面黏稠的果胶物质粘固在枝条上，在温度、湿度条件合适的情况下，不需要寄主信号诱导，数日内即可萌发长出绿色的胚根。胚根顶端与寄主接触后形成吸盘，逐步分化形成顶生吸器，侵入寄主皮层并与寄主维管束建立连接，获取寄主的大量养分和水分。生长一段时间后，分化发育出皮表根（epicortical root），沿寄主枝干蔓延并产生大量侧生吸器，植株不断发展壮大，开花、结实，并进行新一轮种子的散布（图3.1）。

桑寄生科的多数寄生植物具有较广的寄主范围，对寄主的特异性选择水平通常较低；但一些种类对寄主有比较明显的选择偏好。桑寄生科寄生植物的吸器主要通过木质部与寄主的维管束相连，有时也会连接韧皮部。这些寄生植物除从寄主中获取矿质养分外，还可从寄主中吸收大量碳水化合物，某些种类体内一半以上的碳水化合物来源于寄主。桑寄生科的少数种类是重寄生植物，可寄生于其他桑寄生科的寄生植物上，形成重寄生现象。与列当科的根部半寄生植物相似，桑寄生科的茎部半寄生植物也具有非常高的蒸腾速率，有助于其形成强大的蒸腾拉力而从寄主中获取资源。

桑寄生科除金榄檀属、金桂檀属和金焰檀属的根部半寄生植物仅形成侧生吸器外，其余物种均产生粗壮的顶生吸器，与寄主建立寄生关系（图3.2A和B），多数种类随后长出皮表根，沿寄主枝干

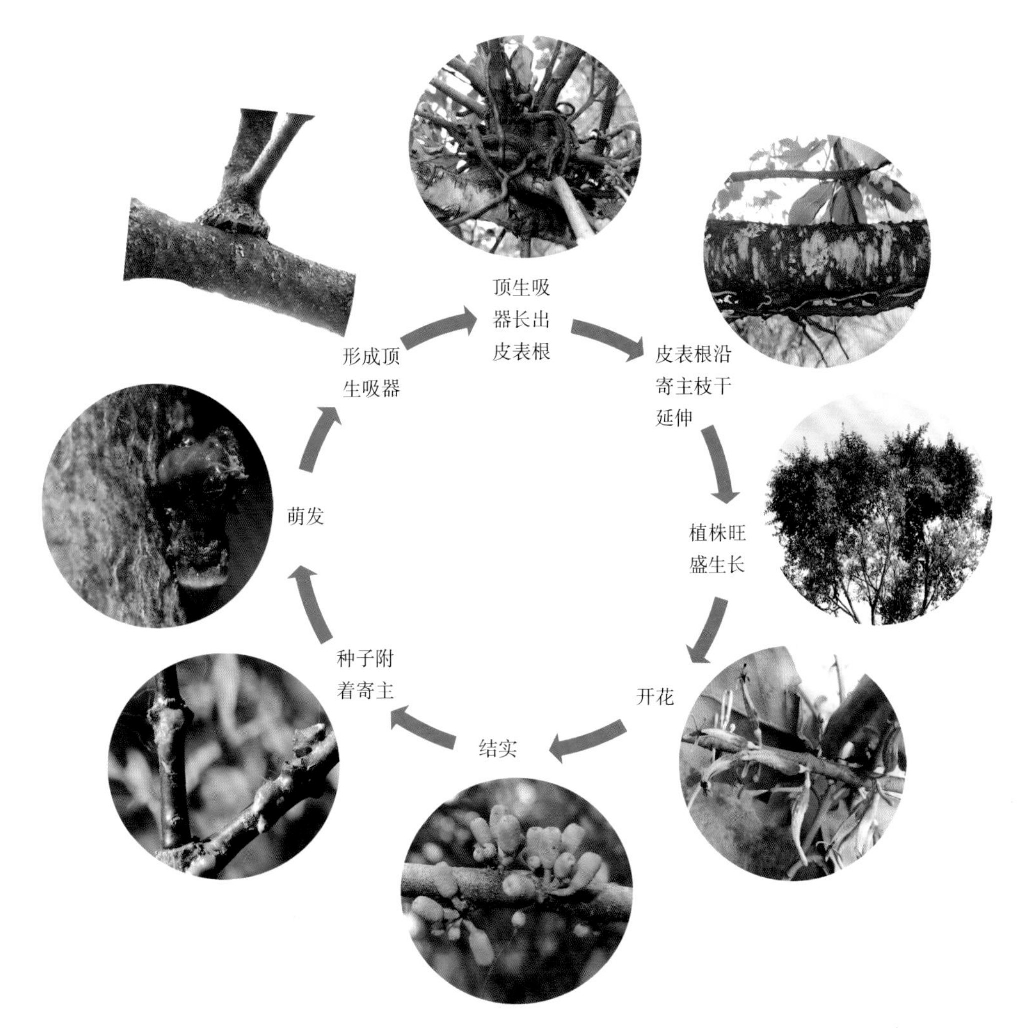

图3.1　桑寄生科茎部半寄生植物的生活史（以桑寄生 *Taxillus sutchuenensis* 为例）

种子粘附在寄主上后，不需要寄主信号诱导，环境条件合适即可萌发，绿色的胚根顶端与寄主接触后形成吸盘，逐步分化形成顶生吸器，之后分化发育出皮表根，沿寄主枝干蔓延并产生大量侧生吸器，植株不断发展壮大，开花、结实，并进行新一轮种子的散布和附着

蔓延并产生多个侧生吸器（图3.2C）。皮表根的存在是桑寄生科植物区别于槲寄生科植物的一个重要特征。多数情况下皮表根上不长枝条，但在比较原始的种类中，也可直接从皮表根上产生侧生吸器的地方长出枝条（图3.2D）。多数桑寄生科寄生植物形成的吸器结构比较简单，木质部完整，吸器和寄主接触界面比较清晰（图3.2E）。桑寄生科寄生植物的吸器在多数情况下并不形成侵入寄主皮层的侵入体（endophyte），而是诱导寄主的木质部异常增殖生长（图3.2F），甚至形成一种被称为木玫瑰状（woodrose-like）的结构，通过这些结构与寄主的维管束相连，从寄主中获取养分和水分。桑寄生科寄生植物的吸器与寄主有明显的木质部连接，尽管是否有韧皮部连接存在种间差异，但所有种类均可从寄主中获取有机养分。

桑寄生科的寄生植物通常生长十分茂盛（图3.3A），可改变寄主的生理调节能力，使被寄生部位周边枝干的激素代谢紊乱、养分分配失衡，局部枝条出现疯长现象而呈明显的灌丛状（图3.3B），危害严重的一棵寄主上桑寄生的灌丛可多达数十个（图3.3C–E），严重影响树形和木材生长，甚至导致寄主死亡。

桑寄生科寄生植物对寄主的危害程度受多种因素的综合影响，包括寄生植物的生长速度和大小、寄主植物的种类和树龄、养分供应状况等。部分种类对林木生长有较大危害，严重时可导致大面积减产或绝收。研究表明，桑寄生科寄生植物更偏好感染和聚集在树种较为单一的种植园中。在造林设计和管理模式上，可通过增加树种多样性降低桑寄生感染率。由于桑寄生科寄生植物的种子主要由鸟类传播，鸟类活动频繁的林区往往受害较重。传播桑寄生科植物种子的鸟类多样，因地区不同而异，我国常见的有寒雀、画眉、斑鸠、乌鸦等。

图3.2　桑寄生科茎部半寄生植物产生的吸器

A：毛叶钝果寄生 *Taxillus nigrans* 在柳树上产生的顶生吸器；B：桑寄生 *T. sutchuenensis* 在板栗树上产生的顶生吸器；C：毛叶钝果寄生在山茶树上产生的皮表根沿寄主枝干蔓延并产生多个侧生吸器；D：毛叶钝果寄生在柳树上产生的皮表根在产生侧生吸器的地方长出枝条；E：毛叶钝果寄生在柳树上产生的侧生吸器解剖结构，吸器（颜色较浅的部分）和寄主接触界面比较清晰；F：毛叶钝果寄生的吸器诱导柳树的木质部异常增殖生长，在枝干形成突起

图3.3　桑寄生科茎部半寄生植物的危害特征

A：红花寄生 *Scurrula parasitica* 生长旺盛，占据树冠的上部空间；B：毛叶钝果寄生 *Taxillus nigrans*（左）抢占板栗树的一半枝干；C：法国梧桐上的桑寄生 *T. sutchuenensis* 灌丛；D：杨树上的桑寄生灌丛；E：桑寄生灌丛严重影响树势

目前防除桑寄生科寄生植物最有效的方法是彻底砍除受危害的枝条，且在砍除枝条时，要将切口朝距离寄主植物主干最近的寄生植物附着点移出30cm以上，并检查切口处，避免遗留下皮层内部的寄生组织，以确保砍除彻底，杜绝残余组织再生从而形成新的寄生灌丛。通常来说，寄主植物在冬季多已落叶，更容易发现桑寄生科植物寄生的灌丛，且这个季节剪枝对寄主伤害相对较小，是清除桑寄生科寄生植物的理想季节。

桑寄生科寄生植物也不完全一无是处，它们对所在生态系统也有积极的影响。这些寄生植物的花色和果色通常十分鲜艳，且花蜜较多、果实营养丰富，是热带地区鸟类或部分脊椎动物果实及蜜源的主要来源。在其他植物凋零的季节，桑寄生科寄生植物在树枝上形成的茂密灌丛常吸引鸟类筑巢栖息。这些寄生植物的叶片中富含矿质养分，特别是氮含量较高，其凋落的叶片以及其吸引的动物的排泄物会增加林下土壤养分含量，促进养分循环，进而影响林下生物群落的互作和多样性水平。此外，桑寄生科的部分寄生植物可作为药用植物，如桑寄生为常用中药材，具有一定的保健功能。

171 五蕊寄生

Dendrophthoe pentandra (Linnaeus) Miquel

【俗名/别名】乌榄寄生。

【形态特征】茎部半寄生灌木，高达2m。幼芽密被灰色短星状毛。小枝灰褐色，皮孔明显。叶互生或近对生，革质，无毛，叶形多变，多为椭圆形，长达13cm，宽达8.5cm；叶柄长达2cm；侧脉明显，2-4对。总状花序，1-3个腋生或簇生；花梗长约2mm；苞片阔三角形；花初呈青白色，逐渐转为红黄色，花托卵球形或坛状，长达3mm；花冠长约2cm，5深裂，披针形裂片长约1.2cm，常反折。果实卵球形，长达1cm，基钝顶狭，果熟时红色，果皮有稀疏毛或平滑。花果期12月至翌年6月。

【地理分布】分布于我国云南、广西和广东。孟加拉国、马来西亚、泰国、柬埔寨、老挝、越南、印度尼西亚、菲律宾也有分布。常见于海拔20-1600m的平原或山地常绿阔叶林。

【常见寄主】寄主范围较广，可寄生于茶、番橄榄、杧果、乌榄、白榄、木油桐、黄皮、木棉、榕树、番荔枝等多种植物的枝干。

【民间用途】全株入药。用于缓解天花、糖尿病、结肠癌、溃疡、痢疾、风湿性关节炎、气管炎和产后痛风、缺乳等症。

【栽培状况】云南、广西等地有零星栽培。

【危　　害】未见大面积危害报道。

172 大苞鞘花

Elytranthe albida (Blume) Blume

【俗名/别名】不详。

【形态特征】茎部半寄生灌木，高达3m。植株光滑无毛。枝条披散，老枝粗糙，多呈灰色。叶对生，革质，长椭圆形至长卵形，长达16cm，宽达6cm，基部圆钝，顶端短尖；叶柄长约3cm。穗状花序，1-3个腋生，具花2-4朵；苞片卵形，具脊棱，长达1cm，顶端急尖；花冠红色，长约7cm，花冠管上半部具6条浅棱，下半部略膨胀，裂片披针形，6枚，长约2cm，常反折。果实球形，长约3mm，顶端常具宿存的副萼和乳头状花柱基。花期11月至翌年4月。

【地理分布】分布于我国云南西南部、南部和东南部。缅甸、泰国、老挝、越南、马来西亚和印度尼西亚也有分布。多见于海拔1000-2300m的山地常绿阔叶林。

【常见寄主】常寄生于山茶属、栎属、榕属植物的枝干。

【民间用途】全株入药。用于肝癌的辅助调理。

【栽培状况】未见报道。

【危　　害】未见大面积危害报道。

173 离瓣寄生

Helixanthera parasitica Loureiro

【俗名/别名】五瓣桑寄生。

【形态特征】茎部半寄生灌木，高达1.5m。枝叶光滑无毛。小枝披散状。叶对生，纸质或薄革质，卵形或卵状披针形，长达12cm，宽达4.5cm，叶基阔楔形，顶端狭尖；侧脉明显；叶柄长达1.5cm。总状花序，1或2个腋生，长达10cm；花量大，可达60朵以上；花梗较短，长1-2mm；苞片卵圆形或近三角形；花红色、淡红色或淡黄色，花托椭圆状；花冠下半部略膨大，具5条明显拱起的棱，花瓣5枚，长约8mm，上半部披针形，反折。果实椭圆形，红色，长约6mm，表面有乳头状毛。花期1-7月，果期5-8月。

【地理分布】分布于我国西藏、云南、广西、贵州、广东和福建等地。印度、缅甸、马来西亚、泰国、柬埔寨、老挝、越南、印度尼西亚、菲律宾等国家也有分布。多见于海拔20-1800m的沿海平原或山地常绿阔叶林。

【常见寄主】常寄生于锥属、山茶属、柯属、樟属、榕属、油桐属、楝属等植物的枝干。

【民间用途】全株入药。用于祛风湿、止咳、止痢，缓解疟疾和肺结核、减缓癌细胞转移等。在菲律宾的部分地区，人们会采食离瓣寄生的鲜果。

【栽培状况】未见报道。

【危　　害】未见大面积危害报道。

174 油茶离瓣寄生

Helixanthera sampsonii (Hance) Danser

【俗名/别名】不详。

【形态特征】茎部半寄生灌木，高约70cm。幼叶和幼枝密被锈色星状毛，成熟叶片和老枝光滑无毛。小枝灰色，皮孔明显且密集。叶黄绿色，对生，卵形、卵状披针形或椭圆形，长达5cm，叶基宽楔形或楔形，先端钝尖或渐尖，叶面侧脉较明显；叶柄长2-6mm。总状花序，常1或2个腋生，偶见着生于短枝顶端，具2-4朵花；花序梗长达1.5cm；花梗长1-2mm；花红色，被星状毛，花托坛状；花瓣4枚，披针形，长7-9mm，上部反折。果实卵球形，成熟时红色或橙色，长约6mm，顶部骤窄，果皮平滑；花期4-6月，果期8-10月。

【地理分布】分布于我国云南南部、广西、广东、福建和海南。越南北部也有分布。多见于海拔50-1100m的常绿阔叶林或林缘。

【常见寄主】多寄生于油茶或山茶科其他植物的枝干，也可寄生大风子科、樟科、柿科、大戟科、天料木科的多种植物。

【民间用途】叶片泡茶，有减肥降脂功效，用于肥胖症的辅助调理。

【栽培状况】未见报道。

【危　　害】未见大面积危害报道。

175 椆树桑寄生
Loranthus delavayi Tieghem

【俗名/别名】椆寄生。

【形态特征】茎部半寄生灌木，高达1m。植株光滑无毛；小枝淡绿色至灰褐色，皮孔明显，散生，偶见白色蜡被。叶对生或近对生，纸质或革质，卵形至长椭圆形，长达10cm，宽达3.5cm，基部阔楔形，顶端圆钝或略尖；侧脉明显，5或6对；叶柄长约1cm。雌雄异株；穗状花序，长达4cm，1-3个腋生，具花8-16朵；花单性，黄绿色，对生或近对生；花瓣6枚；雄花花瓣匙状披针形，长约5mm，上半部反折；雌花花瓣披针形，长约3mm，开展。果实卵球形，淡黄色，果皮平滑，长约5mm。花期1-3月，果期9-10月。

【地理分布】分布于我国西藏、云南、四川、甘肃、陕西、湖北、湖南、贵州、广西、广东、江西、福建、浙江、台湾。缅甸和越南也有分布。多见于海拔200-3000m的常绿阔叶林。

【常见寄主】常寄生壳斗科植物，偶见寄生于云南油杉、梨树等植物的枝干。

【民间用途】以带叶茎枝入药。用于缓解风湿疼痛、腰膝酸软，也用于骨折后续骨。

【栽培状况】未见报道。

【危　　害】未见大面积危害报道。

176 华中桑寄生

Loranthus pseudo-odoratus Lingelsheim

【俗名/别名】不详。

【形态特征】茎部半寄生灌木，高约0.5m。植株光滑无毛；老枝粗糙，褐色至暗黑色，小枝常被白色蜡被，有稀疏但明显的皮孔。叶对生或近对生，纸质，卵形或长椭圆形，长达10cm，宽达5.5cm，叶基阔楔形，顶端钝或圆钝；侧脉明显，3-5对；叶柄长约7mm。穗状花序，常1-3个腋生，长约2cm，具花4-10朵；花两性，对生或近对生；花冠淡青色；花瓣披针形，6枚，长约2.5mm，开展，但不外翻。果实近球形，淡黄色，果皮平滑。花期2-3月，果期7月。

【地理分布】中国特有种，分布于湖北、四川和浙江。常见于海拔1600-1900m的阔叶林。

【常见寄主】常寄生于栎属、锥属、植物的枝干。

【民间用途】以带叶茎枝入药。用于缓解风湿痹痛、腰膝酸软、筋骨无力，也可用于接骨生肌。

【栽培状况】未见报道。

【危　　害】未见大面积危害报道。

177 北桑寄生

Loranthus tanakae Franchet et Savatier

【俗名/别名】宜枝、枝子、杏寄生。

【形态特征】茎部半寄生落叶灌木，高约1m。植株光滑无毛。茎多呈二歧状分枝，幼枝暗紫色，逐渐变为黑色，常被白色蜡被，皮孔稀疏，但比较明显。叶对生，纸质，倒卵形或椭圆形，长达4cm，宽达2cm，叶基楔形，顶端圆钝或微凹；侧脉较明显，3或4对；叶柄长达8mm。穗状花序，顶生，长约4cm，着花10-20朵；花两性，近对生；花冠淡青色；花瓣披针形，多为6枚，长约2mm，开展。果实球形，橙黄色，果皮平滑，长约8mm。花期5-6月，果期9-10月。

【地理分布】分布于我国四川、甘肃、陕西、山西、内蒙古、河北及山东。日本和朝鲜也有分布。多见于海拔950-2600m的阔叶林。

【常见寄主】多以壳斗科栎属植物为寄主，也可寄生于榆属、李属、桦属等植物的枝干。

【民间用途】常以带茎枝叶代替桑寄生入药。用于缓解风湿痹痛、腰膝酸软、筋骨无力、胎动不安、早期流产、高血压等。

【栽培状况】未见报道。

【危　　害】在秦岭山区和黄土高原分别对锐齿栎和辽东栎造成严重危害。

178 双花鞘花

Macrosolen bibracteolatus (Hance) Danser

【俗名/别名】八角寄生、二苞鞘华。

【形态特征】茎部半寄生灌木，高达1m。植株光滑无毛；小枝灰色，有明显的皮孔。叶革质，卵形、卵状长圆形或披针形，长达12cm，宽达5cm，叶基楔形，顶端渐尖，偶见叶梢圆钝；叶柄短，长约2mm。伞形花序，1-4个腋生，着花2朵；总花梗和花梗长均约4mm；花冠红色或桃红色，长约3.5cm，花冠管下半部膨胀，未开放时喉部有6条明显的黑褐色凸棱，裂片披针形，6枚，长约1.4cm，青色，顶端粉红色，反折。果实长椭圆形，淡红色，果皮平滑，长达1cm。花期11-12月，果期12月至翌年4月。

【地理分布】分布于我国云南、贵州、广西和广东。越南和缅甸也有分布。多见于海拔300-1800m的常绿阔叶林。

【常见寄主】常寄生于樟属、山茶属、五月茶属、山矾属等植物的枝干。

【民间用途】以带叶茎枝入药。主要用于缓解风湿痹痛，对缓解腰膝酸软、关节疼痛或筋骨拘挛也有一定效果。

【栽培状况】未见报道。

【危　　害】未见大面积危害报道。

179 鞘花

Macrosolen cochinchinensis (Loureiro) Tieghem

【俗名/别名】枫木鞘花、杉寄生。

【形态特征】茎部半寄生灌木，高达1.3m。植株光滑无毛；小枝灰色，有明显的皮孔。叶革质，宽椭圆形至披针形，有时卵形，长达10cm，宽达6cm，叶基宽楔形，顶端较尖；侧脉不十分明显，4或5对；叶柄长约1cm。总状花序，1-3个腋生；花序梗长约2cm，着花4-8朵；花冠橙色，长约1.5cm，花冠管膨胀，有6条明显的凸棱，裂片披针形，6枚，在缢缩处反折。果实近球形，橙色，果皮平滑，长约8mm。花期2-6月，果期5-8月。

【地理分布】分布于我国云南、四川、西藏、贵州、广西、广东和福建。尼泊尔、印度、孟加拉国和亚洲东南部的多个国家均有分布。多见于海拔20-1600m的常绿阔叶林。

【常见寄主】常寄生于壳斗科、山茶科、桑科、枫香科、大戟科、松科等多种植物的枝干。

【民间用途】全株入药。以寄生于杉树上的鞘花为佳品，称“杉寄生”，有清热、止咳等功效。

【栽培状况】未见报道。

【危　　害】未见大面积危害报道。

180 梨果寄生

Scurrula atropurpurea (Blume) Danser

【俗名/别名】不详。

【形态特征】茎部半寄生灌木，高达1m以上。幼嫩枝叶密被灰色至黄褐色星状毛；小枝灰褐色，无毛，有稀疏但明显的皮孔。叶对生，薄革质或纸质，卵形或长圆形，长达10cm，宽达6cm，叶基宽楔形，顶端急尖，叶面无毛，叶背被茸毛；侧脉较明显，4或5对；叶柄被毛，长约1cm。总状花序，密被黄褐色星状毛，1-3个腋生；花序梗长约8mm，着花5-7朵；花红色，常密集，花梗长约2mm；花冠长约2.5cm，弯曲，裂片4枚，披针形，长约8mm，反折。果实梨形，被稀疏星状毛，近基部渐狭，长约8mm。花期6-9月，果期11-12月。

【地理分布】分布于我国云南、贵州和广西。泰国、越南、马来西亚、印度尼西亚和菲律宾也有分布。多见于海拔1200-2900m的阔叶林。

【常见寄主】常寄生于楸树、油桐、桑树、枫香树及壳斗科植物的枝干。

【民间用途】枝叶可做茶饮，具有辅助调理宫颈癌、降低血管内膜细胞损伤等功效。

【栽培状况】未见报道。

【危　　害】未见大面积危害报道。

181 滇藏梨果寄生

Scurrula buddleioides (Desrousseaux) Don

【俗名/别名】察隅梨果寄生。

【形态特征】茎部半寄生灌木，高达2m。幼嫩枝叶密被灰黄色星状毛，小枝浅褐色，皮孔明显、散生。叶对生，纸质或革质，卵形或长卵形，长达10cm，宽达8cm，叶基钝圆，叶梢急尖；叶面无毛，叶背被茸毛；侧脉明显，5对；叶柄长约5mm。总状花序，2-5个簇生于叶腋；花序梗长达5mm，具花4-7朵；花红色，密集着生，花序和花均密被灰黄色星状毛；花冠裂片披针形，4枚，长约5mm，反折。果实梨形，有星状毛，长约1cm，下半部渐狭呈柄状。花期1-12月。

【地理分布】分布于我国西藏、云南和四川。印度也有分布。多见于海拔1100-2200m的阔叶林。

【常见寄主】多寄生马桑、桃树、梨树和一担柴，也可寄生于荚蒾属、柯属植物的枝干。

【民间用途】以茎叶入药。水煎剂具有抗菌消炎等功效，用于缓解咽喉肿痛。

【栽培状况】未见报道。

【危　　害】未见大面积危害报道。

182 卵叶梨果寄生

Scurrula chingii (Cheng) Kiu

【俗名/别名】卵叶寄生。

【形态特征】茎部半寄生灌木，高约1m。幼嫩枝叶密被锈色星状毛；小枝无毛，灰色，有明显的皮孔。叶对生或近对生，革质，卵形或长卵形，长达11cm，宽达7cm，叶基圆形，叶梢圆钝，偶见钝尖头；叶面无毛，叶背有星状毛或光滑；叶面侧脉明显，4或5对；叶柄长约1cm。总状花序，2或3个腋生；花序梗长达2.5cm，着花7-14朵；花红褐色或黄褐色，花序和花均密被锈色星状毛；花冠裂片近匙形，4枚，长约5mm，反折。果实梨形，黄色，果皮有星状毛；果长约1cm，下半部骤狭呈柄状。花期9月至翌年4月。

【地理分布】分布于我国云南和广西。越南也有分布。多见于海拔90-1100m的低山或山地常绿阔叶林。

【常见寄主】多寄生油茶、木油桐、木菠萝、白饭树、普洱茶等植物。

【民间用途】以叶片入药。叶片水煎剂具有一定的抗菌消炎效果。

【栽培状况】未见报道。

【危　　害】未见大面积危害报道。

183 小叶梨果寄生

Scurrula notothixoides (Hance) Danser

【俗名/别名】蓝木桑寄生。

【形态特征】茎部半寄生灌木，高约0.5m。幼嫩枝叶密被黄褐色星状毛；小枝无毛，有明显的皮孔。叶对生或近对生，纸质，倒卵形或卵圆形，长约2.5cm，宽约1.5cm，叶基楔形，顶端圆钝；叶面有疏毛，叶背多茸毛；侧脉较为明显，1对；叶柄被毛。伞形花序，1-3个腋生；总花梗长1-4mm，着花多为2朵；花黄褐色或红褐色，花序和花均密被黄褐色星状毛；花冠长约3cm，裂片匙形，4枚，长约4mm，反折。果实棒状，橙色或浅黄色，长约1cm；果皮有疏毛；果实顶端平截，中部以下渐狭。花果期9月至翌年3月。

【地理分布】分布于我国广东、海南岛和雷州半岛。越南也有分布。多见于海拔25-200m的沿海平原或低山常绿阔叶林。

【常见寄主】多寄生倒吊笔、蓝树、三叉苦、鹊肾树、酸橙等植物。

【民间用途】黎族药用植物，有清热降火等功效。

【栽培状况】未见报道。

【危　　害】未见大面积危害报道。

184 红花寄生

Scurrula parasitica Linnaeus

【俗名/别名】柠檬寄生、柏寄生。

【形态特征】茎部半寄生灌木，高达1m。幼嫩枝叶密被锈色星状毛，老枝和成熟叶片无毛；小枝灰褐色，有明显的皮孔。叶对生或近对生，厚纸质，卵形至长卵形，长达8cm，宽达4cm，叶基宽楔形，叶梢钝；侧脉明显，5或6对；叶柄长约6mm。总状花序，1或2个腋生，密被褐毛；花红色，密集着生；花梗长约3mm；花冠裂片披针形、绿色，4枚，反折。果实梨形，红黄色，果皮平滑；果长约1cm，下半部骤狭呈长柄状。花果期10月至翌年1月。

【地理分布】分布于我国云南、四川、贵州、广西、广东、湖南、江西、福建和台湾。泰国、越南、马来西亚、印度尼西亚、菲律宾等国家也有分布。多见于海拔20–2800m的常绿阔叶林。

【常见寄主】寄主范围非常广。可寄生豆科、壳斗科、夹竹桃科、大戟科、千屈菜科、桑科、石榴科、蔷薇科、芸香科、无患子科、山茶科、榆科的多种植物，偶尔也寄生松科和柏科植物。寄生的部位多为植物的茎干和枝条，偶见寄生于叶脉发达的叶片。

【民间用途】全株入药。以寄生于柚树、黄皮或桃树的全株药效较佳。用于缓解风湿性关节炎、胃痛等。

【栽培状况】未见报道。

【危　　害】可危害多种树木，在云南对老茶区的茶树危害较为严重。

185 松柏钝果寄生

Taxillus caloreas (Diels) Danser

【俗名/别名】松寄生。

【形态特征】茎部半寄生灌木，高达1m。幼嫩枝叶密被褐色星状毛，老枝和成熟叶片无毛；小枝黑褐色，有瘤状突起。叶互生或簇生于短枝上，革质，线形或近匙形，长约3cm，宽不足1cm，叶基楔形，叶梢圆钝；中脉明显；叶柄长1-2.5mm。伞形花序，1或2个腋生，着花2或3朵；总花梗几乎不显，或长1-2mm；花鲜红色，花冠长约2.7cm，无毛；花冠裂片披针形，4枚，长7-8mm，反折。果实近球形，鲜红或紫红色，果皮表面有小颗粒；果长约5mm。花期7-8月，果期翌年4-5月。

【地理分布】分布于我国西藏、云南、四川、贵州、湖北、广西、广东、福建、台湾等省区。不丹也有分布。多见于海拔900-3100m的山地针叶林或针阔叶混交林。

【常见寄主】常寄生于松属、油杉属、铁杉属、云杉属、雪松属植物的枝干或主干。

【民间用途】以枝、叶入药。用于缓解风湿性关节炎、胃痛、痰湿咳嗽、皮肤湿疹等疾病。

【栽培状况】未见报道。

【危　　害】未见大面积危害报道。

186 广寄生

Taxillus chinensis (Candolle) Danser

【俗名/别名】桑寄生、桃树寄生、寄生茶。

【形态特征】茎部半寄生灌木，高达1m。幼嫩枝叶密被锈色星状毛，老枝和成熟叶无毛；小枝灰褐色，有细小但明显的皮孔。叶对生或近对生，厚纸质，卵形至长卵形，长可达6cm，宽可达4cm，叶基宽楔形，叶梢圆钝；侧脉较明显，3或4对；叶柄长约1cm。伞形花序，1或2个腋生，着花1-4朵；花褐色，花序和花均被锈色星状毛；花冠长约2.7cm，稍弯，裂片匙形，4枚，长约6mm，反折。果实椭圆形或近球形，成熟时浅黄色，幼果果皮密生小瘤状物，有稀疏毛，成熟时变光滑；果长约1cm。花果期4月至翌年1月。

【地理分布】分布于我国广西、广东和福建。越南、老挝、柬埔寨、泰国、马来西亚、印度尼西亚和菲律宾也有分布。多见于海拔20-400m的常绿阔叶林。

【常见寄主】寄主范围非常广。常见寄主有桑树、桃树、油茶、李树、阳桃、油桐、龙眼、荔枝、橡胶树、榕树、木棉、马尾松、水松等多个科属的植物。

【民间用途】全株入药。可治风湿痹痛、腰膝疲软、胎漏、高血压等。本种是中药材桑寄生的主用物种。以寄生桑树、桃树和马尾松的植株疗效较佳；寄生于夹竹桃的有毒，不宜药用。

【栽培状况】在广西等地以桑树为寄主，有小面积种植。

【危　　害】对我国南方林木造成大面积危害，主要危害红花油茶、热带果树和园林树种。

187 柳树寄生

Taxillus delavayi (Tieghem) Danser

【俗名/别名】柳叶钝果寄生、柳寄生。

【形态特征】茎部半寄生灌木，高达1m。植株无毛；二年生枝条棕褐色或黑色，有光泽。叶互生，偶尔近对生，或簇生于短枝，革质，卵形至披针形，长达5cm，宽约2cm，叶基楔形，叶梢圆钝；侧脉较明显，3或4对；叶柄长约4mm。伞形花序，1或2个腋生，着花2-4朵；总花梗极短，不达2mm；花红色；花冠长约3cm，裂片披针形，4枚，长达1cm，反折。果实椭圆形，成熟时黄色或橙色；果长可达1cm，顶端平截。花期2-7月，果期5-9月。

【地理分布】分布于我国西藏、云南、四川、贵州和广西。缅甸和越南也有分布。多见于海拔1500-3500m的阔叶林或针阔叶混交林。

【常见寄主】寄生花楸、山楂、樱桃、梨树、桃树、马桑或柳属、桦属、栎属、槭属、杜鹃花属植物，偶尔寄生于云南油杉的枝干。

【民间用途】全株入药。用于滋肝补肾、祛风湿、止血，并缓解孕妇腰痛、胎躁不安等症。

【栽培状况】未见报道。

【危　　害】未见大面积危害报道。

188 小叶钝果寄生

Taxillus kaempferi (Candolle) Danser

【俗名/别名】华东松寄生、松胡颓子、茑萝松。

【形态特征】茎部半寄生灌木，高达1m。幼嫩枝叶密被褐色星状毛，老枝及成熟叶无毛；小枝灰褐色，有小的瘤状突起和稀疏的皮孔。叶小，革质，互生，或簇生于短枝上，线形或近匙形，长约3cm，宽不及1cm，叶基楔形，叶梢圆钝；叶柄长约2mm。伞形花序，1或2个腋生，着花2或3朵；总花梗长约3mm；花深红色，无毛；花冠长约1.5cm，裂片披针形，4枚，长约5mm，反折。果实卵球形，红褐色，果皮有小颗粒。花期7-8月，果期翌年4-5月。

【地理分布】分布于我国安徽、江西、福建和浙江。日本也有分布。多见于海拔900-1600m的针阔叶混交林。

【常见寄主】寄生于马尾松、黄山松、南方铁杉等植物的枝干。

【民间用途】以茎叶入药。具有消炎、利尿和镇定的功效，用于缓解疟疾、皮肤感染、尿路感染等疾病。

【栽培状况】未见报道。

【危　　害】未见大面积危害报道。

189 锈毛钝果寄生
Taxillus levinei (Merrill) Kiu

【俗名/别名】不详。

【形态特征】茎部半寄生灌木，高达2m；幼嫩枝叶密被锈色星状毛；小枝灰褐色或暗褐色，无毛，有散生但明显的皮孔。叶互生或近对生，革质，卵形，长达8cm，宽达3.5cm，叶基近圆形，叶梢圆钝；叶面无毛，叶背被茸毛；侧脉较明显，4-6对；叶柄长约1cm，有茸毛。伞形花序，1或2个腋生，着花1-3朵；花红色，花序和花均密被锈色星状毛；花冠长约2cm，裂片匙形，4枚，长约5mm，反折。果实卵球形，黄色，果皮有小颗粒，被星状毛；果长约6mm，两端圆钝。花期9-12月，果期翌年4-5月。

【地理分布】中国特有种，分布于云南、广西、广东、湖南、湖北、江西、安徽、浙江和福建。多见于海拔200-1200m的常绿阔叶林。

【常见寄主】常寄生于油茶、樟树、三角槭、板栗等植物的枝干。

【民间用途】全株入药。可清肺止咳、祛风湿、疏肝理气，用于缓解肺热、风湿性腰腿痛、疮疖等病。

【栽培状况】未见报道。

【危　　害】未见大面积危害报道。

190 木兰寄生

Taxillus limprichtii (Gruning) Kiu

【俗名/别名】粤桑寄生。

【形态特征】茎部半寄生灌木，高达1.3m。幼枝密被黄褐色星状毛；小枝灰褐色，无毛，有散生但明显的皮孔。叶对生或近对生，革质，光滑无毛，卵状长圆形，长达12cm，宽达6cm，叶基楔形，叶梢圆钝；侧脉不明显，4或5对；叶缘略背卷。伞形花序，1-3个腋生，着花4或5朵；总花梗长约4mm；花红色或橙色，花序和花起初均被黄褐色星状毛，随后毛被逐渐脱落；花冠长约3cm，裂片披针形，4枚，长约9mm，反折。果实椭圆形，黄红色，果皮上有小瘤状突起；果长约7mm。花期10月至翌年3月，果期6-7月。

【地理分布】中国特有种，分布于云南、四川、贵州、广西、广东、湖南、江西、福建和台湾。多见于海拔240-1300m的阔叶林。

【常见寄主】寄生于乐东木兰、金叶含笑、枫香树、檵木、油桐、樟树、香叶树、栗、锥栗、梧桐等植物的枝干。

【民间用途】以带叶茎枝入药。用于缓解风湿痹痛、腰膝酸软、胎漏下血等。

【栽培状况】未见报道。

【危　　害】未见大面积危害报道。

191 枫香钝果寄生

Taxillus liquidambaricola (Hayata) Hosokawa

【俗名/别名】阆阚果寄生、显脉寄生、大叶桑寄生。

【形态特征】茎部半寄生灌木，高达1m以上。幼嫩枝叶密被栗褐色星状毛，老枝和成熟叶无毛。叶对生，革质，卵圆形至卵状长圆形，长达9cm，宽达5cm，叶基宽楔形，叶梢圆钝；侧脉明显，5-7对。伞形花序，单生或对生，着花2-4朵；总花梗长约6mm；花红色或深红色，花序和花均密被栗褐色星状毛；花冠长约2.6cm，裂片披针形，5枚，长约8mm，反折或略开展。果实圆柱状，黄色，中间有一圈红晕，果皮上有小的瘤状突起；果长约8mm。花期8-10月，果期10-12月。

【地理分布】分布于我国云南、广西、广东、福建和台湾。越南和泰国也有分布。多见于海拔500-1400m的常绿阔叶林。

【常见寄主】寄生于枫香树、八角、桂花、油桐、柿树、夹竹桃等植物的枝干。

【民间用途】以茎叶入药。具有消炎止痛等功效，主要用于缓解风湿痹痛、胎动不安、高血压等症。

【栽培状况】未见报道。

【危　　害】未见大面积危害报道。

192 毛叶钝果寄生
Taxillus nigrans (Hance) Danser

【俗名/别名】桑寄生、寄生泡、毛叶寄生。

【形态特征】茎部半寄生灌木，高达1.5m。幼嫩枝叶密被灰黄色或黄褐色星状毛；小枝灰褐色，不被毛，有稀疏但明显的皮孔。叶对生或互生，革质，长卵形，长达11cm，宽达5cm，叶基楔形，叶梢圆钝或急尖；叶面无毛，叶背被茸毛；侧脉较明显，4或5对；叶柄长约8mm，有黄褐色茸毛。总状花序，1-3个簇生于叶腋，着花2-5朵；花红黄色，花序和花均密被黄褐色星状毛；花冠长约1.8cm，裂片匙形，4枚，长约6mm，反折或略开展。果实椭圆形，两端圆钝，黄绿色，果皮粗糙，有稀疏星状毛；果长约7mm。花期8-11月，果期翌年4-5月。

【地理分布】中国特有种，分布于云南、四川、广西、贵州、湖北、湖南、陕西、江西、福建和台湾。多见于海拔300-1300m的阔叶林。

【常见寄主】寄生于樟树、桑树、油茶及栎属、柳属植物的枝干。

【民间用途】全株药用。是中药材桑寄生植物之一，以寄生于桑树的植株疗效较佳。具有祛风除湿、安胎下乳等功效。

【栽培状况】未见报道。

【危　　害】未见大面积危害报道。

193 油杉钝果寄生

Taxillus renii Kiu

【俗名/别名】不详。

【形态特征】茎部半寄生灌木，高达1.5m。小枝圆柱状，被棕色星状毛；老枝灰褐色或棕褐色，无毛，有瘤状突起和稀疏的皮孔。叶互生或簇生，革质，无毛，近匙形或长圆形；叶长达5cm、宽达1.5cm，叶基渐狭，叶梢圆钝；叶柄约2mm；侧脉较明显，1-3对。伞形花序，着4-6朵花；花冠橙黄色，花冠管稍弯曲，无毛，基部深裂，裂片披针形，4枚，长约8mm，反折。果实近球形，紫色或微黑紫色，果皮平滑；果长约8mm。花期6-10月，果期10月至翌年5月。

【地理分布】中国特有种，分布于云南和四川。多见于海拔1000-3000m的松柏林或混交林。

【常见寄主】寄生于油杉属、松属、云杉属植物的枝干。

【民间用途】以带叶茎枝入药。具有祛风除湿、行气止痛、杀虫止痒等功效，用于缓解风湿痹痛、痰湿咳嗽、皮肤湿疹等病症。

【栽培状况】未见报道。

【危　　害】未见大面积危害报道。

194 龙陵钝果寄生
Taxillus sericus Danser

【俗名/别名】龙陵寄生。

【形态特征】茎部半寄生灌木，高达1m。幼嫩枝叶密被褐色星状毛，老枝和成熟叶无毛；小枝灰褐色，有明显皮孔。叶互生或近对生，革质，长卵形，长达10cm，宽达4.5cm，叶基楔形，叶梢渐尖或急尖；侧脉明显，5或6对；叶柄长约1.5cm。伞形花序，1-3个腋生，着花2-4朵；花橙红色，蕾期被褐色星状毛，开花后星状毛稀疏或全部脱落；花冠长达3cm，稍弯，裂片披针形，4枚，长约8mm，反折。果实椭圆状，果皮无毛，有小颗粒状突起；果长约8mm。花果期8月至翌年2月。

【地理分布】分布于我国云南西部和西北部。印度也有分布。多见于海拔1500-2700m的阔叶林。

【常见寄主】多寄生于旱冬瓜及桦木属植物的枝干，也可寄生壳斗科植物。

【民间用途】以带叶茎枝入药。具有抗菌消炎、止痒消肿等功效，用于湿疹等皮肤病的辅助调理。

【栽培状况】未见报道。

【危　　害】未见大面积危害报道。

195 桑寄生

Taxillus sutchuenensis (Lecomte) Danser

【俗名/别名】桑上寄生、寄生、四川桑寄生。

【形态特征】茎部半寄生灌木，高达1m。幼嫩枝叶密被红褐色星状毛；小枝黑色，无毛，有稀疏的皮孔。叶互生或近对生，革质，卵形或椭圆形，长达8cm，宽达4.5cm，叶基近圆形，叶梢圆钝；叶面无毛，叶背被茸毛；侧脉明显，4或5对；叶柄无毛，长约1cm。总状花序，1-3个生于叶腋，着花2-5朵，密集；花红色，花序和花均密被褐色星状毛；花冠长约2.8cm，稍弯，裂片披针形，4枚，长近1cm，反折。果实椭圆形，两端圆钝，黄绿色，果皮有稀疏星状毛，有颗粒状小突起；果长约7mm。花期6-8月，果期9-10月。

【地理分布】中国特有种，分布于云南、四川、广西、贵州、江西、湖北、湖南、广东、浙江、福建、台湾、甘肃、陕西、山西和河南。多见于海拔500-1900m的阔叶林。

【常见寄主】寄生于桑树、梨树、李树、梅、油茶、厚皮香、漆树、核桃的枝干，也可寄生栎属、柯属、水青冈属、桦属、榛属等多种植物。

【民间用途】本种是中药材桑寄生的正品。全株入药。用于缓解风湿痹痛、腰痛、胎动、胎漏等病症。

【栽培状况】在广西、广东、福建、云南等多地有栽培。

【危　　害】未见大面积危害报道。

196 滇藏钝果寄生

Taxillus thibetensis (Lecomte) Danser

【俗名/别名】金沙江寄生、梨寄生。

【形态特征】茎部半寄生灌木，高达1m。幼嫩枝叶密被黄褐色星状毛；小枝黑色，无毛，有稀疏的皮孔。叶对生，革质，卵形或长卵形，长达8cm，宽达4.5cm，叶基近圆形，叶梢钝尖或圆钝；叶面无毛，叶背有密实茸毛；叶缘浅波状；侧脉明显，5-8对；叶柄长约1cm，有疏毛。伞形花序，2或3个簇生于叶腋，着花3-5朵；花红色，花序和花均密被黄褐色茸毛；花冠长约3cm，裂片披针形，4枚，长约8mm，反折。果实卵球形，浅黄色，果皮有稀疏的黄褐色星状毛和小的颗粒状突起；果长可达1cm。花期5-9月，果期8-10月。

【地理分布】中国特有种，分布于云南、四川和西藏。多见于海拔1700-3000m的阔叶林。

【常见寄主】常寄生梨树、柿树、板栗、李树及栎属等植物。

【民间用途】以带叶茎枝入药。用于清肺热、利尿等。

【栽培状况】未见报道。

【危　　害】未见大面积危害报道。

197 莲华池寄生

Taxillus tsaii Chiu

【俗名/别名】不详。

【形态特征】茎部半寄生，高达1m。幼嫩枝叶被橙色星状毛，老枝和成熟叶几无毛。叶黄绿色，近对生，卵形到卵状长圆形，革质，长达6cm，宽达4 cm；叶基楔形，叶梢圆钝；侧脉较明显，4或5对；叶柄约1cm。伞形花序，1或2个簇生于叶腋，着花3-5朵；花冠红色，长约3cm，裂片线形，长约6mm，反折。果实圆筒状，先端平截；果皮无毛，但有瘤状突起。花期7-10月，果期9-11月。

【地理分布】中国特有种，分布于台湾南部的低海拔地区。

【常见寄主】寄生于油茶、香楠、梅、越南山矾等植物的枝干。

【民间用途】以茎叶入药。具有镇痛和消炎作用。

【栽培状况】未见报道。

【危　　害】未见大面积危害报道。

198 黔桂大苞寄生

Tolypanthus esquirolii (Leveille) Lauener

【俗名/别名】不详。

【形态特征】茎部半寄生灌木，高达2m。幼嫩枝叶密被黄褐色星状毛，老枝和成熟叶片无毛；枝条披散状，灰黑色，平滑。叶长卵形，互生或近对生，偶见2或3枚簇生，纸质，叶长达8cm、宽达3.5cm，叶基宽楔形，叶梢急尖或渐尖；叶柄长约1cm。聚伞花序，腋生，着花3或4朵；苞片披针形，红色，长达3cm；花淡红色；花冠长达3.5cm，具稀疏星状毛，花冠管上部膨大，具5条明显的纵棱，裂片狭长圆形，长约1cm，反折。果实椭圆形，黄色，有稀疏星状毛，副萼宿存，长约2mm；果长约6mm。花期4-6月，果期5-8月。

【地理分布】中国特有种，分布于广西和贵州。多见于海拔1100-1200m的阔叶林。

【常见寄主】常寄生枇杷、油桐及山茶属植物。

【民间用途】以带叶茎枝入药。用于缓解头晕目眩、腰膝酸痛、风湿麻木等疾病，并可强筋健骨。

【栽培状况】未见报道。

【危　　害】未见大面积危害报道。

199 大苞寄生

Tolypanthus maclurei (Merrill) Danser

【俗名/别名】不详。

【形态特征】茎部半寄生灌木，高达1m。幼嫩枝叶密被锈色星状毛，老枝和成熟叶片无毛；植株呈披散状，枝条淡黑色，平滑。叶互生或近对生，偶见3或4枚簇生，长卵圆形，薄革质，长达7cm，宽达3cm，叶基楔形，叶梢急尖或圆钝；叶柄长约5mm。聚伞花序，1-3个腋生，着花3-5朵；苞片长卵形，淡红色，长约2cm；花红色或橙色；花冠长约3cm，具稀疏锈色星状毛，花冠管上部膨大，有5条明显的纵棱，裂片狭长条形，长约8mm，反折。果实椭圆形，黄色，有稀疏锈色星状毛，副萼宿存，长约1mm；果长约1cm。花期4-7月，果期8-10月。

【地理分布】中国特有种，分布于广西、贵州、湖南、江西、广东和福建。多见于海拔150-1200m的常绿阔叶林。

【常见寄主】寄生于油茶、檵木、柿树、紫薇及杜鹃花属、杜英属、冬青属等植物的枝干。

【民间用途】以带叶茎枝入药。具有补肝益肾、强筋健骨、祛风除湿等功效，用于缓解头晕目眩、腰膝酸痛、风湿痹痛等疾病。

【栽培状况】未见报道。

【危　　害】未见大面积危害报道。

第四章　槲寄生科寄生植物

槲寄生科Viscaceae是檀香目中寄生植物种类丰富度位列第二的科。该科的寄生植物均为茎寄生类型，多为灌木或亚灌木，个别为草本，常寄生于双子叶被子植物或裸子植物的枝干。槲寄生科的寄生植物不沿寄主枝干表面产生皮表根，而是在寄主枝干内穿行蔓延，且多数种类可在侵入点以外的位置从寄主枝干上长出次生枝条。部分油杉寄生属*Arceuthobium*和槲寄生属*Viscum*的物种几近全寄生类型，叶片严重退化，依赖绿色的茎进行微弱的光合作用，其大部分植物组织内生于寄主枝干中，并在寄主凯氏带外侧沿寄主茎干方向朝两侧生长延伸，生长模式类似内寄生植物。部分槲寄生科的寄生植物可寄生于梨果寄生属植物的枝上，形成重寄生现象。从寄生模式上来看，槲寄生科由外寄生演化为内寄生类型，并有向全寄生类型进化的趋势，是檀香目最为进化的一个科。

世界范围内正式收录的槲寄生科寄生植物共7属563种，我国分布有3属21种，均为茎部半寄生植物，包括槲寄生属15种、油杉寄生属5种和栗寄生属*Korthalsella* 1种。槲寄生科寄生植物广泛分布在热带和温带地区。在我国主要分布于南方各省区，北方较为少见。

槲寄生科寄生植物的叶片对生，叶面具有次生叶脉，常呈掌状，叶柄通常不明显；叶片全缘，常退化为鳞片叶，两面均具气孔，且气孔多数情况下持续开放，几乎不受环境影响；茎具明显的节，易折断，通常可朝各个方向生长，导致成熟植株呈球状；花小，直径通常在3mm以下，单性，常无花梗；多数种类雌雄同株；有限花序，花单生或聚伞状排列，腋生或顶生；花具苞片和小苞片，有时无苞片；不具副萼，花被萼片状，通常淡绿色或黄色；花被片2~4枚，镊合状排列，离生或基部合生；雄蕊与花被片等数且对生，花丝极短或缺失；花药1至多室，横裂、纵裂或孔裂；花粉粒多为球形，2核或3核，具3个萌发孔；雌蕊由3或4枚心皮结合而成；子房下位，1室。果实为浆果，内含1粒无种皮的种子，果皮具较厚的黏胶质层；果皮颜色以白色为主，也有其他颜色，但罕见蓝色、黑色或紫色的果实，多在秋、冬季节成熟。胚乳极短或不可见，含叶绿素。槲寄生科寄生植物的传粉主要依靠风力或昆虫。该科植物多数种类的种子主要由取食其肉质果实的鸟类传播，但油杉寄生属的种子成熟后会发生爆炸式喷射，射程可达20m，通过种子弹射传播。

槲寄生科寄生植物的种子通常不具有休眠特性，被鸟类取食果肉后吐出或经消化道随粪便排出，或经果实爆裂推动种子弹射传播后，借助包裹种子的果胶物质粘固在寄主枝条上，在温度、湿度合适的条件下，不需要寄主信号诱导，数日内即可萌发长出绿色的胚根；胚根顶端与寄主接触后形成吸盘，逐步分化形成顶生吸器，侵入寄主皮层并与寄主维管束建立连接，获取寄主的大量养分和水分；生长一段时间后，植株不断发展壮大，开花、结实，并进行新一轮种子的散布（图4.1）。一些种类随着寄生组织在寄主枝干内蔓延，也可在侵入点之外的其他部位长出大量新的植株。

槲寄生科大多数寄生植物的寄主范围较广，但部分种类的寄主范围较窄。例如，产于南非的迷你槲寄生*V. minimum*只寄生大戟科大戟属的少数几种植物。多数油杉寄生属的物种具有相当高的寄主特异性，常寄生松科植物，且以松树为主，仅有少数种类寄生柏科植物。在槲寄生科中，重寄生植物种类较多，常寄生在桑寄生科的茎部半寄生植物上。

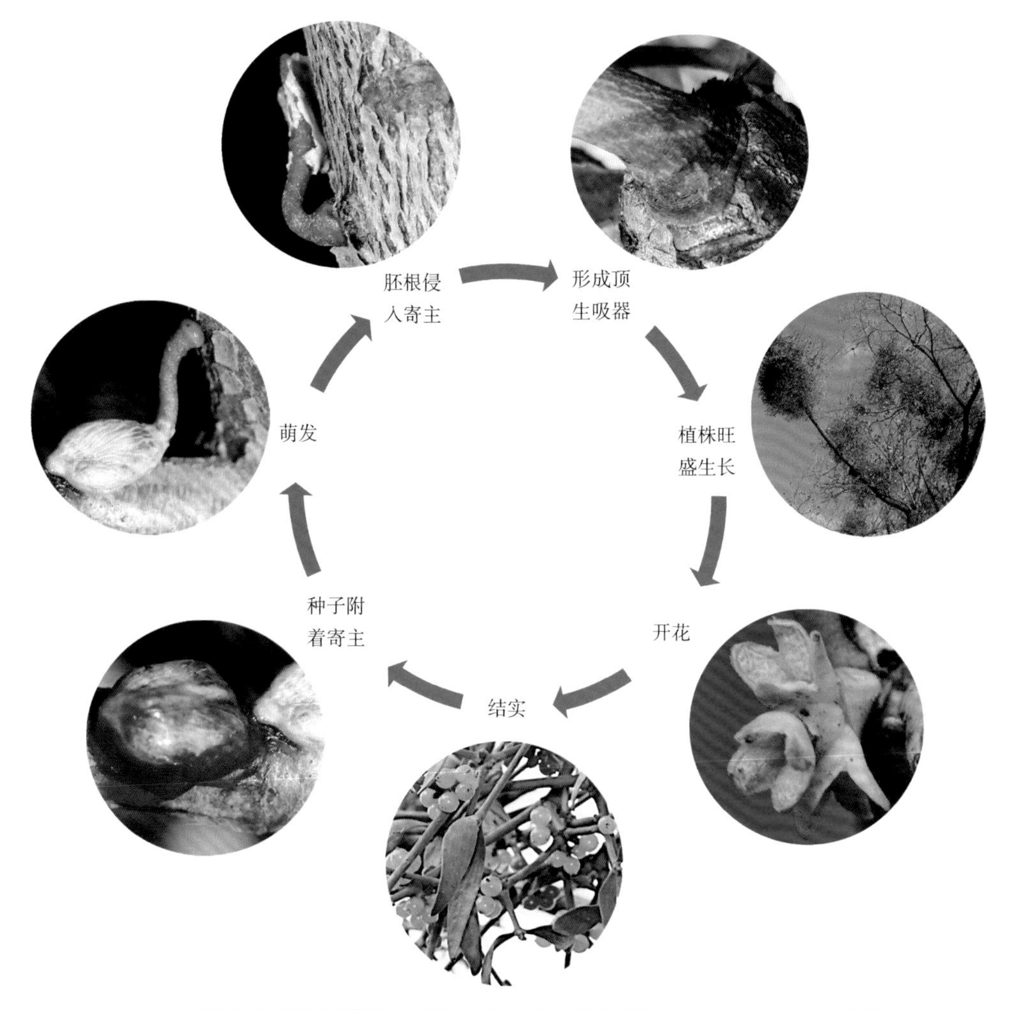

图4.1　槲寄生科茎部半寄生植物的生活史（以槲寄生 *Viscum coloratum* 为例）

种子粘附在寄主上后，不需要寄主信号诱导，环境条件合适即可萌发，胚根顶端与寄主接触后形成吸盘，逐步侵入寄主枝干，并分化形成顶生吸器，植株不断生长壮大，开花、结实，并进行新一轮种子的散布

槲寄生科的寄生植物只从胚根顶端产生顶生吸器（图4.2），不产生皮表根，没有侧生吸器。多数种类的吸器在寄主枝干内呈现组织结构片段化。这些寄生植物在寄主组织内分支，并在寄主凯氏带外侧沿寄主茎干方向向两侧延伸，形成皮层束（cortical strand）。皮层束上可以分化长出新的枝条。在槲寄生科的内寄生种类中，寄主和寄生植物之间既有韧皮部连接又有木质部连接；而在其他物种中，吸器与寄主组织接触界面主要是薄壁细胞，也有一些间断的木质部连接，通过木质部组织中的导管细胞输送养分。尽管如此，这些寄生植物同样会从其寄主中获取碳水化合物。

槲寄生科的寄生植物常呈扫帚状疯长并形成球状灌丛（图4.3），消耗寄主大量养分，造成局部畸形，抑制寄主植物生长，进而降低林木产量和品质。此外，寄主被槲寄生科植物寄生的部位更易遭受病虫危害，对林业生产造成很大威胁。该科油杉寄生属的一些寄生植物是臭名昭著的林业杂草。与桑寄生科的寄生植物一样，槲寄生科的植物更偏好感染和聚集在树种较为单一的种植园中。在造林设计和管理模式上，可通过增加树种多样性降低槲寄生感染率。

像桑寄生科的寄生植物一样，槲寄生科的茎寄生植物可为鸟类提供食物和栖息场所，能促进生态系统中的养分循环，发挥一定的积极生态功能。此外，一些槲寄生科的种类可作为药用植物在药品或保健品研发中具有应用潜力。

图4.2　瘤果槲寄生 *Viscum ovalifolium*（A）和扁枝槲寄生 *V. articulatum*（B、C）的顶生吸器

图4.3　槲寄生 *Viscum coloratum*（A）和柿寄生 *V. diospyrosicola*（B）在寄主枝干上形成大量疯长的灌丛

200 油杉寄生

Arceuthobium chinense Lecomte

【俗名/别名】小莲枝。

【形态特征】茎部半寄生亚灌木，高约12cm。枝条黄绿色或绿色；主茎节间长3-7mm；侧枝对生，偶见3或4条轮生。叶鳞片状，对生，无明显叶柄，长约0.5mm。花单朵腋生或顶生，雌雄异株；雄花黄色，直径约2mm，萼片4枚，近三角形；雌花浅绿色，长约1mm。果实卵球形，黄绿色或粉绿色，上半部被宿萼包围，下半部平滑；果长4-6mm。花期7-10月，果熟期翌年10-11月。

【地理分布】中国特有种，分布于云南和四川。多见于海拔1500-2700m的油杉林或油杉-云南松林。

【常见寄主】寄主范围较窄。仅寄生于云南油杉的枝干。

【民间用途】不详。

【栽培状况】未见报道。

【危　　害】严重危害油杉林。受油杉寄生危害的植株枝叶常出现扫帚状疯长现象。大树受害后枝叶疯长现象更为严重，极端情况下树冠完全被油杉寄生覆盖。当寄主的大部分侧枝受油杉寄生侵害时，可致其死亡。3-5年生幼树遭油杉寄生侵害后，常在数年内枯死。

201 高山松寄生

Arceuthobium pini Hawksworth et Wiens

【俗名/别名】不详。

【形态特征】茎部半寄生亚灌木，高约15cm。枝条绿色或黄绿色；主茎节间长约1cm；侧枝对生，偶见3或4条轮生，常有多级分枝。叶鳞片状，长约1mm。雄花黄色，常1或2朵生于枝顶，直径约2mm；雌花浅绿色，常单朵生于侧枝腋部或顶端，长约1mm。果实椭圆形，果皮光滑，黄绿色；长约3mm。花期4-7月，果熟期翌年9-10月。

【地理分布】我国特有种，分布于西藏、云南和四川。多见于海拔2600-4000m的松林或高山松-栎混交林。

【常见寄主】常寄生于高山松、云南松等植物的枝干。

【民间用途】叶片煎汁入药。常用于缓解失眠。

【栽培状况】未见报道。

【危　　害】对高山松有较大危害。受侵害的树枝逐渐畸形肿大，常呈纺锤形，并在肿大枝上冬芽附近陆续萌生出新的植株。当寄主的多数侧枝及主茎受侵染后，长势会极其衰弱，枝干枯萎死亡。

202 栗寄生

Korthalsella japonica (Thunberg) Engler

【俗名/别名】不详。

【形态特征】茎部半寄生亚灌木，高约15cm。小枝扁平，多数对生，节间倒卵状或倒卵状披针形，长1-2cm。叶鳞片状。花淡绿色，基部有毛；雄花和雌花均长约0.5mm。果实椭圆形或梨形，淡黄色，长约2mm。全年均可开花结实。

【地理分布】分布范围广泛。在我国云南、西藏、贵州、四川、湖北、广东、广西、福建、浙江、台湾等多个省区有分布。非洲的埃塞俄比亚和马达加斯加、大洋洲的澳大利亚和亚洲的日本、巴基斯坦、缅甸、泰国、印度等多个国家也有分布。多见于海拔150-2500m的常绿阔叶林。

【常见寄主】多寄生于壳斗科栎属和柯属植物的枝干，也可寄生山茶科、樟科、桃金娘科、山矾科、木樨科的多种植物。

【民间用途】以带叶茎枝入药。具有抗氧化、抑菌消炎、活血止痛、祛风除湿、补肝益肾等功效。用于调理跌打损伤、腰膝酸痛、风湿痹痛、肢体麻木、头晕目眩、胃痛等病症。

【栽培状况】未见报道。

【危　　害】未见大面积危害报道。

203 扁枝槲寄生

Viscum articulatum Burman

【俗名/别名】麻栎寄生。

【形态特征】茎部半寄生亚灌木，高约0.5m。株形直立或披散，茎基呈圆柱状，分枝和小枝扁平；枝对生或二歧状分枝，节间长约2cm，宽约3mm，纵肋3条，干后中肋明显。叶鳞片状。花序聚伞状，1-3个腋生，常仅有1朵雄花或1朵雌花，着花3朵时雌花居中、雄花侧生；雄花长约1mm，萼片三角形，4枚；雌花略长，1-1.5mm，萼片4枚，三角形。果实球形，直径约4mm，白色或青白色，果皮平滑。全年均可开花结实。

【地理分布】分布于我国云南、广西和广东。亚洲南部和东南部、大洋洲热带地区的多个国家也有分布。多见于海拔50-1700m的热带季雨林。

【常见寄主】常寄生于桑寄生科寄生植物的茎枝，如鞘花、广寄生、五蕊寄生、小叶梨果寄生等，也可寄生于壳斗科、大戟科、樟科、檀香科植物的枝干。

【民间用途】以茎枝入药。用于缓解腰膝酸痛、风湿骨痛、劳伤咳嗽、赤白痢疾、妇女崩漏带下、产后血气痛、产妇少乳等病症。

【栽培状况】未见报道。

【危　　害】未见大面积危害报道。

204 槲寄生

Viscum coloratum (Komarov) Nakai

【俗名/别名】冬青、寄生子、台湾槲寄生、北寄生。

【形态特征】茎部半寄生灌木，高达0.8m。茎和枝呈圆柱状，常二歧或三歧分枝，偶见多歧分枝；茎节略膨大，小枝节间长达10cm，干枝有不规则皱纹。叶对生，偶见3枚轮生，革质，椭圆形至椭圆状披针形，长达7cm，宽约1.5cm，叶梢圆钝，叶基较狭；基出脉明显，3-5条；叶柄较短。雌雄异株；花序顶生或腋生于分枝处；雄花序聚伞状，常着花3朵，雄花长约3mm，萼片卵形，4枚；雌花序聚伞式穗状，着花3-5朵，雌花长约2mm，萼片三角形，4枚。果实球形，淡黄色或橙红色，果皮平滑，直径约8mm。花期4-5月，果期9-11月。

【地理分布】我国大部分省区均有分布，在云南、西藏、新疆和广东较为罕见。俄罗斯远东地区、朝鲜和日本也有分布。多见于海拔500-2000m的阔叶林。

【常见寄主】常寄生榆树、杨树、柳树、桦树、梨树、苹果树、枫杨、赤杨和椴树，也寄生于栎属和李属多种植物的枝干。

【民间用途】全株入药。本种是中药材槲寄生的正品。用于缓解风湿痹痛、腰膝酸软、胎动不安、胎漏、高血压等病症。

【栽培状况】未见报道。

【危　　害】大量发生时严重影响寄主树势，可对多种阔叶树种造成危害。

205 棱枝槲寄生

Viscum diospyrosicola Hayata

【俗名/别名】柿寄生、桐木寄生。

【形态特征】茎部半寄生亚灌木，高达50cm。植株黄绿色，通常披散下垂。分枝对生或呈二歧状，小枝近圆柱状；节间长约3cm，有2或3条脊状纵纹。幼苗期有叶片2或3对，椭圆形或卵圆形，长约2cm，宽约0.5cm，叶基楔形，叶梢圆钝；成株叶片呈鳞片状。雌雄同株；花序腋生，聚伞花序1-3个；花序梗几不可见；常仅有1朵雄花或1朵雌花，着花3朵时雌花居中、雄花侧生；雄花长约1.5mm，雌花长约2mm，雌花、雄花均具三角形萼片4枚。果实椭圆形或卵球形，黄色或橙色，果皮平滑，果长约5mm。花果期4-12月。

【地理分布】中国特有种，分布于广东、广西、福建、云南、贵州、四川、西藏、江西、湖南、海南、浙江、台湾、陕西、甘肃等多个省份。生于海拔100-2100m处。

【常见寄主】常寄生于柿树、沙梨、香樟、油桐及壳斗科一些植物的枝干。

【民间用途】以茎叶入药。具有祛风除湿、强筋健骨、消肿、止咳、降压等功效。用于缓解风湿痹痛、腰腿酸痛、咳嗽咯血、疮疖、胃痛、高血压等病症，也用于精神分裂症的辅助调理。

【栽培状况】未见报道。

【危　　害】大量发生时严重影响寄主树势。

206 枫香槲寄生

Viscum liquidambaricola Hayata

【俗名/别名】螃蟹脚、枫寄生、桐树寄生。

【形态特征】茎部半寄生灌木，高达70cm。植株绿色或黄绿色，多直立。分枝对生或二歧状；茎枝基部呈圆柱状，茎节扁平，有明显纵脊状条纹5-7条。叶鳞片状。雌雄同株；聚伞花序1-3个腋生；花序梗几不可见；常着花3朵，雌花居中、雄花侧生；苞片2枚，常融合成1个舟形总苞，长约2mm；雄花长约1mm，雌花长约2.5mm；苞片杯状或无。果实椭圆形或卵球形，成熟后为红色或黄色，果皮平滑；果长约7mm。花果期4-12月。

【地理分布】分布范围广泛。分布于我国浙江、江西、陕西、甘肃、湖南、湖北、云南、四川、贵州、西藏、广东、广西、福建、台湾、海南、香港等多个省区。泰国、越南、印度、不丹、印度尼西亚、马来西亚和尼泊尔也有分布。生于海拔200-2500m处。

【常见寄主】常寄生于枫香树、柿树、茶树、油桐、木油桐及壳斗科一些植物的枝干，偶见重寄生其他槲寄生属的植物。

【民间用途】以带叶茎枝入药。具有祛风利湿、通筋活络、止咳化痰、消炎止血等功效。用于缓解风湿性关节炎、腰肌劳损、咳嗽咯血、崩漏带下、尿路感染、急性膀胱炎等病症。

【栽培状况】在云南省普洱市的古茶树上有少量栽培尝试。

【危　　害】未见大面积危害报道。

207 五脉槲寄生

Viscum monoicum Roxburgh ex Candolle

【俗名/别名】不详。

【形态特征】茎部半寄生灌木，高约0.4m。茎圆柱状，枝交叉对生或呈二歧状分枝，节间长达6cm。叶对生，长卵形或披针形，偶见镰形叶，常略偏斜，薄革质，长达8cm，宽达3.5cm，叶基楔形或渐狭，叶梢急尖或渐尖；基出脉多为5条；叶柄较短。扇形聚伞花序，常1-3个腋生，着花5朵，偶见3或7朵排成一行；雌花居中，雄花侧生；雄花长约1mm，雌花长约2.5mm，雌花、雄花的萼片均4枚，三角形。果实椭圆形，黄绿色，果皮平滑；果长约7mm，顶端截平，基部圆钝或渐狭。花果期8月至翌年3月。

【地理分布】主要分布于我国云南和广西。泰国、缅甸、越南、印度、孟加拉国和斯里兰卡也有分布。多见于海拔700-1360m的山地疏林或常绿阔叶林。

【常见寄主】常寄生于垂叶榕、石榴、桂花及吴茱萸属植物的枝干。

【民间用途】常以叶入药。具有抑菌、镇痛、止泻等功效。用于缓解脓包性瘙痒、风湿性关节炎、神经炎、月经紊乱、呕血等病症。

【栽培状况】未见报道。

【危　　害】未见大面积危害报道。

208 柄果槲寄生

Viscum multinerve (Hayata) Hayata

【俗名/别名】寄生茶、刀叶槲寄生。

【形态特征】茎部半寄生灌木，高约0.7m。茎圆柱状，枝交叉对生或二歧状分枝；小枝披散或下垂，节间长达6cm。叶对生，披针形或镰刀形，偶见长卵形，薄革质，长达8cm，宽约2cm；叶基渐狭，叶梢渐尖或急尖；基出脉明显，5-7条；叶柄短。扇形聚伞花序，常1-3个腋生，部分顶生；花3-5朵排成一行，雌花居中，雄花侧生；雄花长约1.5mm，雌花长约3mm，雌花、雄花均有萼片4枚，三角形。果实倒卵球形或近球形，黄绿色，果皮平滑；果长约8mm，基部骤狭呈柄状。花果期4-12月。

【地理分布】主要分布于我国云南、贵州、广东、广西、江西、福建和台湾。泰国和越南也有分布。多见于海拔200-1600m的常绿阔叶林。

【常见寄主】常寄生于锥属、柯属、樟属植物的枝干。

【民间用途】以带叶茎枝入药。具有活血止痛等功效。用于缓解风湿痹痛、腰腿疼痛、跌打损伤、胎动不安、乳汁不下及高血压等症。

【栽培状况】未见报道。

【危　　害】未见大面积危害报道。

209 绿茎槲寄生

Viscum nudum Danser

【俗名/别名】不详。

【形态特征】茎部半寄生灌木，高约0.5m。植株绿色或黄绿色，茎圆柱状，二歧或三歧状分枝；节间长达8cm。叶鳞片状，长约1mm。雌雄异株；聚伞式穗状花序，顶生或腋生于分枝处，常着花3-5朵；雄花黄色，长约3mm，有萼片4枚，卵状三角形；雌花黄绿色，长约2.5mm，有萼片4枚，三角形。果实卵球形，黄绿色，果皮平滑；果长约6mm。花期12月至翌年3月，果期8-10月。

【地理分布】中国特有种，分布于云南、四川和贵州。多见于海拔2150-3800m的阔叶林。

【常见寄主】常寄生于滇青冈、化香树、桦树、梨树、桃树的枝干，也可寄生杨属、柳属、榛属等多种植物。

【民间用途】全株入药。具有祛风去湿、安胎、降压等功效。用于缓解风湿痹痛、胎动不安、高血压等病症。

【栽培状况】未见报道。

【危　　害】未见大面积危害报道。

210 瘤果槲寄生

Viscum ovalifolium Wallich ex Candolle

【俗名/别名】柚寄生、柚树寄生。

【形态特征】茎部半寄生灌木，高约0.5m。茎和枝呈圆柱状；枝交叉对生或二歧状分枝，节间长达3cm，干后具细纵纹，节略膨大。叶对生，卵形、倒卵形或长椭圆形，革质，长达8.5cm，宽达3.5cm；叶基骤狭或渐狭，叶梢圆钝；基出脉明显，3-5条；叶柄长约4mm。聚伞花序，常簇生于叶腋；每个花序常着花3朵，雌花1朵居中，雄花2朵侧生，偶见花序上仅1朵雌花；雄花长约1.5mm，雌花长约3mm，雌花、雄花均有萼片4枚，三角形。果实近球形，淡黄色，幼果表面有小瘤状突起，成熟后果皮变平滑；果长约6mm，基部骤狭呈柄状。全年均可开花结实。

【地理分布】分布于我国云南、广西和广东。缅甸、泰国、越南、老挝、柬埔寨、印度、马来西亚、印度尼西亚和菲律宾也有分布。生于海拔10-1100m处。

【常见寄主】寄生于柚、黄皮、柿树、无患子、柞木、板栗、海桑、海莲等多种植物的枝干。

【民间用途】以枝、叶入药。具有祛风、止咳、清热解毒等功效。民间草药以寄生于柚树上的为佳。

【栽培状况】未见报道。

【危　　害】未见大面积危害报道。

第五章　百蕊草科寄生植物

百蕊草科Thesiaceae是檀香目中寄生植物种类丰富度位列第三的科。该科的寄生植物均为根部半寄生类型，多为多年生或一年生草本，少数种类为灌木或亚灌木，具有绿色叶片和一定的光合能力，常寄生于草本植物或小灌木根部。

世界范围内正式收录的百蕊草科寄生植物共4属353种，我国分布有2属19种，包括百蕊草属*Thesium* 16种和米面蓊属*Buckleya* 3种。百蕊草科的寄生植物在世界范围内广泛分布于温带地区，少数分布于热带地区。我国大部分省区均有分布。

百蕊草科寄生植物的叶片多对生，少数种类互生，无柄或有柄，全缘或近全缘；花序通常为总状，有时呈聚伞花序或具腋生单花，有花梗；花多两性，部分种类为单性花，顶生或腋生；常雌雄同株，少数种类雌雄异株；两性花和雌花苞片多呈叶状，雄花无苞片；花被管与子房合生，裂片4或5枚；子房下位，花柱长或短；胚珠2–4枚；果实常为蜿蜒状或卷褶状坚果，少数为核果；外果皮膜质，极少种类肉质，内果皮骨质或稍硬，多具棱。百蕊草科根部半寄生植物主要依靠体型较小的昆虫如蜜蜂和蝇类传粉；种子主要靠重力散布或蚂蚁传播，也可随草种调运、农具运输等进行远距离传播。

百蕊草科根部半寄生植物的生活史与列当科根部半寄生植物极为相似。种子萌发后可独立生长一段时间，随后在合适的信号诱导条件下，幼苗产生吸器并与寄主建立寄生关系，进一步发育成苗、开花并结实，完成生活史（图5.1）。种子萌发不需要寄主信号诱导。在产生吸器时，百蕊草科根部半寄生植物也需要来自寄主根系的化学信号诱导。然而，目前关于其吸器诱导信号的报道仍十分有限。仅有的少量研究表明，能诱导列当科根部半寄生植物产生吸器的2,6–二甲氧基对苯醌（DMBQ）也可成功诱导百蕊草科的根部半寄生植物产生吸器。

百蕊草科根部半寄生植物的寄主范围通常极广，部分种类的寄主可达百余种，但多数种类仍具有明显的寄主选择偏好。该科根部半寄生植物的气孔通常保持持续开放状态，蒸腾速率高于寄主植物，产生较大的蒸腾拉力以促进对寄主养分等资源的获取。与列当科的根部半寄生植物一样，百蕊草科的根部半寄生植物自身也可进行一定程度的光合作用，合成碳水化合物，同时又可从寄主中获取部分有机养分，是兼具自养和异养方式的混合营养型。它们除了与寄主植物建立寄生关系并从寄主中直接获取养分，与寄主之间还存在对土壤养分及冠层光资源的竞争关系。

百蕊草科的一些种类在美国草地生态系统中大量蔓延，严重降低了草地生产力。在欧洲的一些国家，也曾有将百蕊草作为农业杂草进行防控的报道。百蕊草主要对禾本科作物造成危害。在我国，目前尚无关于该科寄生植物大面积蔓延危害的报道。

百蕊草科的很多寄生植物可作为药用植物，具有多种保健功效。

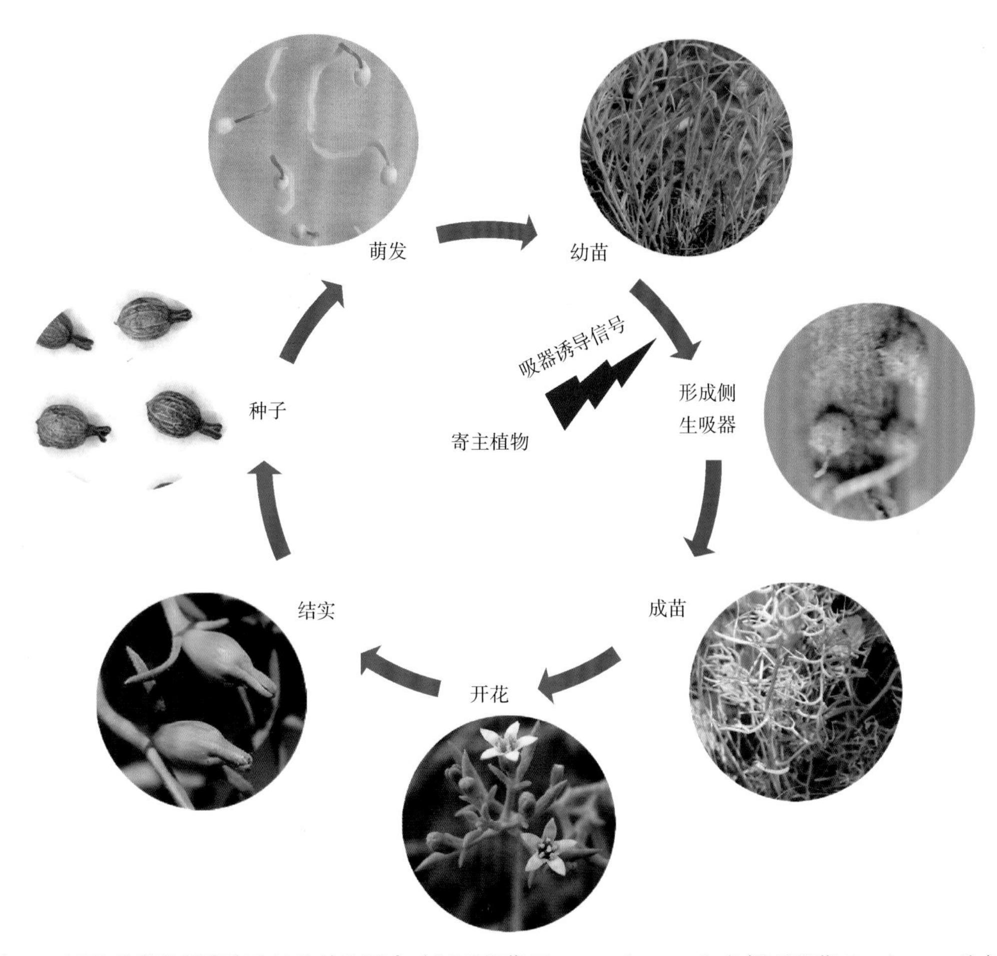

图5.1 百蕊草科根部半寄生植物的生活史（以百蕊草 *Thesium chinense* 和急折百蕊草 *T. refractum* 为例）

种子萌发后形成幼苗，在寄主植物根系分泌的吸器诱导信号诱导下，侧根产生多个侧生吸器，与寄主建立寄生关系，获取生存需要的养分和水分，成苗、开花、结实、散布种子，完成生活史

211 秦岭米面蓊

Buckleya graebneriana Diels

【俗名/别名】线苞米面蓊、面蓊、痒痒树、面牛。

【形态特征】根部半寄生落叶灌木，高达2.5m。小枝灰白色，有明显皮孔；叶绿色，长椭圆形或倒卵状长圆形，长达8cm，宽达3cm，叶基楔形，叶梢锐尖或渐尖，两面均被短刺毛，叶缘有微锯齿；叶柄极短或无柄，具微刺毛。雄花直径约3mm，常集成顶生的聚伞花序，花梗长约8mm；4枚卵状披针形花被裂片浅绿色，长于4枚雄蕊；雌花单朵顶生于枝端，具4枚淡绿色椭圆状披针形的花被裂片。核果橙黄色，椭圆状球形，长达1.5cm，果皮粗糙，常被短柔毛；果柄不超过5mm；线状倒披针形的苞片常宿存。花期4-5月，果期6-7月。

【地理分布】分布于我国甘肃、陕西、河南。生于海拔700-1800m的林中。

【常见寄主】可寄生于多种灌木或小乔木的根部。

【民间用途】果实富含淀粉，可供酿酒或食用，也可榨油；嫩叶可作蔬菜。

【栽培状况】未见报道。

【危　　害】未见大面积危害报道。

212 米面蓊

Buckleya lanceolata (Siebold et Zuccarini) Miquel

【俗名/别名】不详。

【形态特征】根部半寄生落叶灌木，高达2.5m。植株直立，多分枝，幼枝具棱或明显条纹。叶宽卵形或披针形，膜质，长达9cm，叶基楔形，向叶缘渐尖，无毛或嫩叶被稀疏短柔毛，全缘，侧脉不明显，几无叶柄。雄花花序腋生和顶生，雄花淡黄棕色，卵圆形，直径约4mm；雌花单生于叶腋或枝顶，花被呈小漏斗形，裂片三角状卵形。核果椭圆形或倒圆锥形，长约1.5cm，果皮无毛，宿存苞片披针形或倒披针形叶状，长约4cm；果柄棒状，具节，长达1.5cm。花期6月，果期9-10月。

【地理分布】分布于我国安徽、浙江、湖北、河南、山西、陕西、四川、甘肃和宁夏。日本也有分布。生于海拔700-1800m的山林。

【常见寄主】可寄生于多种灌木或小乔木的根部。

【民间用途】果实含淀粉，可盐渍食用。叶可入药。具有清热解毒、燥湿止痒的功效。用于缓解皮肤瘙痒、蜂蜇肿痛。

【栽培状况】未见报道。

【危　　害】未见大面积危害报道。

213 华北百蕊草

Thesium cathaicum Hendrych

【俗名/别名】不详。

【形态特征】根部半寄生多年生草本，高约20cm。植株直立或斜升，茎多分枝，具纵棱和纵沟。叶狭线形，长达3cm，宽约0.6mm，全缘，仅具1条不明显的叶脉，无柄。花序总状，常集成圆锥状；花稀疏，花梗长达1cm，花被呈长漏斗状，长约8mm，花被片5裂，披针状长圆形，内侧呈白色，深裂至中部。坚果近圆柱状，长约3mm，果皮具明显隆起的网脉；花被宿存，呈高脚杯状，长约5mm。花期5-6月，果期6-7月。

【地理分布】中国特有种，分布于山西、河北、山东。生于海拔300-2500m的草丛。

【常见寄主】可寄生多种草本植物。

【民间用途】不详。

【栽培状况】未见报道。

【危　　害】未见大面积危害报道。

214 百蕊草

Thesium chinense Turczaninow

【俗名/别名】草檀、积药草、珍珠草。

【形态特征】根部半寄生多年生草本，高达40cm。全株略被白粉，无毛；茎细长，斜升向上，多在基部分枝而簇生。叶线形，长达3.5cm，宽约1mm，叶梢急尖或渐尖，仅具1条脉。花单生于叶腋，花梗长约3mm，苞片1枚，线状披针形；花被绿白色，管状，长约3mm，有5枚顶端锐尖的花被裂片。坚果卵球形，长约2.5mm，果皮上有明显隆起的网脉，宿存的花被近球形。花期4-5月，果期6-7月。

【地理分布】在我国大部分省区均有分布。日本、朝鲜、蒙古国等多个国家均有分布。既可生于潮湿的溪边、田野和草甸，也可长在较干旱的沙漠带边缘、干草原和石砾坡地。

【常见寄主】寄主范围极广。可寄生禾本科、菊科、豆科、酢浆草科、伞形科、紫草科、百合科、十字花科等多种草本植物，以鼠曲草、夏枯草和白茅为较优寄主。

【民间用途】全株入药。具有清热、利湿、解毒等功效。用于缓解风寒感冒、中暑、肺痈、淋巴结核、乳痈、疖肿、淋症、黄疸、腰痛、遗精等症。

【栽培状况】在我国安徽滁州和江苏茅山有栽培。

【危　　害】未见大面积危害报道。

215 藏南百蕊草

Thesium emodi Hendrych

【俗名/别名】不详。

【形态特征】根部半寄生多年生草本。茎多匍卧，长达15cm，较少分枝，具不明显的纵棱。叶长圆形，叶长约1cm、宽约2mm，叶缘粗糙，仅具1条叶脉，无柄。花序总状，花单生，长约6mm；苞片叶状，长约1.5cm，常与花梗基部合生；花被内侧白色，外侧淡绿色或绿黄色，深裂至中部，具长狭条形的裂片5枚。坚果淡黄色，椭圆状，长约3mm，果皮上纵脉明显；宿存的花被近圆柱状。

【地理分布】分布于我国云南和西藏。尼泊尔和不丹也有分布。生于海拔4200m的山谷或山坡草甸及灌丛。

【常见寄主】可寄生多种草本植物。

【民间用途】全株入药。具有清热解毒、消炎去肿、补肾涩精等功能。用于缓解急性乳腺炎、肺炎、扁桃体炎、上呼吸道感染、肺脓肿、肾虚腰痛、头昏乏力、遗精、滑精等症。

【栽培状况】未见报道。

【危　　害】未见大面积危害报道。

216 露柱百蕊草

Thesium himalense Royle ex Edgeworth

【俗名/别名】九仙草。

【形态特征】根部半寄生多年生草本，高约15cm。茎绿色，细长，无毛，有纵条纹，偶有分枝。叶线形，长约3cm，宽约1mm，叶梢短尖，叶基渐狭，常仅具1条脉，近无柄。花单生，常集成稀疏的总状花序；花梗长达5cm，有细纵纹；苞片线形，长达2.5cm；花被裂片长卵圆形，长约1mm，花被内侧白色，外侧淡绿色或绿黄色；雄蕊5枚，不外露；雌蕊柱头外伸，扁头状。坚果椭圆状，直径约6mm。花期6月，果期8-9月。

【地理分布】分布于我国四川和云南。印度和尼泊尔也有分布。生于海拔2900-3700m的向阳草坡。

【常见寄主】可寄生多种草本植物。

【民间用途】全株入药。具有祛风清热、疏风解痉等功效。用于缓解感冒、中暑、小儿肺炎、咳嗽、惊风等症状。

【栽培状况】未见报道。

【危　　害】未见大面积危害报道。

217 长花百蕊草

Thesium longiflorum Handel-Mazzetti

【俗名/别名】绿珊瑚。

【形态特征】根部半寄生多年生草本，高达15cm。茎绿色，常在基部分枝，倾卧上升，有纵条纹。叶线形或线状披针形，长达1.7cm，宽约2mm，叶缘常粗糙，具3条叶脉。花黄白色，长达1cm，总状花序常集成圆锥花序状；花梗长约1.3cm；苞片线状披针形，长达2.5cm；花被管圆筒状，常裂至中部，具5枚长圆状线形裂片，裂片内侧白色；雄蕊和花柱均不外露。坚果球形，直径约4.5mm，果皮上有10条左右纵脉。花期6-7月，果期8-9月。

【地理分布】中国特有种，分布于云南、四川、青海和西藏。生于海拔2600-4100m的向阳草坡或干燥疏林。

【常见寄主】可寄生多种草本植物。

【民间用途】全株入药。具有清热、通脉等功效。用于缓解脉热、心脏病等症状。

【栽培状况】未见报道。

【危　　害】未见大面积危害报道。

218 长叶百蕊草

Thesium longifolium Turczaninow

【俗名/别名】不详。

【形态特征】根部半寄生多年生草本，高达50cm。茎绿色，有明显纵沟，常丛生。叶线形，无柄，长约4.5cm，宽约2.5mm，具3条叶脉。花序总状，腋生或顶生；花黄白色，钟状，长约5mm；花梗长可达2cm，有细条纹；苞片1枚，线形，长约1cm；具狭披针形的花被裂片5枚，花被片内侧白色。坚果黄绿色，卵球形，长约4mm，果皮上偶见分叉的隆起纵脉。花期6-7月，果期7-9月。

【地理分布】分布于我国北部和东北部各省区，西至云南，南至江苏。俄罗斯和蒙古国也有分布。生于海拔1200-2000m的草甸。

【常见寄主】可寄生多种草本植物。

【民间用途】全株入药。具有清热、通脉等功效。用于缓解肺热病、心脏病、肺脓肿等病症。

【栽培状况】未见报道。

【危　　害】未见大面积危害报道。

219 滇西百蕊草

Thesium ramosoides Hendrych

【俗名/别名】不详。

【形态特征】根部半寄生多年生草本，高达40cm。植株直立或斜升，茎粗壮，分枝较多。叶线形，长约2.5cm，宽约1.5mm，仅具1条叶脉。花序总状，常集成排列稀疏的圆锥花序状；花白色，阔钟形，长约3.5mm；苞片狭线形，长达2.5cm；花梗长约6mm；花被常开裂至中部，具5枚三角状长圆形的裂片，顶端先外折再内弯而呈爪状；雄蕊和花柱均内藏。坚果卵状椭圆形，长约3mm，果皮上的纵脉明显。花期5-6月，果期7-8月。

【地理分布】中国特有种，分布于云南和四川。生于海拔2900-3700m的草坡。

【常见寄主】可寄生多种草本植物。

【民间用途】全株入药。具有清热、通脉等功效。用于缓解脉热、心脏病等病症。

【栽培状况】未见报道。

【危　　害】未见大面积危害报道。

220 急折百蕊草
Thesium refractum Meyer

【俗名/别名】九龙草、九仙草、松毛参、六天草。

【形态特征】根部半寄生多年生草本，高达40cm。茎绿色，有明显的纵沟，植株多直立。叶披针形，长达5cm，宽约2.5mm，叶梢圆钝，叶基收狭但不下延，无柄，叶面粗糙，常仅具1条脉。花序总状，腋生或顶生；总花梗呈“之”字形；花白色，长约6mm，花梗长约7mm，具棱，花先向后倾再反折；叶状苞片1枚；花被阔漏斗状，具5枚线状披针形的裂片；雄蕊和花柱均不外露。坚果长卵球形，长约3mm。花期6-7月，果期8-9月。

【地理分布】分布于我国西南、西北、华北至东北地区的多个省份，有标本记录的包括云南、四川、青海、西藏、甘肃、宁夏、新疆、山西、湖北、湖南、吉林、辽宁、黑龙江、内蒙古等省份。日本、朝鲜、吉尔吉斯斯坦、哈萨克斯坦、蒙古国和俄罗斯也有分布。生于海拔500-4000m的沼泽地或坡地草丛。

【常见寄主】可寄生多种草本植物。

【民间用途】全株入药。具有清肺止咳、解痉、消疳等功效。用于缓解多种小儿疾病，包括肺炎、支气管炎、肝炎、腓肠肌痉挛、惊风、疳积、血小板减少。

【栽培状况】未见报道。

【危　　害】未见大面积危害报道。

221 远苞百蕊草
Thesium remotebracteatum Wu et Tao

【俗名/别名】不详。

【形态特征】根部半寄生多年生草本。茎纤细、有棱槽，常倾卧上升，分枝较少。叶线形，无柄，长约2cm，宽约2mm，仅1条叶脉。花序总状，常分枝；苞片叶状，长达4cm；花梗长达4cm；叶状小苞片2枚；花被管状，具三角形裂片5枚，长约2mm；雄蕊和花柱均不外露。坚果。花期 6-7月，果期8-9月。

【地理分布】中国特有种，分布于云南。生于海拔2800m左右的草地、山坡或田边。

【常见寄主】可寄生多种草本植物。

【民间用途】不详。

【栽培状况】未见报道。

【危　　害】未见大面积危害报道。

第六章　蛇菰科寄生植物

蛇菰科Balanophoraceae是檀香目中包含根部全寄生植物数量最多的科。该科的寄生植物为一年生或多年生肉质草本，无正常的根、茎和叶片，不含叶绿素，寄生于寄主植物的根或根状茎上，所有种类均为根部全寄生植物。蛇菰科是寄生植物中一个独特而重要的类群，具有独特的形态学特征和生物学特性。这些寄生植物常被误认为是大型真菌。该科绝大多数植物都缺乏顶端分生组织，也没有真正的表皮，并且该科植物完全没有气孔。与其他寄生植物类似，它们通过形成吸器与寄主的维管束建立物理和生理连接。然而，与大多数寄生植物不同的是，蛇菰科的吸器通常发育成发达的根茎状结构（图6.1A）。部分蛇菰科物种根茎中的维管组织既包含自身组织，也包含寄主根的组织，是双方维管组织共同组成的嵌合体（图6.2）。

图6.1　蛇菰科根部全寄生植物的吸器通常长成发达的根茎

A：海桐蛇菰 *Balanophora tobiracola*；B：宜昌蛇菰 *B. henryi*；C：盾片蛇菰 *Rhopalocnemis phalloides*

图6.2　宜昌蛇菰*Balanophora henriy*根茎的形态及其吸器解剖结构

A：宜昌蛇菰根茎（BR）寄生于寄主的根段（HR）；B：宜昌蛇菰的吸器是由其自身根茎与寄主根段（绿色虚线所示区域为寄主根的纵切面）双方维管组织共同组成的嵌合体（粉色虚线所示的为一部分复合维管束）

世界范围内正式收录的蛇菰科寄生植物共14属42种。根据*Flora of China*记载，我国分布有2属13种，包括蛇菰属*Balanophora* 12种和盾片蛇菰属*Rhopalocnemis* 1种；但根据《中国植物志》的记载，我国有蛇菰属植物19种。蛇菰科的寄生植物主要分布在热带和亚热带地区。在我国主要分布于南方各省，北方较少见。

蛇菰科的寄生植物根茎粗壮、肉质，呈绿色、黄色、红色或红棕色，多数有分枝，根茎表面常具鳞状体、疣瘤或皮孔；花茎圆柱状，从根茎发出，常被裂鞘包被，不分枝；叶片退化为鳞片状，互生、2列或近对生，有时轮生，很少聚生或丛生，没有气孔；花序肉穗状或近头状，顶生，苞片盾状或短棒状；花微小，是被子植物中花最小的类群之一，有些种类的花只由数十个细胞组成；单性花，雌雄同株或异株；雄花常较雌花大，有梗或无梗；花被顶部常有镊合状或齿状裂片，有时无花被；无花被的花中雄蕊常1或2枚，具花被的花中雄蕊常与花被裂片数目相同且对生；花丝离生或合生，花药2至多室；雌花微小，无花被或花被与子房合生；子房上位，1–3室；花柱顶生，1或2条，柱头多不开叉或呈头状；果实为小的坚果，内含1粒球形种子。蛇菰科寄生植物的传粉者丰富多样，已报道的访花生物有鸟类、小型哺乳动物和昆虫。鸟类和部分取食果实的小型哺乳动物可传播蛇菰科寄生植物的种子，部分种类的种子也可以随水传播，通常传播距离有限。

在蛇菰科寄生植物种子萌发过程中，胚乳细胞在胚根端长出具黏性的管状结构，将种子固着在寄主幼嫩的根上，胚的根茎层细胞延伸成为初生吸器管，侵入寄主并与其维管束连接。随后与初生吸器相邻的分生组织中产生次生吸器细胞，胚的其余部分发育成根茎。在初生吸器周围的寄主薄壁细胞恢复分生能力，部分细胞分化形成多孔导管细胞，其余的继续保持分生能力，挤压在蛇菰的次生吸器细胞之间，形成复合维管束，随着块茎的生长，复合维管束会不断分枝。这些维管束可视为寄生物和寄主共同形成的不定根，根茎的其余部分相当于茎的结构。蛇菰科的寄生植物在地下部分隐藏较长时间，只在形成花序后才钻出地面，之后在较短时间内开花、结实，完成生活史（图6.3）。

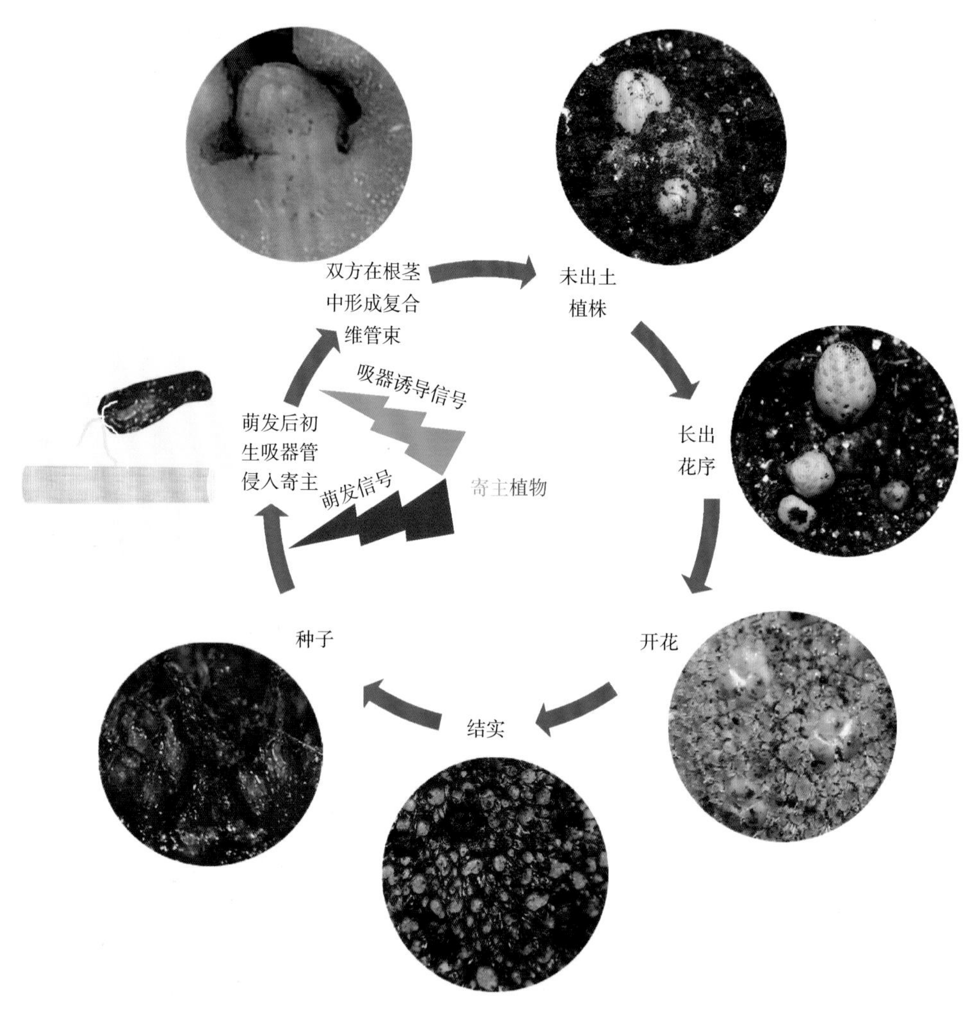

图6.3　蛇菰科根部全寄生植物的生活史（以海桐蛇菰*Balanophora tobiracola*为例）

种子萌发过程中，具黏性的胚乳管先将种子固着在寄主幼嫩的根上，初生吸器管侵入寄主并与其维管束连接，随后次生吸器细胞与寄主细胞共同在蛇菰根茎中形成复合维管束，从寄主中获取养分，植株在地下生长一段时间后，长出花序，开花、结实，进入新一轮种子的散布

蛇菰科寄生植物的寄主选择特异性不强，可在多种灌木或乔木的根部寄生。已报道的蛇菰科寄主有近40科70余种植物。遗憾的是，当前关于蛇菰科寄生植物与寄主互作的生物学和生态学过程及相关调控机制研究十分有限。

蛇菰科的不少种类可作为药用植物，主要的化学成分有苯丙素类、三萜类、黄酮类、甾体类等，具有消炎止痛、补肝益肾、强筋健骨、祛风除湿等功效，可用于多种疾病的辅助调理。

222 川藏蛇菰

Balanophora fargesii (Tieghem) Harms

【俗名/别名】不详。

【形态特征】根部全寄生草本，高达20cm。根茎黄褐色，常呈卵球形，直径约3cm，分枝较少，表面有小颗粒状突起和黄色的星状皮孔。花茎红黄色，长达12cm，有轮生的鳞苞片3-5枚，基部合生呈筒鞘状，顶端呈撕裂状。花序头状，雌雄花同序；雄花位于花序基部，近球状，直径约3mm，花被裂片呈阔三角形，聚药雄蕊扁盘状，具短梗；雌花密集于花序上，子房卵圆形，有1条花柱。花期7-8月。

【地理分布】分布于我国云南、四川和西藏。不丹也有分布。生于海拔2700-3100m的松杉混交林。

【常见寄主】可在无患子科槭属、小檗科小檗属、杨柳科柳属、杜鹃花科杜鹃花属、五味子科五味子属等多种植物的根部寄生。

【民间用途】全株入药。具有止血、消炎和镇痛等功效。用于缓解痔疮、胃病等症。

【栽培状况】未见报道。

【危　　害】未见大面积危害报道。

雌雄花同序

花序特写

223 红冬蛇菰

Balanophora harlandii Hooker

【俗名/别名】葛菌、地红果。

【形态特征】根部全寄生草本，高达9cm。根茎苍褐色，分枝或不分枝，呈脑状皱褶，有较多小斑点，根茎内含大量蜡质物。花茎淡红色，具肉质长卵圆形鳞苞片5-10枚，聚生于基部而呈总苞状。花雌雄异序，无盾状鳞片；雄花序扁球形或卵球形，轴有蜂窠状洼穴，着花3朵，具3枚阔三角形的花被裂片，聚药雄蕊，花药3枚，花具长梗，自洼穴伸出；雌花序卵球形至椭圆形，子房黄色，常无柄，具1条丝状花柱。花期9-11月。

【地理分布】分布于我国广东、广西等岭南地区。东南亚也有分布。生于海拔600-2100m较湿润的荫蔽林。

【常见寄主】常在铁刀木、海南崖豆藤、印度鸡血藤、崖豆藤、密花豆、掌叶榕、冷水花、红雾水葛、水麻等植物的根部寄生。

【民间用途】全株入药。具有清热解毒、补肝益肾、活血消肿、止血生肌的功效。用于缓解咳嗽、咯血、疮疡肿痛、跌打损伤、痔疮、梅毒等病症，亦用来解酒或煲汤食补。

【栽培状况】未见报道。

【危　　害】未见大面积危害报道。

224 宜昌蛇菰

Balanophora henryi Hemsley

【俗名/别名】土菌子。

【形态特征】根部全寄生草本，高达3-8cm。根茎黄褐色至灰褐色，不规则扁球形，直径3-5cm，多呈脑状皱缩，表面粗糙，常见分枝。花茎红黄色，长达1-6cm，鳞苞片红色，约7枚，通常抱茎对生。雌雄花异序，花序卵圆形，直径约2cm；雄花直径3-4mm，花被裂片3枚，呈阔三角形，聚药雄蕊有3枚花药，初花时花梗不明显，随开放时间推移而花梗延长，可达3mm；雌花密集于花序上，整体红色至深褐色。花期9-12月。

【地理分布】分布于我国长江流域，主要包括湖北、广西、广东、四川和陕西等省区。生于海拔600-1700m的杂木林。

【常见寄主】可在铁刀木、崖豆藤、密花豆、红雾水葛、水麻等多种植物的根部寄生。

【民间用途】全株入药。具清热解毒、活血消肿、止血生肌的功效。用于疮疡肿痛、跌打损伤等病症，亦用来煲汤食补。

【栽培状况】未见报道。

【危　　害】未见大面积危害报道。

雌雄花序混生

雄花序特写

雌花序

225 印度蛇菰

Balanopha indica (Arnott) Griffith

【俗名/别名】不详。

【形态特征】根部全寄生草本，高达25cm。根茎橙黄色至褐色，常分枝，表面粗糙并有方格状突起。花茎红色、粗壮，有阔卵形的鳞苞片10-20枚，呈覆瓦状排列。花雌雄异序，无盾状鳞片；雄花序红色，卵球状，雄花密集，辐射对称，具椭圆状披针形的花被裂片4-6枚，聚药雄蕊，具“U”形花药4或5枚，花梗长达1cm；雌花序暗紫红色，近球形，子房上有1条花柱。花期10-12月。

【地理分布】分布于我国广东、海南、广西和云南。印度、缅甸、泰国、越南、老挝、菲律宾、印度尼西亚、马来西亚及大洋洲群岛也有分布。生于海拔900-1500m常绿阔叶林。

【常见寄主】可在无患子科、小檗科、杜鹃花科等多种植物的根部寄生。

【民间用途】全株入药。具有补肾壮阳等功效。用于缓解阳痿等症。

【栽培状况】未见报道。

【危　　害】未见大面积危害报道。

雄花序

226 红烛蛇菰
Balanophora kawakamii Valeton

【俗名/别名】山狗球、千麻公子、仇人不见面、深山不出头。

【形态特征】根部全寄生草本，高达14cm。根茎红褐色或淡紫红色，通常分枝，表面有颗粒状疣和红黄色星芒状皮孔；花茎黄色至淡红色，肉质鳞苞片通常抱茎对生。花雌雄异序，均呈圆锥状球形；雄花序扁球形或卵球形，雄花苍褐色，着花3朵，花梗长3-6mm；雌花序卵球形至椭圆形，子房黄色，常无柄，具1条丝状花柱，附属体圆柱形。花期3-5月，果期5-7月。

【地理分布】分布于我国广西、贵州和台湾等地。生于海拔1100-2000m较湿润的荫密林或山谷间。

【常见寄主】可在铁刀木、海南崖豆藤、印度鸡血藤等多种植物的根部寄生。

【民间用途】全株入药。具有清热解毒、散瘀消肿、凉血止痛等功效。用于咯血、胃痛、疮疡肿痛、痔疮、跌打损伤等病症。

【栽培状况】未见报道。

【危　　害】未见大面积危害报道。

雄花序侧面观

雄花序特写

227 疏花蛇菰

Balanopora laxiflora Hemsley

【俗名/别名】石上莲、山菠萝、通天蜡烛。

【形态特征】根部全寄生草本，高达20cm。全株鲜红色至暗红色，偶见紫红色。根茎分枝，表面密生粗糙斑点和黄白色星芒状皮孔，根茎内含大量蜡质物。花茎上有8-14枚长椭圆形并互生的鳞苞片，基部包裹花茎。花雌雄异序，无盾状鳞片；雄花序圆柱状，雄花近辐射对称，在花序上排列较稀疏，具近圆形花被裂片4-6枚，聚药雄蕊呈圆盘状，花药5枚；雌花序长卵圆形，子房卵圆形，具1条细长的花柱。花期9-11月。

【地理分布】分布于我国云南、四川、西藏、广西、广东、福建、贵州、湖北、湖南、江西、浙江和台湾。老挝、泰国和越南也有分布。生于海拔600-1700m的密林。

【常见寄主】可在山茶科等多种乔木或灌木的根部寄生。

【民间用途】全株入药。具有清热利湿、润肺止咳、行气健胃、凉血止血、补肾涩精等功效。用于缓解肺热咳嗽、腹部疼痛、痔疮肿痛、月经不调、跌打损伤、外伤出血等病症。

【栽培状况】未见报道。

【危　　害】未见大面积危害报道。

雄花序

雌花序

雄花序特写

雌花序与根茎

228 杯茎蛇菰
Balanophora subcupularis Tam

【俗名/别名】不详。

【形态特征】根部全寄生草本，高约8cm。根茎淡黄褐色，表面密被颗粒状小突起和淡黄色星芒状皮孔，根茎内含大量蜡质物。花茎常被3-8枚卵圆形的肉质鳞苞片包被。花雌雄同序，花序卵形，无盾状鳞片；雄花位于花序基部，近辐射对称，具4枚披针形的花被裂片，聚药雄蕊呈圆盘状；雌花子房卵圆形，具1条花柱。花期9-11月。

【地理分布】分布于我国云南、广东、广西、贵州、湖南、江西和福建。生于海拔600-1500m的密林。

【常见寄主】常寄生于天仙果、宁麻、四子柳、野漆树、盐肤木、鸡血藤、峨眉葛藤的根部，在卫矛科南蛇藤属和无患子科枫属植物的根部也可寄生。

【民间用途】全株入药。具有行气健胃、凉血止血、补肾涩精等功效。用于缓解痔疮、虚劳出血、腰痛等症状。

【栽培状况】未见报道。

【危　　害】未见大面积危害报道。

雌雄花同序　花序特写

229 海桐蛇菰
Balanopbora tobiracola Makino

【俗名/别名】鸟黐蛇菰、旋生蛇菰。

【形态特征】根部全寄生草本，高达10cm。全株红黄色。根茎多分枝，近球形或扁球形，表面粗糙，具小斑点和星芒状皮孔，根茎内含大量蜡质物。花茎浅黄色，被数枚长圆状披针形的鳞苞片包裹。花雌雄同序，圆锥状长圆形或卵状椭圆形，长达4cm，无盾状鳞片；雄花常散生于雌花丛中，直径约3mm，具卵圆形的花被裂片3枚，聚药雄蕊，具3枚花药；雌花子房卵圆形，具1条丝状花柱。花期8-12月。

【地理分布】分布于我国江西、湖南、广东、广西和台湾。日本也有分布。生于海拔500m左右的密林。

【常见寄主】常寄生于海桐花属和石斑木属植物的根部。

【民间用途】全株入药。可抑制α-葡萄糖苷酶和脂肪酶活性。用于2型糖尿病的辅助调理。

【栽培状况】未见报道。

【危　　害】未见大面积危害报道。

雌雄花同序

完整植株

230 盾片蛇菰
Rhopalocnemis phalloides Junghuhn

【俗名/别名】不详。

【形态特征】根部全寄生草本，高达30cm。全株浅黄色或黄褐色。根茎高达13cm，顶端有裂鞘，具三角形裂片5枚；根茎内有大量淀粉。花茎长达10cm，鳞苞片旋生，偶见散生，有疣状突起。花序长达20cm，嫩时为盾状鳞片所遮盖；花无梗，雌雄花同序时雄花常位于花序基部。

【地理分布】分布于我国云南东南部和广西西部。印度、尼泊尔、柬埔寨、泰国、越南、印度尼西亚也有分布。生于海拔1000-2700m的密林或灌丛。

【常见寄主】常见寄主有桑科、壳斗科、山茶科、大戟科、豆科等植物。

【民间用途】全株入药。具有较高的抗氧化活性。用于心脑血管疾病的辅助调理和食补。

【栽培状况】未见报道。

【危　　害】未见大面积危害报道。

花序
市售的干植株

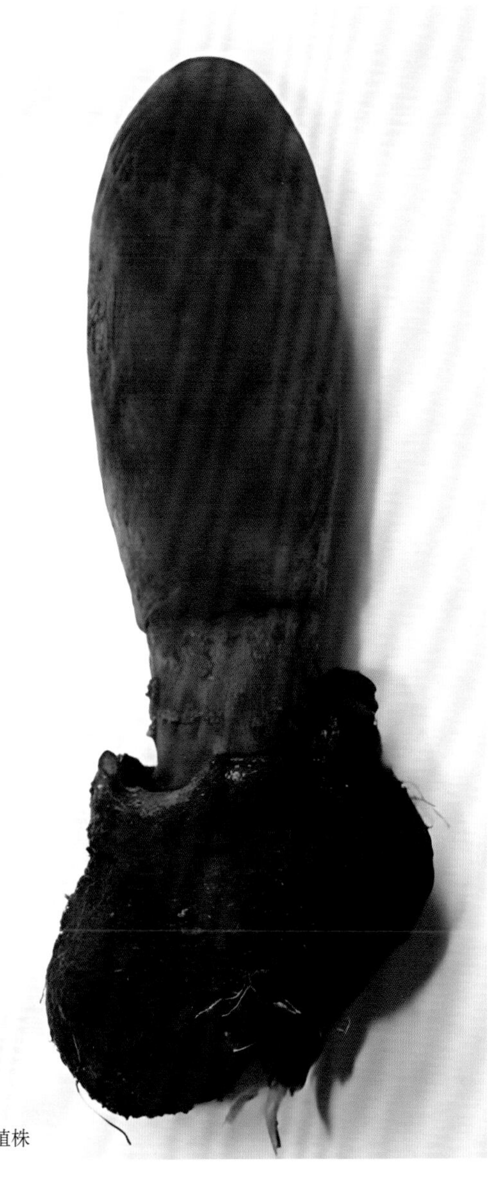
植株

第七章　榄仁檀科寄生植物

榄仁檀科Amphorogynaceae的寄生植物为常绿或落叶灌木、藤本或小乔木，寄生于木本植物的根部或枝干。这是檀香目寄生植物中颇为奇特的一个科，包含十分丰富而独特的寄生模式。除了根部半寄生小灌木或小乔木、茎部半寄生小灌木及茎部半寄生藤本植物，还包含一些处于从根寄生向茎寄生过渡、从半寄生向全寄生过渡状态的种类。这些寄生植物既能寄生于寄主根部，也可寄生于寄主茎部，称为两栖类寄生植物（amphiphagous parasite）。

世界范围内正式收录的榄仁檀科寄生植物共9属74种，我国分布有2属12种，包括寄生藤属*Dendrotrophe*和重寄生属*Phacellaria*各6种。榄仁檀科的寄生植物在世界范围内主要分布在东南亚、澳大利亚和新喀里多尼亚，在我国主要分布在华南和西南地区的热带与亚热带地区。

榄仁檀科寄生植物的叶片多互生或近轮生，部分种类具二型叶，有柄或无柄，少数种类叶片退化为鳞片状；花序多样，单花、穗状花序、总状花序、单歧聚伞花序、伞形花序或圆锥花序，顶生或腋生；两性花或单性花，雌雄同株或异株；花具梗或无梗；无花萼；花瓣4-6枚，部分种类的花瓣呈钩状，有时具较短的花冠管，多有丛生的花冠毛；多有蜜腺；雄蕊数与花瓣数相等，花丝短而粗壮，或几不可见；花药4室，前后药室大小不等，各小药室单独横向开裂；子房下位，1-6室；花柱短圆柱形、圆锥形或不明显，柱头3-5裂；胚珠2-5枚，着生于子房基部的凹陷处；核果或假核果，直径3cm或稍短；果柄不膨大，非肉质；果实被宿存的花被包裹，不开裂，内有1粒种子。榄仁檀科寄生植物的传粉主要依靠昆虫、鸟类或风力。该科多数植物种类的种子借助鸟类传播。

榄仁檀科重寄生属寄生植物的种子被鸟类取食后经消化道随粪便排出，粘固在寄主枝条上，在条件合适的情况下萌发，之后侵入寄主，逐步分化形成顶生吸器，与寄主维管束建立连接，获取寄主的养分和水分；生长一段时间后，在寄主枝干内部蔓延，植株不断发展壮大，开花、结实，并进行新一轮种子的散布，或在其他部位长出新的植株（图7.1）。

榄仁檀科多数寄生植物的寄主范围较窄。重寄生属植物的直接寄主仅有10余种，主要是桑寄生科的植物，个别重寄生属植物也可寄生榄仁檀科寄生藤属植物。

鉴于榄仁檀科寄生植物的寄生模式多样，其吸器类型也颇为丰富。既有在寄主枝干上产生吸器的茎寄生类型，也有在寄主根部产生吸器的根寄生类型；既有只产生顶生吸器的种类，也有产生大量侧生吸器的种类；既有沿寄主枝干产生皮表根的种类，也有不产生皮表根的种类。关于榄仁檀科寄生植物的吸器解剖结构特征研究较少。有限的资料表明，榄仁檀科寄生植物的吸器在寄主组织内也存在维管束结构片段化的现象，并会在寄主组织内分支，形成类似皮层束的结构。榄仁檀科的部分寄生植物和寄主之间既有韧皮部连接又有木质部连接，其他物种则仅通过木质部组织中的导管细胞与寄主维管束连接。榄仁檀科所有寄生植物均可从寄主中获取有机养分。

目前尚未见到有关榄仁檀科寄生植物严重危害林木或农作物的报道，一些种类的个体数量甚至非常少。其中，重寄生属植物植株通常非常矮小，常被误以为是桑寄生科寄生植物的花序，得到的关注较少，加上其重寄生特性的限制，在其寄主受到较多人为干扰和破坏的情况下，多数种类处于濒危或极度濒危状态。

关于榄仁檀科寄生植物的民间利用情况和生态功能研究方面，文字记载也非常有限。

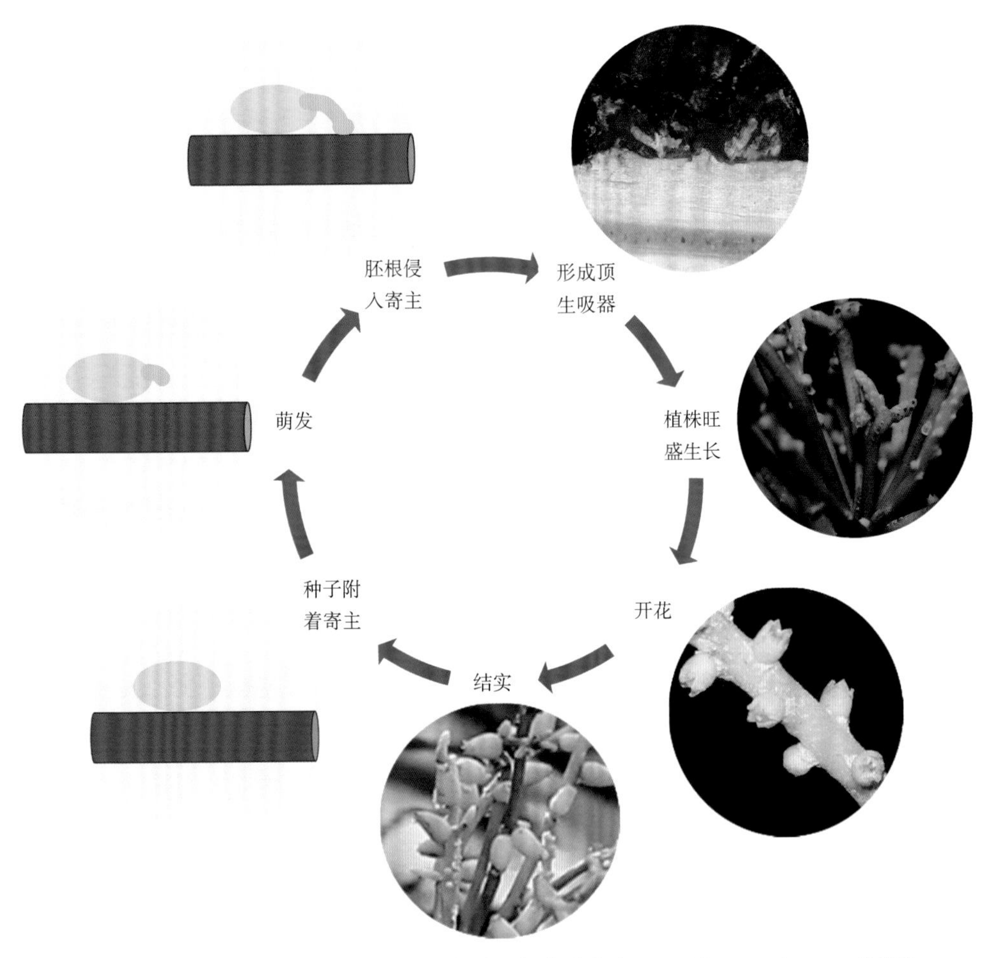

图7.1　榄仁檀科重寄生植物的生活史（以长序重寄生 *Phacellaria tonkinensis* 为例）

种子粘附在寄主上后，环境条件合适即可萌发，胚根顶端与寄主接触后形成吸盘，侵入寄主枝干，并分化形成顶生吸器，植株不断生长壮大，开花、结实，并进行新一轮种子的散布

231 异花寄生藤

Dendrotrophe platyphylla (Sprengel) Xia et Gilbert

【俗名/别名】不详。

【形态特征】茎部半寄生木质藤本，高约2m。枝直立或缠绕，幼枝略呈四棱形，粗糙，常具明显的纵长形皮孔和瘤状突起；老枝圆柱形，具纵纹。叶形变化大，多为椭圆状卵形，长约2.7cm，宽约1.7cm，叶梢圆钝，从中部向叶基骤收狭缩并下延成叶柄，叶缘常翻折；基生叶脉7-9条；叶柄短而扁，具狭翅。花鹅黄绿色，长约1.8mm；雄花常5或6朵簇生；雌花单生，也见3或4朵簇生。核果红色或橙黄色，近球形，直径约4mm。花期5-7月，果期8-10月。

【地理分布】分布于我国云南西北部。尼泊尔、印度、不丹、缅甸、马来西亚也有分布。生于海拔2000-3700m的阔叶林。

【常见寄主】多寄生于栎属植物的枝干。

【民间用途】不详。

【栽培状况】未见报道。

【危　　害】未见大面积危害报道。

232 寄生藤
Dendrotrophe varians (Blume) Miquel

【俗名/别名】青藤公、左扭香、鸡骨香藤、观音藤、藤香、熊胆藤、入地寄生。

【形态特征】茎部或根部半寄生灌木或木质藤本，枝长可达8m。嫩枝黄绿色，三棱形，多扭曲；老枝深灰黑色。叶倒卵形至阔椭圆形，革质，长达7cm，宽达4.5cm，叶梢圆钝具短尖，向叶基狭缩并下延成叶柄；基出脉3条；叶柄扁平，长约1cm。花常为单性花，雌雄异株，少数为两性花；雄花球形，长约2mm，常5或6朵形成聚伞状花序，花被具三角形裂片5枚，花盘5裂；雌花或两性花常单生，雌花短圆柱状，柱头不分裂，具锥尖，两性花卵球形。核果红棕色或红褐色，卵状或卵圆形，长约1.2cm。花期1-3月，果期6-8月。

【地理分布】分布于我国福建、广东、香港、广西、云南和海南。越南也有分布。生于海拔100-300m的山地灌丛或乔木上。

【常见寄主】可在多种灌木的根部或地下茎上寄生。

【民间用途】全株入药。具有散瘀消肿、消炎止痛等功效。用于缓解跌打、刀伤、过敏性皮炎、荨麻疹等疾病。

【栽培状况】未见报道。

【危　　害】未见大面积危害报道。

233 重寄生

Phacellaria fargesii Lecomte

【俗名/别名】不详。

【形态特征】茎部半寄生，枝长6-8cm。叶片小鳞片状。花序黄绿色，有纵条纹，不分枝，密集簇生，幼嫩时被锈红色短柔毛；花黄白色，两性花，常单生，长约2.5mm；苞片卵状三角形，长约1.3mm，顶端反折；花被常具5枚裂片，与花盘离生，长不达0.7mm；雄蕊5枚。核果卵球形，长约8mm，有纵沟5或6条。种子1粒，圆柱状。花期7-8月，果期8-9月。

【地理分布】中国特有种，分布于四川、贵州、湖北和广西。分布海拔1000-1400m。

【常见寄主】常寄生于锈毛钝果寄生等桑寄生科植物的枝上。

【民间用途】不详。

【栽培状况】未见报道。

【危　　害】未见大面积危害报道。

234 硬序重寄生

Phacellaria rigidula Bentham

【俗名/别名】不详。

【形态特征】茎部半寄生，枝长10-25cm。叶片小鳞片状。花序黄绿色，簇生，不分枝或很少分枝，圆柱状，直径约1.5mm；苞片卵状椭圆形，长约1mm，覆瓦状排列；花单性，雌雄同株；雄花近球形，直径约1.6mm，具三角形花被裂片4或5枚；雌花倒卵形，直径约1.7mm。核果卵球状，长约4mm，具明显的5条棱。花期5月，果期9月。

【地理分布】分布于我国云南、四川、广西、广东。缅甸也有分布。分布海拔1400-2100m。

【常见寄主】常寄生桑寄生科钝果寄生属和槲寄生科槲寄生属的植物。

【民间用途】不详。

【栽培状况】未见报道。

【危　　害】未见大面积危害报道。

235 长序重寄生

Phacellaria tonkinensis Lecomte

【俗名/别名】不详。

【形态特征】茎部半寄生，枝长达30cm。叶片小鳞片状。花序黄绿色，簇生，不分枝或很少分枝，圆柱状，直径约1.5mm；苞片半圆形或近圆形，长约0.5mm，初时呈覆瓦状排列；无总苞；花单性或两性，雌雄异株或同株，花常簇生；雄花的花被管绿白色，具5枚三角形花被裂片，雄蕊5枚；雌花和两性花的三角形花被裂片也多为5枚，偶见6枚。核果卵状长椭圆形，长约9mm。种子椭圆形。花期6-8月，果期10月至翌年2月。

【地理分布】分布于我国云南、广东、广西、海南和福建。越南也有分布。分布海拔1000m左右。

【常见寄主】常寄生广寄生、双花鞘花、离瓣寄生等寄生植物。

【民间用途】不详。

【栽培状况】未见报道。

【危　　害】未见大面积危害报道。

第八章　旋花科寄生植物

旋花科Convolvulaceae是茄目唯一一个包含寄生植物的科，其中仅菟丝子属*Cuscuta*具有寄生特性。菟丝子属的寄生植物多为一年生缠绕草本，部分种类可在寄主组织内越冬，翌年抽发新茎；常寄生于双子叶被子植物或裸子植物的茎、枝甚至叶片上，较少寄生于单子叶植物。多数种类完全丧失光合能力，为茎部全寄生植物，少数种类如大花菟丝子*C. reflexa*茎中含有叶绿素，可进行微弱的光合作用，被归为茎部半寄生植物。

世界范围内正式收录的菟丝子属植物共215种，我国分布有11种。菟丝子属的寄生植物广泛分布于暖温带，主产美洲。我国南、北方均有分布。

菟丝子属寄生植物多数无叶，少数种类叶片退化为极小的鳞片；茎黄色、白色或紫红色，个别种类黄绿色，不含或几无叶绿素，多数种类无毛，表皮有气孔，常横向排列，并保持持续开放状态；茎细长，常以逆时针方向缠绕于寄主植物上；无根；花小，白色、乳黄色或淡红色，多有淡香，无梗或有短梗，雌雄同株；花序侧生，穗状、总状或头状；苞片小或无；萼片近于等大，基部有不同程度的融合，宿存；花冠管状、壶状、球状或钟状；雄蕊5枚，着生于花冠喉部或花冠裂片相邻处，花丝较短，花药内向；子房2室，各有2个胚珠；花柱2条，完全分离或部分汇合，柱头球形；果实为蒴果，球形或卵形，有时稍肉质，周裂或不规则破裂；种子1-4粒，常在秋天成熟，种皮坚硬，几无子叶。菟丝子属的一些种类与寄主同步开花，并与寄主共用传粉昆虫。某些广布种在不同栖息地中产生不同的花序结构，以适应当地寄主植物的传粉系统。菟丝子属寄生植物的种子传播主要依靠重力散布、鸟类传播或随农具、种子、土壤等调运，也有部分种类的种子在未开裂的果实中随水流进行远距离传播。

菟丝子属寄生植物的种子落入土壤后，部分种类立即萌发，某些温带种类的种子存在一定程度的生理性休眠，常休眠至翌年夏初萌发。菟丝子种子萌发不需要寄主信号诱导，但萌发数天后找不到寄主会因养分耗竭而死。种子萌发后胚芽伸出地面，迅速伸长形成细丝状茎，不断旋转和伸长并搜索寄主，遇到寄主植物茎、叶便开始缠绕，与寄主接触处形成大量膨起的吸器，从寄主中获取大量养分和水分后迅速生长，大量分枝，并继续生长延伸以寻求新的寄生空间，甚至蔓延到其他植株上，时机成熟后开花、结实，产生新的种子（图8.1）。

菟丝子属多数寄生植物的寄主范围极广，可在遇到的任何植物上产生吸器，甚至能在无生命物体上或自身的缠绕茎上产生吸器，但并非所有的吸器都具有吸收功能。该属寄生植物具有比较独特的寄生行为。在野外考察中，经常发现菟丝子属的寄生植物可以寄生在一些草本根寄生植物、桑寄生科的茎部半寄生植物以及根部半寄生乔木上（重寄生行为；图8.2A）。此外，菟丝子也可寄生在自己的茎段上（自寄生行为；图8.2B）。更为有趣的是，这些寄生植物可在寄主的不同器官上形成吸器（图8.2C-F），在实验室条件下甚至可以在寄主幼苗的根部形成吸器。

与根寄生植物的吸器发生需要寄主根系分泌物中吸器诱导化合物的刺激不同，菟丝子属寄生植物主要通过识别寄主的挥发性信号而识别寄主，并利用这些化学信号来定位它们偏好的寄主，但产生吸器则需要光信号和机械压力的双重刺激。远红外光对于控制菟丝子的生长方向和吸器发生起着十分关

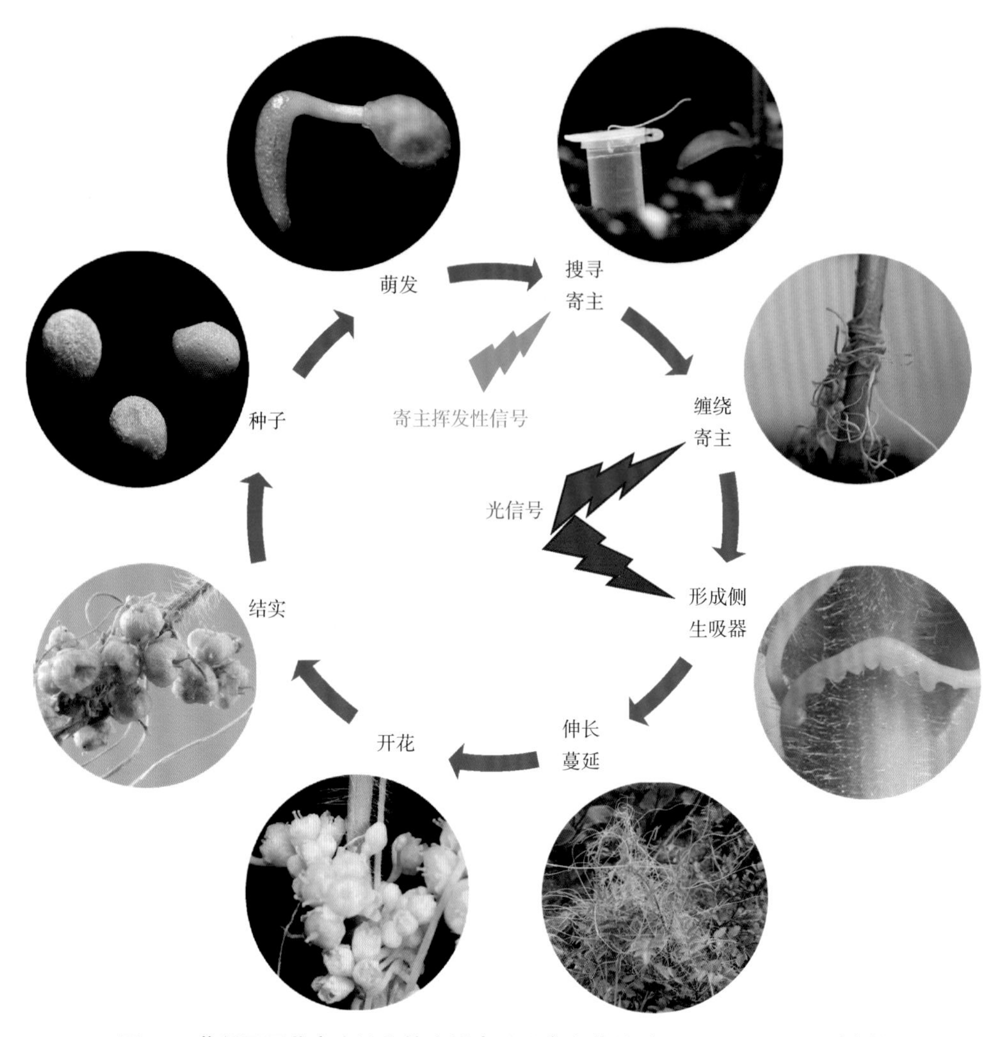

图8.1　菟丝子属茎寄生植物的生活史（以南方菟丝子 *Cuscuta australis* 为例）

菟丝子属寄生植物的种子萌发后，胚芽迅速伸长形成细丝状茎，不断旋转和伸长以搜索寄主，接收到寄主挥发性信号诱导后向寄主方向生长，在光信号诱导下开始缠绕寄主，并在与寄主接触处形成大量侧生吸器，从寄主中获取大量养分和水分后迅速生长，大量分枝，时机成熟后开花、结实，产生新的种子

键的作用，而蓝光对菟丝子茎的缠绕行为至关重要。对不同光信号的差异性响应有助于菟丝子找到绿色且健康的寄主植物。一旦菟丝子找到合适寄主并成功缠绕后，皮层的薄壁细胞就开始积累含淀粉的淀粉体，细胞核也开始增大，之后这些细胞经过脱分化作用发展成吸器的分生组织细胞，在菟丝子茎的内皮层出现盘状分生组织；吸器与寄主接触界面的表皮细胞进行垂周生长，不断增殖、伸长并分化出能够分泌去酯化果胶的固着细胞，向外分泌粘附物质将吸器固着在寄主表面，以封闭它们与寄主之间的间隙。随后吸器内部寄生细胞开始分化，形成搜索丝，穿透寄主组织的表皮和皮层，到达维管束（图8.3），分别和寄主的木质部及韧皮部相连，形成成熟的吸器（图8.4）。

菟丝子属寄生植物的生命力极其旺盛。一株菟丝子每年能长出约1km长的茎，且再生能力强。剪取一段有活力的茎放在合适的寄主上，很快即可形成新的植株。菟丝子的茎分枝能力极强，常可形成数百条分枝，遭到损伤后也能在伤口附近快速长出多条分枝（图8.5）。

全世界的菟丝子属寄生植物中，约有15种可对农业生产造成严重危害，是许多重要蔬菜、水果、油料作物和观赏植物的寄生性杂草。在严重危害情况下，该属的寄生植物会强烈削弱寄主长势，降低产量和品质。据统计，菟丝子属植物寄生危害可致番茄产量减少50%以上，被寄生的胡萝卜减产可达90%，而越橘被寄生后产量损失达80%以上，甚至绝收。该属寄生性杂草在我国主要危害大豆、胡麻、

图8.2　菟丝子属茎寄生植物的独特寄生行为

A：欧洲菟丝子 *Cuscuta europaea* 寄生于根部半寄生植物甘肃马先蒿（重寄生现象）；B：南方菟丝子 *C. australis* 在寄生角蒿茎秆的同时，出现自寄生现象；C：南方菟丝子寄生于角蒿叶片；D：大花菟丝子 *C. reflexa* 在常春藤叶柄形成吸器；E：大花菟丝子寄生于女贞叶柄和叶背；F：大花菟丝子寄生于女贞枝条

马铃薯等农作物，也可危害多种野生植物，部分种类对园艺树种或绿化带也会造成较大影响（图8.6）。由于菟丝子属多数种类的种子可在土壤中存活十年以上，即便进行轮作处理，也很难将菟丝子根除。人工摘除的方式是原始但直接有效的防控方法，对于苗圃和幼林地零星发生的菟丝子有较好的防控效果。当大面积发生或林木受到危害时，通常使用化学方法进行防控。此外，也有使用生防制剂防控菟丝子的报道。然而，与其他寄生植物一样，菟丝子一旦成功寄生，势必对寄主造成危害。最理想的做

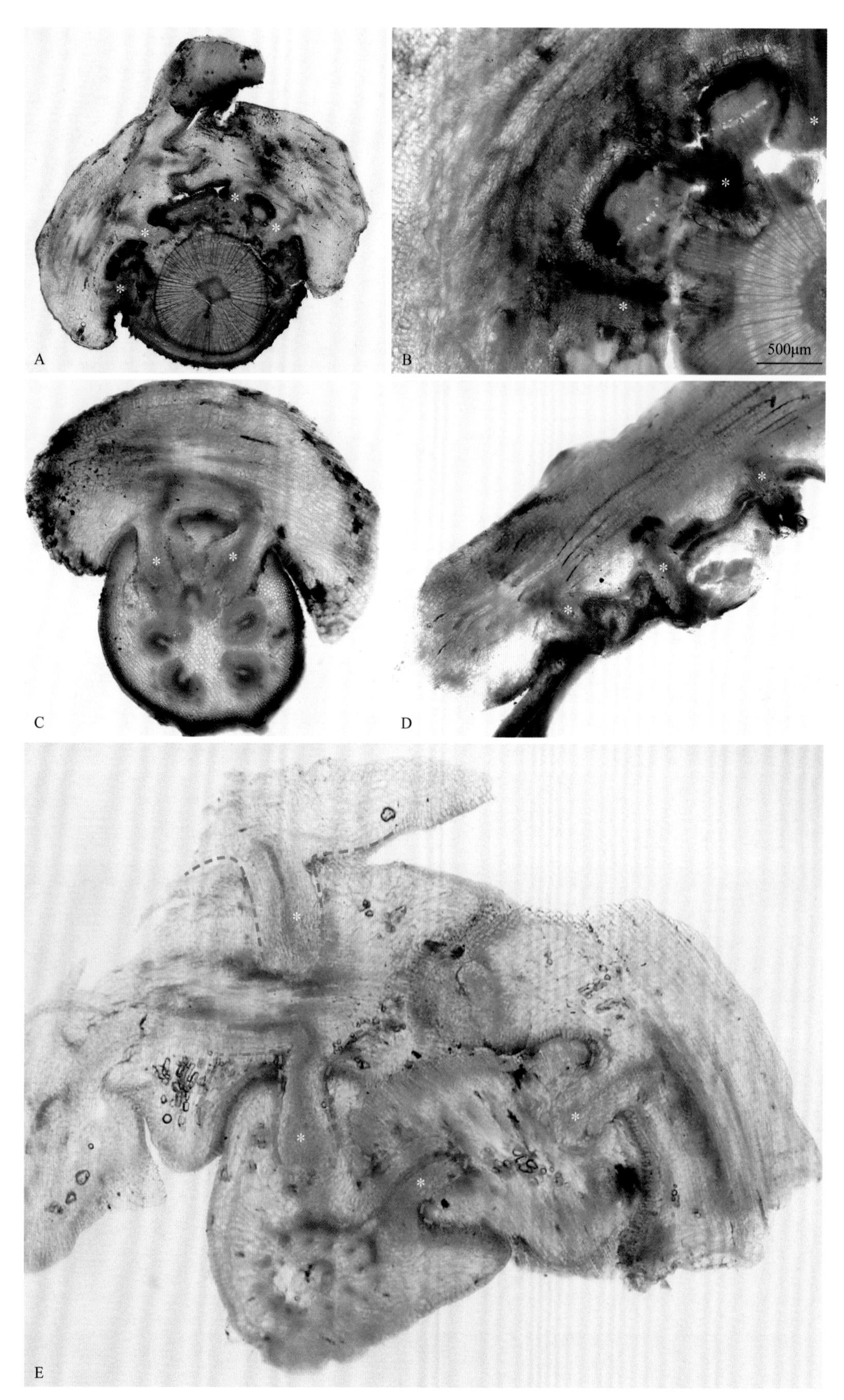

图8.3　大花菟丝子 *Cuscuta reflexa* 在寄主不同部位寄生时产生的吸器解剖结构

A：大花菟丝子寄生于女贞枝条产生的吸器纵切图；B：大花菟丝子寄生于女贞叶柄产生的吸器纵切图局部放大；C：大花菟丝子寄生于常春藤叶柄的吸器纵切图；D：大花菟丝子寄生于常春藤叶片的吸器纵切图；E：大花菟丝子寄生于自身茎段时多个吸器相互寄生形成吸器团。图中白色星号指示搜索丝，橙色虚线为搜索丝边界

法是防患于未然，做好检疫、预防和早期监测是菟丝子高效防控的关键。由于菟丝子的再生能力极强，在防控过程中需要及时将断茎晒干或烧掉，以免造成二次寄生危害。

菟丝子属的寄生植物并非一无是处，它们具有重要的生态功能，部分种类还有较高的药用价值。这些寄生植物可同时寄生于多个寄主，除养分交流外，在菟丝子和其寄主之间还存在着mRNA及大量蛋白质的双向交换，影响彼此的基因表达和生理过程，包括寄主的防御反应和菟丝子的开花过程。由于菟丝子常可以连接两个或更多个寄主，并通

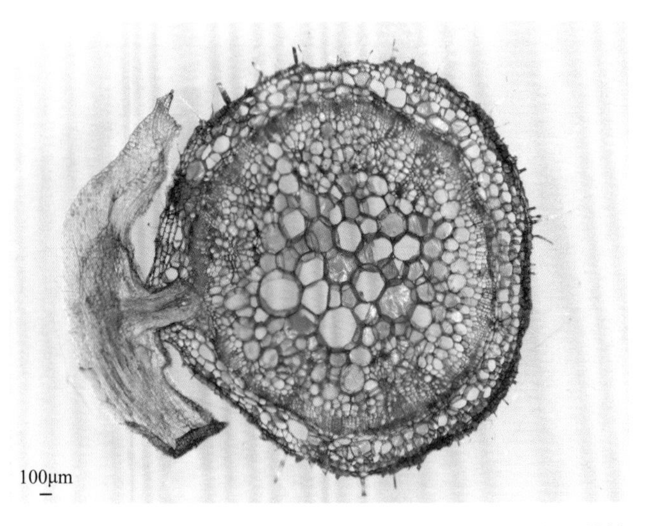

图8.4　分化成熟的南方菟丝子 *Cuscuta australis* 吸器解剖结构

图8.5　大花菟丝子 *Cuscuta reflexa* 具有极强的分枝能力

A-D：大花菟丝子可在吸器附近及远离吸器的位置产生分枝；E和F：大花菟丝子茎条受损后可在伤口附近快速产生大量分枝

过吸器与所有寄主的维管束直接相连，形成一个信号及物质传导的共同体，便于病毒以及防御信号在不同寄主间传播和传导，形成紧密互动的植物微群落。从信号传导角度来看，由菟丝子寄生不同寄主形成的寄生网络与丛枝菌根真菌（arbuscular mycorrhizal fungi）定殖寄主形成的菌丝网络颇为相似，都能够传递系统信号，促进群落中植物对生物或非生物胁迫的响应和适应。目前已被证实能经由菟丝子属寄生植物在连接的寄主之间传递的系统信号包括昆虫取食的胁迫信号、盐胁迫和养分胁迫信号。由此来看，菟丝子属寄生植物在重塑所在生物群落内生物多级互作中发挥重要作用。此外，部分种类的菟丝子对于防御微甘菊等外来入侵植物方面有一定的积极作用。菟丝子属一些种类的种子或全草可入药，具滋补肝肾、益精壮阳、止泻等功效，具有较高的药用价值。

图8.6　菟丝子属寄生植物对野生植物（A和B）、绿化植物（C–F）均可造成危害

236 南方菟丝子
Cuscuta australis Brown

【俗名/别名】女萝、金线藤、飞扬藤。

【形态特征】茎部全寄生一年生草本，无根，无叶。茎缠绕，金黄色，纤细并呈毛发状，直径约1mm，与寄主接触部位可见明显凸起的吸器。花序侧生，少花或花密集簇生成小团伞花序；苞片及小苞片均为小鳞片状；花萼杯状，基部合生，裂片近圆形，常不等大；花冠乳白色或淡黄色，杯状，长约2mm，裂片卵形或长圆形，约与花冠管等长；雄蕊着生于花冠裂片弯缺处，比花冠裂片稍短；子房扁球形，花柱2条，柱头球形，不伸长。蒴果扁球形，仅下半部为宿存花冠包被，成熟时不规则开裂。种子淡褐色，卵形，表面粗糙，长约1.5mm。花期7-8月。果期8-9月。

【地理分布】分布于我国四川、云南、安徽、江苏、浙江、福建、江西、湖南、湖北、广东、台湾、吉林、辽宁、河北、山东、陕西、甘肃、宁夏、新疆等多个省份。亚洲的东部、中部、南部和大洋洲的多个国家都有分布。多见于海拔100-2000m的路旁、山坡或田边灌木丛。

【常见寄主】多寄生豆科、菊科蒿属、马鞭草科牡荆属等草本或小灌木。

【民间用途】茎或种子均可入药。茎可清热解毒、止痛、收敛固脱，用于缓解筋脉发热、肺炎、热性头痛、子宫脱垂等病症。种子可补肾益精、强筋骨，用于调理肾虚阳痿、遗精、腰膝冷痛、便溏等病症。

【栽培状况】在宁夏等地有较大面积栽培。

【危　　害】可严重危害大豆、胡麻、田菁、花生、苜蓿、马铃薯等作物。

237 原野菟丝子

Cuscuta campestris Yuncker

【俗名/别名】野地菟丝子。

【形态特征】茎部全寄生一年生草本，无根，无叶。茎缠绕，金黄色，纤细，直径约1mm，与寄主接触部位可见明显凸起的吸器。花序侧生，常簇生成小伞形或小团伞花序；苞片及小苞片均为小鳞片状；花萼杯状，基部连合，裂片近圆形，通常不等大；花冠乳白色，长约2.5mm，裂片宽三角形，常反折；雄蕊着生于花冠裂片弯缺处，比花冠裂片稍短；子房扁球形，花柱2条，柱头球形。蒴果扁球形，仅下半部包被于宿存花冠中，成熟时不规则开裂。种子淡褐色，卵形，表面粗糙，长约1.5mm。

【地理分布】分布于我国新疆、福建和广东。亚洲其他地区、非洲、美洲、太平洋诸岛及大洋洲也有分布。

【常见寄主】寄主范围非常广，有记载的寄主达数百种，多为双子叶植物。

【民间用途】不详。

【栽培状况】未见报道。

【危　　害】可对菠菜、甜菜、柑橘等多种植物造成严重危害。

238 菟丝子
Cuscuta chinensis Lamarck

【俗名/别名】黄丝、豆寄生、龙须子、豆阎王、山麻子、无根草、黄丝藤等。

【形态特征】茎部全寄生一年生草本，无根，无叶。茎黄色、纤细，呈毛发状，常缠绕，与寄主接触部位可见明显凸起的吸器。花序侧生，花常簇生成小伞形或小团伞花序，总花序梗不明显；苞片和小苞片为极小的鳞片状；花梗长约1mm；花萼杯状，中部以下合生；花冠白色，壶形，长约3mm，裂片三角状卵形；雄蕊着生于花冠裂片凹缺微下处；子房近球形，花柱2条，柱头球状，不伸长。蒴果球形，几乎完全被宿存的花冠包被，成熟时整齐地周裂。种子淡褐色，卵球形，长约1mm，表面粗糙。花期6-7月，果期8-9月。

【地理分布】分布于我国河北、山西、陕西、山东、江苏、安徽、河南、浙江、福建、四川、云南、黑龙江、吉林、辽宁、宁夏、甘肃、内蒙古、新疆等多个省区。伊朗、阿富汗向东至日本、朝鲜，南至斯里兰卡、马达加斯加、澳大利亚也有分布。生于海拔200-3000m的田边、山坡阳处、路边灌丛或海边沙丘。

【常见寄主】通常寄生豆科、菊科、蒺藜科等多种植物。

【民间用途】以茎或种子入药。茎有清热解毒、止痛、收敛固脱等功效，用于缓解筋脉发热、中毒性发热、肺炎、热性头痛、脱肛、子宫脱垂等病症。种子具有补肾益精、强筋等功效，用于调理肾虚阳痿、遗精、腰膝冷痛、便溏等病症。

【栽培状况】北方部分地区有人工栽培。

【危　　害】为大豆产区的有害杂草。对胡麻、苎麻、花生、马铃薯等农作物也有较大危害。严重时可导致农作物减产50%以上。

239 欧洲菟丝子

Cuscuta europaea Linnaeus

【俗名/别名】苜蓿菟丝子、金灯藤。

【形态特征】茎部全寄生一年生草本，无根，无叶。茎缠绕，紫红色或黄色，纤细并呈毛发状，直径不足1mm，与寄主接触部位可见明显凸起的吸器。花序侧生，少花或多花密集成团伞花序；花萼杯状，中部以下合生，裂片4或5枚，三角状卵形，长约1.5mm，萼片不增厚；花冠淡紫色，壶形，长约3mm，裂片三角状卵形，常反折；雄蕊着生花冠凹缺微下处；子房近球形，花柱2条，柱头伸长，棒状，下弯或叉开，花柱和柱头明显短于子房。蒴果卵球形，仅上部被宿存的花冠包被，成熟时整齐周裂。种子淡褐色，椭圆形，表面粗糙，长约1mm。花期7-8月，果期8-9月。

【地理分布】分布于我国黑龙江、内蒙古、陕西、山西、甘肃、青海、新疆、四川、云南、西藏等省区。欧洲、亚洲西部、非洲北部和美洲部分国家也有分布。分布海拔840-3100m，多见于路边、河边或山地阳坡的草丛。

【常见寄主】寄生菊科、豆科、藜科等多种草本植物或小灌木。

【民间用途】以茎或种子入药。茎有清热解毒和收敛固脱的功效，用于缓解筋脉发热、热性头痛、子宫脱垂等症。种子有补肾益精等功效，用于调理肾虚阳痿、遗精、腰膝冷痛、便溏等症。

【栽培状况】未见报道。

【危　　害】在部分地区危害蚕豆或甜菜。

240 金灯藤

Cuscuta japonica Choisy

【俗名/别名】日本菟丝子、大菟丝子、金灯笼、飞来花、无量藤等。

【形态特征】茎部全寄生一年生草本，无根，无叶。肉质茎缠绕，黄色，多具紫红色瘤状斑点；较粗壮，直径1-2mm，多分枝，与寄主接触部位可见明显凸起的吸器。花序穗状，花较小；苞片及小苞片卵圆形鳞片状，沿背部增厚；花萼碗状，肉质，5裂，深达基部，卵圆形裂片背面多具稀疏的紫红色瘤状突起；花冠淡红色或绿白色，钟状，长3-5mm，顶端具5枚卵状三角形的浅裂片；雄蕊着生于花冠喉部裂片之间；子房球状，具1条花柱，与子房等长或稍长，柱头2裂。蒴果卵圆形，长约5mm，成熟时近基部周裂。种子褐色，光滑，长约2mm。花期7-8月，果期8-9月。

【地理分布】在我国几乎所有省区均有分布。越南、朝鲜、日本也有分布。多见于路旁、河边或山地阳坡的草丛。

【常见寄主】可寄生多种草本植物、灌木或乔木。

【民间用途】以茎或种子入药。茎具有清热解毒、收敛固脱、止痛等功效，用于缓解筋脉发热、肺炎、子宫脱垂、热性头痛等病症。种子具有补肾益精、强筋健骨的功效，用于调理肾虚阳痿、遗精、腰膝冷痛、便溏等病症。

【栽培状况】未见报道。

【危　　害】未见大面积危害报道。

241 啤酒花菟丝子

Cuscuta lupuliformis Krocker

【俗名/别名】不详。

【形态特征】茎部全寄生一年生草本，无根，无叶。茎粗壮，直径可达3mm；红褐色，具瘤状突起；多分枝；与寄主接触部位可见明显凸起的吸器。穗形总状花序，花较小，无柄或仅具短柄；苞片宽椭圆形；花萼长约2mm，半球形，裂片卵形；花冠淡红色，后期变白色，花冠长约3mm，圆筒状，裂片长圆状卵形，全缘或稍具齿，远短于冠筒；雄蕊着生于花冠喉部稍下方，顶端约与花冠裂片间的凹陷平齐；子房近球状，具1条明显的花柱，柱头头状，微2裂，短于花柱3-4倍。蒴果卵形，长7-9mm，顶端常可见宿存的花冠。种子卵形，浅棕色或暗棕色，长2-3mm，具喙。花期6-7月，果期7-8月。

【地理分布】分布于我国东北、华北和西北的多数省区。俄罗斯和蒙古国也有分布。多见于木本植物的树冠。

【常见寄主】寄生多种乔灌木或多年生草本植物。

【民间用途】不详。

【栽培状况】未见报道。

【危　　害】未见大面积危害报道。

242 大花菟丝子

Cuscuta reflexa Roxburgh

【俗名/别名】金丝藤、无娘藤、蛇系腰、黄藤草、云南菟丝子。

【形态特征】茎部全寄生一年生草本，无根，无叶。茎缠绕，黄色或黄绿色，较粗壮，直径可达3mm，有褐色斑点或小瘤状突起；与寄主接触部位可见明显凸起的吸器。总状或圆锥状花序侧生；苞片及小苞片均为小鳞片状；花萼杯状，基部合生，具宽卵形裂片5枚，背面有稀疏的褐色瘤状突起；花冠白色或乳黄色，筒状，有芳香气味，花较大，花冠长5-9mm；雄蕊着生于花冠喉部；子房卵状圆锥形，具1条极短的花柱，2个柱头舌状长圆形，明显比花柱长，呈"兔耳"状。蒴果圆锥状球形，果皮稍肉质。种子黑褐色，长圆形，长约4mm。花期7-8月，果期8-9月。

【地理分布】分布于我国云南、四川、西藏、湖南等省区。阿富汗、巴基斯坦、印度、泰国、斯里兰卡和马来西亚也有分布。多见于海拔900-2800m的木本植物树冠。

【常见寄主】寄主范围广，可寄生多种灌木或乔木。

【民间用途】以茎或种子入药。茎具有清热解毒和收敛固脱的功效，用于缓解筋脉发热、中毒性发热、肺炎、脱肛、子宫脱垂等症状。种子具有补肾益精和强筋的功效，用于调理肾虚阳痿、遗精、腰膝冷痛等病症。

【栽培状况】未见报道。

【危　　害】危害多种园艺植物和林木。

第九章　其他寄生植物

一些寄生植物所属的科尽管在我国分布的种类有限，但这些寄生植物却具有重要的经济价值、生态价值或生物学研究价值。本章将对部分种类进行描述，共涉及5目10科19种寄生植物。在描述具体物种之前，先简要介绍各科整体情况。

檀香目Santalales木玫檀科Cervantesiaceae：我国木玫檀科的寄生植物均为根部半寄生类型，仅有檀梨属*Pyrularia*和硬核属*Scleropyrum*各1个种。该科的寄生植物为灌木、小乔木或高大乔木，在我国南方多个省区有分布。树皮灰色、灰绿色或灰黄色；单叶互生，叶柄长约1cm；雌雄同株，花两性或单性；核果较大，种仁含油量丰富，榨油后可供食用、药用或工业用。

檀香目铁青树科Olacaceae：我国铁青树科的寄生植物均为根部半寄生类型，为小乔木、灌木或攀缘状木质藤本。叶片互生，单叶、全缘，叶脉羽状；花较小，两性花；花序总状、短穗状、螺旋形或蝎尾形聚伞状；花瓣通常3-6枚，离生、合生或部分合生；花盘环绕子房基部；子房上位；特立中央胎座；核果中含1粒种子，胚乳丰富。该科寄生植物主要分布在热带或亚热带地区。我国仅分布有铁青树属*Olax*的3个种，主要分布在广西、云南、广东等省区的南部。部分种类的果实可食用。

檀香目山柚子科Opiliaceae：我国山柚子科的寄生植物均为根部半寄生类型，多为常绿乔木或灌木，个别种类为木质藤本。叶片互生，单叶、全缘；花较小，两性或单性，辐射对称，花序穗状、总状或圆锥状；花瓣通常4或5枚，离生或合生；雄蕊与花瓣对生，两者同数；花盘多样；子房上位或半下位；胚珠无珠被；花柱极短或几不可见；核果，种仁含丰富油脂。该科的寄生植物主产于热带地区，多分布于亚洲和非洲的热带，少数种类产于澳大利亚东北部和美洲的热带。我国有5属5种，主要分布在云南、广西、广东和台湾等地。该科的部分寄生植物是特色木本蔬菜，部分种类的种仁油可供食用或工业用，部分种类可入药。

檀香目檀香科Santalaceae：尽管作为檀香科模式属的檀香属*Santalum*在我国有较久的引种历史，且檀香*S. album*和巴布亚檀香*S. papuanum* 2个种在我国引种栽培规模较大，但因其并非我国自然分布的寄生植物，本书不作具体介绍。我国自然分布的檀香科寄生植物仅有1种，即沙针属*Osyris*的沙针*O. lanceolata*。沙针为根部半寄生常绿灌木或小乔木，在我国南方多个省区广泛分布，含有类似于檀香的芳香精油，其心材和根可作为檀香的代用品，用于提取精油或雕制工艺品，在部分地区被称为“小檀香”。沙针的根、叶均可入药，可消肿止痛、祛风除湿，也可用于缓解跌打、刀伤。

檀香目青皮木科Schoepfiaceae：我国青皮木科的寄生植物均为根部半寄生类型，常绿或落叶乔木、小乔木或灌木。叶片互生，单叶、全缘，叶脉羽状；花较小，两性花；螺旋形或蝎尾形聚伞状花序腋生，偶见单花腋生；花瓣通常合生呈管状，顶端4-6枚裂片；雄蕊与花瓣对生，两者同数；子房半下位；特立中央胎座；坚果中含1粒种子，胚乳丰富。该科寄生植物主要分布在热带或亚热带地区。我国仅分布有青皮木属*Schoepfia*的4个种，主要分布在南方省区。该科寄生植物的种仁富含油脂，一些种类可入药。

檀香目海檀木科Ximeniaceae：我国海檀木科的寄生植物均为根部半寄生类型，为常绿乔木、小乔木或灌木。叶片互生，单叶、全缘，叶脉羽状；花较小，两性；花序伞形、复伞形或蝎尾形聚伞状，偶见单生；花瓣4或5枚，雄蕊与花瓣对生，前者数量为后者的2倍；子房上位；特立中央胎座或中轴胎座；核果中含1粒种子，种仁富含油脂。该科寄生植物主要分布在热带或亚热带地区。我国分布有蒜头果属*Malania*和海檀木属*Ximenia*各1个种，种仁均可榨油，供食用或工业用。其中，蒜头果属是我国特有的单型属植物，仅分布在云南东南部和广西西部。

杜鹃花目Ericales帽蕊草科Mitrastemonaceae：我国帽蕊草科的寄生植物为根部全寄生类型，仅有帽蕊草属*Mitrastemon*的1个种，即帽蕊草*M. yamamotoi*，在我国主要分布在南部的热带及亚热带地区。该种寄生植物为肉质草本，寄生于寄主根部，叶退化为鳞片状，生活史的大部分时间隐藏于地下。

金虎尾目Malpighiales大花草科Rafflesiaceae：我国大花草科的寄生植物为根部全寄生类型，仅有寄生花属*Sapria*的1个种，即寄生花*S. himalayana*，在我国主要分布在南部的热带及亚热带地区。该种寄生植物为肉质草本，寄生于寄主根部，没有叶片，生活史的大部分时间隐藏在地下。

虎耳草目Saxifragales锁阳科Cynomoriaceae：锁阳科仅有锁阳属*Cynomorium* 1个属，均为根部全寄生植物。我国分布的仅有锁阳*C. songaricum* 1个种。该物种为多年生肉质草本，在我国多个省区的荒漠地带有分布。植株红棕色，不含叶绿素，叶退化为鳞片状，喜寄生于白刺等寄主的根部；通常情况下大部分植株隐藏于地下，仅棒状的肉穗花序露出地面。锁阳具有多种保健功效，在保健品和药品开发中具有重要地位。

樟目Laurales樟科Lauraceae：樟科植物中仅有无根藤属*Cassytha*具有寄生特性，为茎部半寄生类型。无根藤属植物主产于热带地区。我国仅有1个种，即泛热带分布的广布种无根藤*C. filiformis*，在南方多个省区均有分布。无根藤为缠绕草本，茎绿色或褐绿色，叶片退化为几不可见的鳞片状，可寄生于多种植物的地上部分。无根藤具有多种保健功效，但生长旺盛时可造成寄主长势变差、生物量降低，大量发生时对一些园林绿化树种有较大危害。

243 檀梨

Pyrularia edulis (Wallich) Candolle

【俗名/别名】华檀梨、泡叶檀梨、四川檀梨、油葫芦、鹿子果。

【形态特征】根部半寄生灌木或小乔木，通常高3-5m，高者可达10m以上。树皮灰色或灰黄色，常具明显的长圆形皮孔；小枝圆柱形；嫩芽被灰白色绢毛。叶卵状长圆形，纸质或略肉质，长达14cm，宽达6cm，叶基宽楔形或近圆形，向叶梢渐尖，侧脉4-6对；叶柄长约8mm。雌雄同株，花两性或单性；雄花为总状花序，顶生或腋生，花梗长约6mm，无苞片，具三角形的花被裂片5或6枚；雌花或两性花单生，子房棒状，花柱短。核果梨形，长达5cm，外果皮肉质并具黏胶质；果柄粗壮，长约1.2cm。种子近球形，胚乳油质。花期5-7月，果期8-10月。

【地理分布】分布于我国西藏、四川、云南、湖北、湖南、江西、广西、贵州、广东、福建、安徽。印度和尼泊尔也有分布。生于海拔700-2700m的常绿阔叶林。

【常见寄主】寄生刺榛、化香树、桃树、川梨、滇青冈及桦木属、杨属、柳属的乔木。

【民间用途】种子油可供食用、药用（用于缓解烧伤、烫伤等）或工业制皂。茎皮入药可辅助治疗跌打损伤。木材芳香且质地优良，可作为木雕和贵重家具用材。

【栽培状况】江西大余有少量栽培。

【危　　害】未见大面积危害报道。

244 硬核

Scleropyrum wallichianum (Wight et Arnott) Arnott

【俗名/别名】不详。

【形态特征】根部半寄生常绿乔木，高达10m。树干灰绿色，多带黄晕；枝圆柱状，光滑，偶见细裂纹，具长达8cm的枝刺。叶椭圆形，长达17cm，宽约6cm，叶基近圆形，叶梢圆钝或急尖，具3或4对明显的侧脉；叶柄长约1cm，基部有明显膨大的节；嫩叶亮红色，干后稍起皱。花序单生或对生，偶尔簇生，被黄茸毛；苞片狭披针形；花淡黄色至红黄色，长约4mm，卵圆形花被裂片5枚，长约2mm；雄蕊5枚；花盘中心凹陷；花柱长约1mm，柱头3或4浅裂，中部凹陷。核果成熟后为橙黄色或橙红色，长约3.5cm，直径约2.5cm，有光泽，顶端宿存乳突状花被。花期4-5月，果期8-9月。

【地理分布】分布于我国云南、广西、广东和海南。印度、缅甸、老挝、柬埔寨、越南、斯里兰卡、马来西亚也有分布。生于海拔600-1700m的缓坡或山谷疏林。

【常见寄主】常寄生于龙脑香属植物根部。

【民间用途】幼枝可作为蔬菜；果实可少量食用；种子油可作为润滑油和制皂等工业原料。

【栽培状况】未见报道。

【危　　害】未见大面积危害报道。

245 尖叶铁青树
Olax acuminata Wallich ex Bentham

【俗名/别名】不详。

【形态特征】根部半寄生小乔木，高达5m。老枝黄褐色，小枝黄绿色，具明显细棱。叶卵状披针形或椭圆形，纸质，长达10cm，宽达3.5cm，叶基楔形或圆形，向叶梢渐尖；侧脉9-11对；叶柄长不足1cm。蝎尾状聚伞花序腋生，着花3-8朵；花萼筒浅杯状或碟状，顶端平截；花瓣淡黄色长条形，3枚离生，长约3mm；可育雄蕊3枚，与花瓣对生，具6枚退化雄蕊。核果橙红色，卵球形。花期3-5月，果期4-9月。

【地理分布】分布于我国云南省西南部。印度、不丹和缅甸也有分布。生于海拔500m以下的季雨林。

【常见寄主】可寄生于多种木本植物和草本植物的根部。

【民间用途】不详。

【栽培状况】未见报道。

【危　　害】未见大面积危害报道。

246 疏花铁青树

Olax austrosinensis Ling

【俗名/别名】勃藤子。

【形态特征】根部半寄生灌木或攀缘状藤本，高达3.5m。小枝深褐色，光滑，叶长椭圆形，革质，叶长达18cm、宽达7cm，叶基圆形或楔形，叶梢钝尖；侧脉10-15对，网脉稀疏但明显；叶柄长约1.3cm。蝎尾状聚伞花序腋生，花排列较稀疏；花萼筒杯状，上端具不明显的波状齿；花白色长条形，花瓣5枚；可育和不育雄蕊各5枚；子房圆锥形，花柱顶端3浅裂。核果红色，长椭圆形，长达3.8cm。花期3-5月，果期4-9月。

【地理分布】中国特有种，分布于广西和海南。生于海拔100-1600m的林中。

【常见寄主】可寄生于多种木本植物和草本植物的根部。

【民间用途】果实可食。

【栽培状况】未见报道。

【危　　害】未见大面积危害报道。

247 铁青树

Olax imbricata Roxburgh

【俗名/别名】孟加拉铁青树。

【形态特征】根部半寄生灌木或攀缘状藤本，高2-6m。小枝灰棕色。叶椭圆形，长达10cm，宽达3.5cm，叶基圆形，叶梢锐尖；侧脉6-9对；叶柄较少超过1cm。花序较少分枝，呈“之”字形生长。花瓣白色或淡黄色，长约1cm。核果球状，直径约2cm，下部常包被于橙色花萼中。花期4月，果期10月。

【地理分布】分布于我国海南和台湾。印度、印度尼西亚、泰国、缅甸、斯里兰卡、马来西亚和菲律宾也有分布。生于海拔200m以下的树林。

【常见寄主】可寄生于多种木本植物和草本植物的根部。

【民间用途】不详。

【栽培状况】未见报道。

【危　　害】未见大面积危害报道。

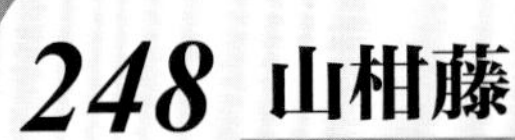

248 山柑藤

Cansjera rheedei Gmelin

【俗名/别名】山柑。

【形态特征】根部半寄生灌木或攀缘状藤本，高达6m。枝条有时具刺，小枝和花序上有较多淡黄色短茸毛。叶互生，长卵圆形，革质，长达10cm，宽达5cm，叶基阔楔形，向叶梢渐尖，全缘；侧脉4-6对，微隆起；叶柄长约3mm。花序穗状，1-3个着生于叶腋；苞片细小；花被管黄色，坛状，长约3mm，外被短毛，具卵状三角形裂片4枚；雄蕊约与花被管等长；子房圆筒状。核果橙红色，长椭圆形，长达1.8cm，顶有小突尖。花期10月至翌年1月，果期1-4月。

【地理分布】分布于我国云南、广西、广东、海南等省区。印度、泰国、缅甸、老挝、越南、柬埔寨、印度尼西亚、马来西亚、尼泊尔、菲律宾、斯里兰卡、澳大利亚和太平洋群岛也有分布。多见于海拔1400m以下的山地疏林或灌丛。

【常见寄主】可寄生多种灌木和乔木。

【民间用途】全株入药。用于止痛、退热、护肝，也用于糖尿病的辅助调理。

【栽培状况】未见报道。

【危　　害】未见大面积危害报道。

249 台湾山柚

Champereia manillana (Blume) Merrill

【俗名/别名】不详。

【形态特征】根部半寄生常绿乔木，高约7m。树皮灰白色，枝条细长。叶长圆状披针形，革质，有光泽，叶长达10cm、宽达3.5cm，叶梢急尖或渐尖，全缘；侧脉纤细，4-9对；叶柄约0.5cm。圆锥状聚伞花序腋生；两性花，花梗长2-5mm。核果红色或橙红色，椭圆形，长约1.5cm。花期2-6月，果期3-7月。

【地理分布】分布于我国云南、广西和台湾的南部沿海地区。菲律宾、印度、缅甸、泰国、马来西亚、新几内亚、印度尼西亚、越南等国家也有分布。生于海拔1300m以下的灌木林或疏林。

【常见寄主】可寄生于多种木本植物和草本植物的根部。

【民间用途】嫩叶、嫩花和果序作为木本蔬菜食用。

【栽培状况】在台湾有栽培。

【危　　害】未见大面积危害报道。

250 鳞尾木
Lepionurus sylvestris Blume

【俗名/别名】不详。

【形态特征】根部半寄生小灌木，高约1.5m。叶互生，叶形多变，从披针形到卵圆形，长达17cm，宽达7cm，叶基楔形，叶梢渐尖；侧脉8-10对；叶柄长约0.5cm。总状花序；苞片浅绿色，阔卵形，每个苞片内着花3朵；花被淡黄色，花管长约0.5mm，裂片卵形，开展；雄蕊着生于花盘外侧，约与花被管等长；花盘杯状，具缺刻。核果橙红色，椭圆形，长达1.6cm，基部具宿存的花盘。花期7-8月，果期9-11月。

【地理分布】分布于我国云南南部至西南部。印度尼西亚、尼泊尔、不丹、印度东北部、缅甸、泰国、老挝、越南、马来西亚等国家也有分布。生于海拔300-1200m的山林。

【常见寄主】可寄生于多种木本植物和草本植物的根部。

【民间用途】以根入药，用于退烧、止痛，也可增进食欲；叶片煎服，用于糖尿病的辅助调理。

【栽培状况】未见报道。

【危　　害】未见大面积危害报道。

251 尾球木

Urobotrya latisquama (Gagnepain) Hiepko

【俗名/别名】雷公菜。

【形态特征】根部半寄生常绿灌木或小乔木，树高2-4m，较少超过5m。树皮灰色或灰黄色，枝条淡绿色，无毛，具不明显的条纹。叶互生，单叶，全缘，通常呈或宽或窄的披针形，偶有卵形或倒卵形，光滑无毛，通常纸质；顶端渐尖或急尖，叶基楔形；叶片大小变化较大，长7-20cm，宽3-6cm；叶脉在正反两面均稍凸起，具侧脉7-12对，上下表皮的叶脉及下表皮均有单毛；叶柄无毛，长1-3mm。总状花序，通常单生于叶腋，部分着生于树干或枝条上，花序轴长7-13cm，无毛，基部常有6或7枚总苞片，宿存；花两性，苞片宽卵形至圆形，顶端骤渐尖，长和宽均为4-7mm，每个苞片内通常簇生3朵花；花梗长3-5mm，黄白色；花被片4枚，黄绿色，长3mm，离生，长卵形，顶端骤尖，强烈向外反卷；雄蕊与花被片对生，花丝长4-5mm，不弯曲，明显长于花被片；花药椭圆形，长约1mm；花盘肉质，突起并呈环状，四裂；子房圆柱形，高于花盘部分近圆锥状，长1-1.5mm，1室。核果椭圆形，成熟后红色，长13-25mm，直径7-15mm；果梗长4-5mm。花期4-5月，果期6-8月。

【地理分布】在我国产于云南富宁、广南和勐腊等地，在广西主要分布在龙州和扶绥等地。缅甸南部、泰国、老挝、越南也有分布。生于海拔1000m以下的山谷密林或疏林，喜生于石灰岩山上。

【常见寄主】可寄生多种木本植物和草本植物。

【民间用途】叶片或果实具有抗肠道寄生虫的功效，但大剂量食用会引起死亡。

【栽培状况】未见报道。

【危　　害】未见报道。

252 长蕊甜菜树

Yunnanopilia longistaminea (Li) Wu et Li

【俗名/别名】茎花山柚、甜菜树、树甜菜、雷公菜、龙须菜、味精菜。

【形态特征】根部半寄生常绿灌木或小乔木，通常高3-5m，高者可达10m以上。树干灰白色，小枝灰绿色、无毛，具白色皮孔。单叶互生，质地脆，椭圆形或椭圆状披针形，长13-18cm，宽3-6cm，先端渐尖，全缘，具泡状体；叶柄短，干时两面具皱纹，羽状脉5-9对。圆锥花序腋生，或簇生于老枝或树干上，长8-20cm，基部被8-12枚总苞，苞片卵圆形，长宽均约0.5mm，早落。花两性或全雌，两性花的花序轴有稀疏短柔毛，全雌花的花序轴被长而密的微柔毛；花被片常为4枚，少数5枚，卵状披针形，长1.5-2mm，外面被微柔毛，开展；雄蕊4枚，与花被片对生，且与花被片近等长；花药近球形，药室纵裂；药隔突出，花盘浅4裂；子房半下位，沉于肉质花盘内，柱头及花柱不显。核果椭圆形，较大，长1.5-3cm，宽1-1.5cm，成熟时黄色。花期3-4月，果期5-6月。

【地理分布】中国特有种，在我国云南东南部和广西西南部多地均有分布，集中分布在元江、墨江、新平及双柏。主要生于元江流域海拔300-1400m的林下、沟谷边或山坡上。

【常见寄主】可寄生于多种木本植物和草本植物的根部，栽培中多与荔枝、桃、李等果木套种。

【民间用途】本种是地方特色名贵野生木本蔬菜，食用部位主要是嫩枝叶及幼嫩花序和果序，可用于煮汤、鲜炒或腌制；成熟果实亦可食用。

【栽培状况】云南元江流域多地有栽培。

【危　　害】未见报道。

253 沙针

Osyris lanceolata Hochstetter et Steudel

【俗名/别名】滇沙针、豆瓣香树。

【形态特征】根部半寄生常绿灌木或小乔木，高达5m。老枝灰褐色，幼枝绿色。叶灰绿色，椭圆状披针形或倒卵形，薄革质，长达6cm，宽达2cm；叶梢有短尖，向叶基渐狭下延而成短柄。花小，单性或两性花；雄花黄绿色，常聚为小聚伞花序，花直径约4mm，花盘肉质，雄蕊3枚，花盘中央的不育子房微突；雌花黄绿色，单生，偶见3或4朵聚生，苞片2枚，花梗顶端膨大，柱头常3裂，花盘和雄蕊形似雄花，但雄蕊不育；两性花外形似雌花，但雄蕊可育。核果红色、橙色或橙黄色，近球形，直径约1cm，果顶有明显的圆形花盘残痕。花期4-6月，果期6-10月。

【地理分布】分布于我国云南、四川、西藏和广西。印度、不丹、缅甸、泰国、越南、老挝、柬埔寨、斯里兰卡、尼泊尔及欧洲和非洲的一些国家也有分布。生于海拔600-2700m的灌丛。

【常见寄主】可寄生多种草本植物、灌木和小乔木。

【民间用途】心材和根可作为檀香的代用品提取精油或雕制工艺品，在民间有“小檀香”之称。根、叶可入药。根部的芳香油具有安神的功效，叶片有清热解毒、消肿止痛、止血、接骨等功效。

【栽培状况】在云南多地有零星种植。

【危　　害】未见大面积危害报道。

吸器的解剖结构

254 华南青皮木
Schoepfia chinensis Gardner et Champion

【俗名/别名】红旦木、管花青皮木、碎骨仔树。

【形态特征】根部半寄生落叶小乔木，高2-6m。树皮棕褐色，具条纹和白色皮孔；分枝多，但小枝经常脱落。叶长椭圆形或卵状披针形，纸质，叶长达9cm、宽达4.5cm，叶梢锐尖或钝尖；叶脉紫红色，侧脉3-5对；叶柄紫红色，长约5mm。花无梗，常2-4朵排成短穗状或螺旋状聚伞花序，有时单生；花萼筒常与子房合生，具小萼齿4或5枚；花冠黄白色或淡红色，管状，长达1.5cm，具4或5枚卵状三角形小裂齿。核果红色至紫色，椭圆形，长达1.5cm。花期2-4月，果期4-7月。

【地理分布】中国特有种，分布于云南、四川、广西、贵州、江西、广东、香港、福建、湖南、台湾等省区。生于海拔100-2000m的疏林。

【常见寄主】可寄生于多种木本植物和草本植物的根部。

【民间用途】以根入药。具有祛风解毒、除湿消肿、舒筋通络等功效。用于缓解急性黄疸型肝炎、风湿性关节炎、骨折骨碎、跌打损伤等病症。

【栽培状况】在江西大余、广东韶关等地有少量种植。

【危　　害】未见大面积危害报道。

255 香芙木

Schoepfia fragrans Wallich

【俗名/别名】不详。

【形态特征】根部半寄生常绿小乔木，高达10m。树皮灰黄色或灰褐色。叶革质或薄革质，长椭圆形，长达11cm，宽达5cm，叶基楔形或近圆形，叶梢渐尖，常偏斜；侧脉3-8对。蝎尾状聚伞花序，常着花5-10朵；萼筒杯状，与子房贴生，具4或5枚小萼齿；花冠白色或淡黄色，筒状或管状，长约8mm，具三角形小裂齿4或5枚，裂齿不反卷。核果黄色，近球形，直径约1cm。花期9-12月，果期10月至翌年3月。

【地理分布】分布于我国云南南部和西藏东南部。尼泊尔、印度、不丹、孟加拉国、缅甸、泰国、越南、老挝、柬埔寨、印度尼西亚等国家也有分布。生于海拔800-2100m的森林或灌丛。

【常见寄主】可寄生于多种木本植物和草本植物的根部。

【民间用途】种子油可供工业用。以根入药，可缓解骨折或跌打损伤。

【栽培状况】未见报道。

【危　　害】未见大面积危害报道。

256 青皮木

Schoepfia jasminodora Siebold et Zuccarini

【俗名/别名】幌幌木、素馨地锦树、羊脆骨。

【形态特征】根部半寄生落叶乔木或灌木，高可达15m。树皮灰棕色，具明显皮孔；新枝红色，老枝灰褐色并稍具条纹。叶卵形或长卵形，纸质，长达11cm，宽达6cm，叶基圆形，叶梢近尾状或具长尖；侧脉4或5对；叶柄显红色，长约3mm。螺旋状聚伞花序着花2-9朵，总花梗红色，长2.5cm；萼筒杯状，具4或5枚小萼齿；花冠白色或浅黄色，钟形，长5-7mm，具4或5枚长三角形小裂齿，外卷。核果紫红色或橙红色，椭圆形或长圆形，长约1.2cm。花期3-5月，果期4-6月。

【地理分布】分布于我国浙江、安徽、福建、甘肃、陕西、河南、四川、云南、贵州、湖南、湖北、广东、广西、江苏、江西、台湾等地。日本也有分布。生于海拔500-2600m的林中。

【常见寄主】可寄生于多种木本植物和草本植物的根部。

【民间用途】种子油可供工业用。全株入药，常用于治疗急性黄疸型肝炎、风湿痹痛、跌打损伤。

【栽培状况】未见报道。

【危　　害】未见大面积危害报道。

257 蒜头果

Malania oleifera Chun et Lee

【俗名/别名】山桐果、马兰后、咪民、猴子果、唛厚。

【形态特征】根部半寄生常绿乔木，高达20m。树皮浅黄色或灰褐色；小枝暗褐色，有不明显纵纹，具明显的卵圆形皮孔。叶互生，长椭圆形或长圆状披针形，薄革质或厚纸质，长达15cm，宽达6cm，叶基圆形或楔形，叶梢急尖或渐尖；侧脉3-5对；叶柄长1-2cm，基部具明显的关节。聚伞花序，常着花10-15朵；花瓣鹅黄绿色，4或5枚，宽卵形，长约3mm。核果扁球形，直径达4.5cm。种子仅1粒，形似独头蒜，直径约2cm。花期4-6月，果期5-10月。

【地理分布】中国特有种，分布于云南东南部及广西西部。生于海拔300-1700m的喀斯特地区。

【常见寄主】可寄生多种草本植物、灌木及乔木，不同生长阶段对寄主的选择偏好存在差异。

【民间用途】优良木本油料植物，种仁油可作为润滑油和制皂原料，也可食用；木材材质优良，供作家具、船舶、雕刻及建筑用；也被用作喀斯特地区石漠化治理的生态修复树种。种仁的油脂中富含神经酸，可用于脑保健品和药品研发。

【栽培状况】在云南和广西有较大面积的人工栽培林。

【危　　害】未见大面积危害报道。

258 帽蕊草
Mitrastemon yamamotoi Makino

【俗名/别名】不详。

【形态特征】根部全寄生肉质草本，株高较少超过8cm。植株直立，不分枝；根茎杯状，高约2.5cm，具瘤状突起。鳞片叶对生，卵形或卵状长圆形，长约2.7cm，宽约2cm。单花顶生；花被白色，杯状，高约6mm；雄蕊筒部长约7mm，花药数量大；子房球形或椭圆形，连花柱长约1.2cm，直径约1cm，1室，侧膜胎座10-20个；花柱短粗，柱头短锥形，高约7mm，顶部略凹陷。花期2-4月，果期10月。

【地理分布】分布于我国云南、广西、福建、广东和台湾。日本、柬埔寨、马来西亚、泰国和印度尼西亚也有分布。分布海拔1200m左右。

【常见寄主】常寄生于锥属、栎属、柯属植物的根部。

【民间用途】不详。

【栽培状况】未见报道。

【危　　害】未见大面积危害报道。

259 寄生花

Sapria himalayana Griffith

【俗名/别名】不详。

【形态特征】根部全寄生草本，仅花露出地面，生于由寄主根皮形成的杯状托上。雌雄异株，花单生，直径约8cm，花被裂片肉质，约10枚，宽三角形或卵形，分2列以覆瓦状排列；花被裂片粉红色，有黄色疣点；花有腐臭味。花被管长约8cm，外白内紫，喉部有一圈紫色的膜质副花冠，上有大量线形突起；雄花蕊柱细长，血红色，杯状体底部凸起，20枚雄蕊环生于杯状体下方，花药宽椭圆形，无花丝；雌花蕊柱比雄花的粗壮，杯状体底部凹陷，子房下位，1室，胚珠生于侧膜胎座上。果实呈圆盘状，直径约6cm。种子量大，细小，长约50μm。花期8月至翌年3月，果期翌年6-7月。

【地理分布】分布于我国云南南部和西藏东南部。印度、泰国、缅甸和越南也有分布。分布海拔800-1200m。

【常见寄主】常寄生于葡萄属和崖藤属大型木质藤本植物的根部。

【民间用途】不详。

【栽培状况】未见报道。

【危　　害】未见大面积危害报道。

260 锁阳

Cynomorium songaricum Ruprecht

【俗名/别名】乌兰高腰、地毛球、羊锁不拉。

【形态特征】根部全寄生多年生肉质草本，高达1m以上。全株红棕色，肉质茎圆柱状，直立，大部分埋于沙中，茎基常膨大。叶鳞片状，卵状三角形，长达1.2cm，宽达1.5cm，顶端尖。肉穗花序顶生，棒状，具芳香气味，常伸出地面，长达16cm；雄花和雌花相伴杂生，偶见两性花。雄花长达6mm，具4枚倒披针形或匙形花被片，离生或稍合生，下部白色，上部紫红色；具亮黄色的倒卵形蜜腺，长约3mm；雄蕊1枚，花丝深红色，长达6mm，常伸出花冠，雌蕊退化。雌花长约3mm，具5或6枚条状披针形的花被片；花柱棒状，紫红色，柱头平截，雄花退化。小坚果近球形或卵球形，长达1.5mm，果皮白色。种子近球形，深红色，直径约1mm。花期5–7月，果期6–7月。

【地理分布】分布于我国新疆、青海、甘肃、宁夏、内蒙古、陕西等地。中亚及伊朗和蒙古国也有分布。多见于有白刺、琵琶柴等植物生长的盐碱荒漠地区。

【常见寄主】多寄生于白刺属、红砂属、霸王属等沙生小灌木的根部。

【民间用途】以肉质茎入药。具有补肾、益精、润燥等功效。主要用于缓解腰膝酸软、阳痿遗精、性机能衰弱、肠燥便秘等病症。此外，锁阳的肉质茎富含鞣质和淀粉，可用于提炼栲胶、酿酒、饲料或代食品。

【栽培状况】在内蒙古、新疆等地有一定面积的栽培。

【危　　害】未见大面积危害报道。

261 无根藤

Cassytha filiformis Linnaeus

【俗名/别名】无头草、无爷藤、罗网藤。
【形态特征】茎部半寄生缠绕草本，与寄主接触部位可见明显的盘状吸器。茎绿色或褐绿色、黄绿色，线形，稍木质，幼茎被锈色短毛，老茎无毛或毛被稀疏。叶鳞片状。穗状花序；苞片和小苞片宽卵圆形，长约1mm；花白色或淡黄色，长不超过2mm，无梗；花被裂片排成2轮，外轮3枚圆形的较小，内轮3枚卵形的较大。浆果卵球形，长约0.7cm，花被宿存。花期5-12月，果期11月至翌年2月。
【地理分布】分布于我国云南、广西、贵州、广东、江西、湖南、浙江、福建及台湾等地。热带亚洲、非洲和澳大利亚也有分布。生于海拔980-1600m的山坡灌木丛或疏林。
【常见寄主】可寄生于多种阔叶树、杉木、灌木和草本植物的地上部。
【民间用途】全株入药。具有化湿消肿、凉血止血、通淋利尿等功效。用于缓解肾炎水肿、尿路结石、尿路感染、感冒发热、急性黄疸型肝炎、跌打疖肿及湿疹，又可作为造纸用的糊料。
【栽培状况】国内未见报道。澳大利亚局部地区有人工种植，用于防控外来入侵植物。
【危　　害】大量发生时可危害多种园艺植物。

参 考 文 献

白贞芳, 刘勇, 王晓琴. 2014. 列当属、肉苁蓉属和草苁蓉属植物传统药物学调查[J]. 中国中药杂志, 39(23): 4548-4552.

曹岚, 慕泽泾, 钟卫红, 等. 2015. 玄参科藏药品种与标准整理[J]. 中国中药杂志, 40(23): 4686-4692.

陈金元, 陈学林, 郭楠楠, 等. 2017. 兰州肉苁蓉营养吸收和营养繁殖方式的新发现[J]. 西北农林科技大学学报（自然科学版）, 45(3): 192-197, 204.

陈守常. 1966. 油茶桑寄生的防除[J]. 林业实用技术, 8(1): 11.

陈希宏, 曾仲奎, 刘荣华. 1992. 桑寄生凝集素的纯化及部分性质研究[J]. 生物化学杂志, 8(2): 150-156.

陈祥, 宁蕊. 2010. 甘肃碌曲的野生药用观赏植物（一）[J]. 南方农业（园林花卉版）, 4(12): 9-12.

崔贝, 林若竹, 赵文霞, 等. 2014. 秦岭南坡北桑寄生生态危害状况评价[J]. 林业科学, 50(10): 86-93.

大理市科学技术委员会. 1995. 大理苍山药物志[M]. 成都: 四川辞书出版社.

戴好富, 郑希龙, 邢福武, 等. 2014. 黎族药志: 第三册[M]. 北京: 中国科学技术出版社.

帝玛尔・丹增彭措. 2012. 晶珠本草[M]. 毛继祖, 译. 上海: 上海科学技术出版社.

方鼎, 沙文兰, 陈秀香, 等. 1986. 广西药用植物名录[M]. 南宁: 广西人民出版社.

甘孜藏族自治州药品检验所. 1984. 甘孜州藏药植物名录[M]. 康定: 甘孜藏族自治州药品检验所.

广西壮族自治区食品药品监督管理局. 2022. 广西壮族自治区中药饮片炮制规范[M]. 南宁: 广西科学技术出版社.

国家医药管理局中草药情报中心站. 1986. 植物药有效成分手册[M]. 北京: 人民卫生出版社.

国家中医药管理局《中华本草》编委会. 1999. 中华本草[M]. 上海: 上海科学技术出版社.

韩继新, 李占军. 2016. 我区列当科植物研究进展[J]. 内蒙古石油化工, 42(6): 10-11.

江苏新医学院. 1977. 中药大辞典: 下册[M]. 上海: 上海科学技术出版社.

昆明军区后勤部卫生部. 1970. 云南中草药选[M]. 天津: 天津人民印刷厂.

李彪, 张轲宁, 巩红冬. 2017. 青藏高原甘南地区玄参科藏药植物资源调查研究[J]. 黑龙江畜牧兽医, 5: 192-194.

李永华, 卢栋, 朱开昕, 等. 2010. 桑寄生野生资源与规范化种植技术[J]. 广西中医药, 33(1): 53-55.

李勇鹏, 景跃波, 卯吉华, 等. 2019. 蒜头果半寄生特性研究[J]. 西部林业科学, 48(4): 1-6, 12.

李悦. 2021. 珍稀资源树种蒜头果幼苗的养分需求特征和寄主选择偏好[D]. 北京: 中国科学院大学硕士学位论文.

刘谦光, 张尊听. 2002. 美观马先蒿根营养成分分析[J]. 天然产物研究与开发, 14(6): 42-43.

刘瞳. 2016. 北刘寄奴的指纹图谱分析与主要成分含量测定[D]. 北京: 中央民族大学硕士学位论文.

刘志红, 党应川. 2001. 兰州肉苁蓉的生药研究[J]. 中草药, 32(2): 75-76, 85.

陆树刚. 1998. 蒜头果的民间利用[J]. 植物杂志, 1: 12-13.

路锋, 赵稳操, 贾艳星, 等. 2011. 百蕊草属药学研究概况[J]. 安徽农业科学, 39(31): 19091-19092.

罗达尚. 1997. 中华藏本草[M]. 北京: 民族出版社.

罗达尚. 2004. 新修晶珠本草[M]. 成都: 四川科学技术出版社.

沐建华. 2014. 文山州檀香科野生植物资源及价值[J]. 安徽农业科学, 42(33): 11749-11750, 11754.

倪志诚. 1990. 西藏经济植物[M]. 北京: 北京科学技术出版社.

欧乞铖. 1981. 一种重要脂肪酸 *cis*-tetracos-15-enoiciy的新存在: 蒜头果油[J]. 云南植物研究, 3(2): 181-184.

庞瑞媛, 李桂芬, 黎建玲. 2004. 桂东南城区园林树木桑寄生危害的调查研究[J]. 广西园艺, 15(1): 7-10.

钱子刚, 李安华. 2008. 高黎贡山药用植物名录[M]. 北京: 科学出版社.

青海省药品检验所，青海省藏医药研究所. 1996. 中国藏药：第一卷[M]. 上海：上海科学技术出版社.
丘华兴. 1997. 中国桑寄生科植物资料（三）[J]. 广西植物, 17(4): 306-308.
邱建生，杨再华，余金勇，等. 2011. 贵州油茶桑寄生种类及发生规律研究初报[J]. 贵州林业科技, 39(1): 15-18.
《全国中草药汇编》编写组. 1978. 全国中草药汇编：下册[M]. 北京：人民卫生出版社.
冉先德. 1993. 中华药海[M]. 哈尔滨：哈尔滨出版社.
上海第一医学院药学系生药学教研组. 1961. 杭州药用植物志[M]. 上海：上海科学技术出版社.
谭运洪. 2013. 中国假野菰属（列当科）一新记录种：泰国假野菰[J]. 广西植物, 33(4): 521-522.
谭支绍. 1991. 药用寄生[M]. 南宁：广西科学技术出版社.
屠鹏飞，郭玉海. 2015. 管花肉苁蓉及其寄主柽柳栽培技术[M]. 北京：科学出版社.
王晋，刘金荣，阎平. 2006. 新疆的药用寄生植物[J]. 时珍国医国药, 17(1): 147-148.
王文通，周厚高. 2003. 广州城区行道树受桑寄生侵害的调查研究[J]. 中国园林, 12: 68-70.
卫生部药品生物制品检定所. 1984. 中国民族药志：第一卷[M]. 北京：人民卫生出版社.
吴征镒. 1990. 新华本草纲要[M]. 上海：上海科学技术出版社.
许国青，王晓琴，文迪，等. 2012. 列当科药用植物研究进展[J]. 中国民族医药杂志, 18(10): 35-38.
杨竞生. 2017. 中国藏药植物资源考订：下卷[M]. 昆明：云南科技出版社.
杨竞生，初称江措. 1994. 迪庆藏药[M]. 昆明：云南民族出版社.
杨利荣. 2006. 三色马先蒿 *Pedicularis tricolor* H.-M. 的化学成分及其生物活性研究[D]. 重庆：西南大学博士学位论文.
杨柳. 2018. 甜菜树属与近缘属的系统学研究[D]. 昆明：云南大学博士学位论文.
杨永昌. 1991. 藏药志[M]. 西宁：青海人民出版社.
姚兆群，曹小蕾，付超，等. 2017. 新疆列当的种类、分布及其防治技术研究进展[J]. 生物安全学报, 26(1): 23-29.
伊希巴拉珠尔. 1998. 认药白晶鉴[M]. 呼和浩特：内蒙古人民出版社.
阴知勤，周桂玲. 1993. 新疆高等寄生植物（二）：列当科[J]. 八一农学院学报, 16(1): 48-54.
袁燕，张薇，李彬，等. 2014. 蒜头果蛋白对人白血病K562细胞体外生长的抑制作用[J]. 食品工业科技, 35(20): 379-382.
云南省药物研究所. 2004. 云南天然药物图鉴：第二卷[M]. 昆明：云南科技出版社.
张珂，龚兴成，曹丽波，等. 2020. 3种列当属药用植物化学成分比较分析[J]. 中国中药杂志, 45(13): 3175-3182.
张绍云，宋昆生. 1998. 蛇菰属的药用植物资源[J]. 中国中医药信息杂志, 31: 27-28.
张学坤，姚兆群，赵思峰，等. 2012. 分枝（瓜）列当在新疆的分布、危害及其风险评估[J]. 植物检疫, 26(6): 31-33.
张永清. 2019. 山东中药资源精要[M]. 北京：中国医药科技出版社.
赵秀，黄艳丽，朱春梅，等. 2019. 药用植物筒鞘蛇菰的研究进展[J]. 南方农业, 13(6): 129-131.
赵中振，肖培根. 2018. 当代药用植物典（第二版）：第四册[M]. 上海：世界图书出版公司.
中国科学院西北高原生物研究所. 1987. 青海经济植物志[M]. 西宁：青海人民出版社.
中国药材公司. 1994. 中国中药资源志要[M]. 北京：科学出版社.
中国油脂植物编写委员会. 1987. 中国油脂植物[M]. 北京：科学出版社.
《中药辞海》编写组. 1993. 中药辞海：第一卷[M]. 北京：中国医药科技出版社.
周守标，郭新弧. 2004. 安徽米面蓊属（檀香科）一新种[J]. 广西植物, 24(4): 332-333.
周守标，郭新弧，邵剑文. 2003. 山罗花属（玄参科）一新种[J]. 植物研究, 23(3): 263-265.
周太炎，丁志遵. 1956. 南京民间药草[M]. 北京：科学技术出版社.
朱国强，李晓瑾，贾晓光. 2014. 新疆药用植物名录[M]. 乌鲁木齐：新疆人民出版社.
朱开昕，卢栋，裴河欢，等. 2010. 桑寄生在广西的分布及其寄主状况调查[J]. 广西中医药, 33(2): 59-61.
朱毅. 2001. 寄生植物野菰对芭蕉芋的危害与防治[J]. 贵州农业科学, 29(5): 37-38.

邹艳敏, 王薇, 李智勇. 2003. 秦巴山区马先蒿属药用植物资源研究初报[J]. 陕西中医学院学报, 26(1): 47-48.

左经会. 2013. 六盘水药用植物[M]. 北京: 科学出版社.

Alonso-Castro AJ, Juárez-Vázquez MC, Domínguez F, et al. 2012. The antitumoral effect of the American mistletoe *Phoradendron serotinum* (Raf.) M.C. Johnst. (Viscaceae) is associated with the release of immunity-related cytokines[J]. Journal of Ethnopharmacology, 142(3): 857-864.

Ameloot E, Verheyen K, Hermy M. 2005. Meta-analysis of standing crop reduction by *Rhinanthus* spp. and its effect on vegetation structure[J]. Folia Geobotanica, 40(2-3): 289-310.

Artanti N, Firmansyah T, Darmawan A. 2012. Bioactivities evaluation of Indonesian mistletoes (*Dendrophthoe pentandra* (L.) Miq.) leaves extracts[J]. Journal of Applied Pharmaceutical Science, 2(1): 24-27.

Athiroh N, Permatasari N, Sargowo D, et al. 2014. Effect of *Scurrula atropurpurea* on nitric oxide, endothelial damage, and endothelial progenitor cells of DOCA-salt hypertensive rats[J]. Iranian Journal of Basic Medical Sciences, 17(8): 622-625.

Bao GS, Suetsugu K, Wang HS, et al. 2015. Effects of the hemiparasitic plant *Pedicularis kansuensis* on plant community structure in a degraded grassland[J]. Ecological Research, 30(3): 507-515.

Barber CA. 1906. Studies in Root Parasitism, the Haustorium of *Santalum album*, the Structure of the Mature Haustorium and the Inter-relations Between Host and Parasite[M]. Kolkata: Thacker, Spink, and Company.

Bardgett RD, Smith RS, Shiel RS, et al. 2006. Parasitic plants indirectly regulate below-ground properties in grassland ecosystems[J]. Nature, 439(7079): 969-972.

Carini M, Aldini G, Orioli M, et al. 2002. Antioxidant and photoprotective activity of a lipophilic extract containing neolignans from *Krameria triandra* roots[J]. Planta Medica, 68(3): 193-197.

Carrillo-Ocampo D, Bazaldúa-Gómez S, Bonilla-Barbosa JR, et al. 2013. Anti-inflammatory activity of iridoids and verbascoside isolated from *Castilleja tenuiflora*[J]. Molecules, 18(10): 12109-12118.

Chabra A, Monadi T, Azadbakht M, et al. 2019. Ethnopharmacology of *Cuscuta epithymum*: a comprehensive review on ethnobotany, phytochemistry, pharmacology and toxicity[J]. Journal of Ethnopharmacology, 231: 555-569.

Cheung WL, Law CY, Lee HCH, et al. 2018. Gelsemium poisoning mediated by the non-toxic plant *Cassytha filiformis* parasitizing *Gelsemium elegans*[J]. Toxicon, 154: 42-49.

Cirocco RM, Facelli JM, Watling JR. 2017. Does nitrogen affect the interaction between a native hemiparasite and its native or introduced leguminous hosts?[J]. New Phytologist, 213(2): 812-821.

Clarke P. 2008. Aboriginal healing practices and Australian bush medicine[J]. Journal of the Anthropological Society of South Australia, 33: 1-38.

Cui ZH, Guo ZQ, Miao JH, et al. 2013. The genus *Cynomorium* in China: an ethnopharmacological and phytochemical review[J]. Journal of Ethnopharmacology, 147(1): 1-15.

Cullings K, Raleigh C, Vogler DR. 2005. Effects of severe dwarf mistletoe infection on the ectomycorrhizal community of a *Pinus contorta* stand in Yellowstone Park[J]. Canadian Journal of Botany-Revue Canadienne de Botanique, 83(9): 1174-1180.

Dale H, Press MC. 1998. Elevated atmospheric CO_2 influences the interaction between the parasitic angiosperm *Orobanche minor* and its host *Trifolium repens*[J]. New Phytologist, 140(1): 65-73.

Decleer K, Bonte D, Van Diggelen R. 2013. The hemiparasite *Pedicularis palustris*: "Ecosystem engineer" for fen-meadow restoration[J]. Journal for Nature Conservation, 21(2): 65-71.

Demey A, De Frenne P, Baeten L, et al. 2015. The effects of hemiparasitic plant removal on community structure and seedling establishment in semi-natural grasslands[J]. Journal of Vegetation Science, 26(3): 409-420.

Demey A, Rütting T, Huygens D, et al. 2014. Hemiparasitic litter additions alter gross nitrogen turnover in temperate semi-natural grassland soils[J]. Soil Biology & Biochemistry, 68: 419-428.

Demey A, Staelens J, Baeten L, et al. 2013. Nutrient input from hemiparasitic litter favors plant species with a fast-growth strategy[J]. Plant and Soil, 371(1-2): 53-66.

Endharti AT, Permana S. 2017. Extract from mango mistletoes *Dendrophthoe pentandra* ameliorates TNBS-induced colitis by regulating CD4+T cells in mesenteric lymph nodes[J]. BMC Complementary and Alternative Medicine, 17(1): 468.

Endharti AT, Wulandari A, Listyana A, et al. 2016. *Dendrophthoe pentandra* (L.) Miq extract effectively inhibits inflammation, proliferation and induces p53 expression on colitis-associated colon cancer[J]. BMC Complementary and Alternative Medicine, 16(1): 374.

Feuer SM, Kuijt J. 1980. Fine structure of mistletoe pollen. Ⅲ. large-flowered neotropical Loranthaceae and their Australian relatives[J]. American Journal of Botany, 67(1): 34-50.

Feuer SM, Kuijt J. 1985. Fine structure of mistletoe pollen. Ⅵ. small-flowered neotropical Loranthaceae[J]. Annals of the Missouri Botanical Garden, 72(2): 187-212.

Fisher JP, Phoenix GK, Childs DZ, et al. 2013. Parasitic plant litter input: a novel indirect mechanism influencing plant community structure[J]. New Phytologist, 198(1): 222-231.

Fu ZF, Fan X, Wang XY, et al. 2018. *Cistanches Herba*: an overview of its chemistry, pharmacology, and pharmacokinetics property[J]. Journal of Ethnopharmacology, 219: 233-247.

Glofcheskie M, Long T, Ho A, et al. 2023. Inflorescences of *Cuscuta* (Convolvulaceae): diversity, evolution and relationships with breeding systems and fruit dehiscence modes[J]. PLOS ONE, 18(5): e0286100.

Griebel A, Watson D, Pendall E. 2017. Mistletoe, friend and foe: synthesizing ecosystem implications of mistletoe infection[J]. Environmental Research Letters, 12(11): 115012.

Hartley SE, Green JP, Massey FP, et al. 2015. Hemiparasitic plant impacts animal and plant communities across four trophic levels[J]. Ecology, 96(9): 2408-2416.

Hawksworth FG, Wiens D. 1996. *Dwarf Mistletoes*: Biology, Pathology, and Systematics[M]. Washington, D.C.: United States Department of Agriculture.

Heide-Jørgensen HS. 2008. Parasitic Flowering Plants[M]. Leiden-Boston: Brill.

Hettenhausen C, Li J, Zhuang HF, et al. 2017. Stem parasitic plant *Cuscuta australis* (dodder) transfers herbivory-induced signals among plants[J]. Proceedings of the National Academy of Sciences of the United States of America, 114(32): e6703-e6709.

Ishida JK, Yoshida S, Ito M, et al. 2011. Agrobacterium rhizogenes-mediated transformation of the parasitic plant *Phtheirospermum japonicum*[J]. PLOS ONE, 6(10): e25802.

Jhu MY, Sinha, NR. 2022. *Cuscuta* species: model organisms for haustorium development in stem holoparasitic plants[J]. Frontiers in Plant Science, 13: 1086384.

Joel DM, Gressel J, Musselman LJ. 2013. Parasitic Orobanchaceae: Parasitic Mechanisms and Control Strategies[M]. Berlin, Heidelberg: Springer-Verlag.

Joshi J, Matthies D, Schmid B. 2000. Root hemiparasites and plant diversity in experimental grassland communities[J]. Journal of Ecology, 88(4): 634-644.

Kaštier P, Krasylenko YA, Martinčová M, et al. 2018. Cytoskeleton in the parasitic plant *Cuscuta* during germination and prehaustorium formation[J]. Frontiers in Plant Science, 9: 794.

Kienle GS, Glockmann A, Schink M, et al. 2009. *Viscum album* L. extracts in breast and gynaecological cancers: a systematic review of clinical and preclinical research[J]. Journal of Experimental & Clinical Cancer Research, 28(1): 79.

Kirschner GK, Xiao TT, Jamil M, et al. 2023. A roadmap of haustorium morphogenesis in parasitic plants[J]. Journal of

Experimental Botany, 74(22): 7034-7044.

Kim MK, Yun KJ, Lim DH, et al. 2016. Anti-inflammatory properties of flavone di-C-glycosides as active principles of *Camellia* Mistletoe. *Korthalsella japonica*[J]. Biomolecules & Therapeutics, 24(6): 630-637.

Koch M, Bugni TS, Pond CD, et al. 2009. Antimycobacterial activity of *Exocarpos latifolius* is due to exocarpic acid[J]. Planta Medica, 75(12): 1326-1330.

Kuijt J. 1969. The Biology of Parasitic Flowering Plants[M]. Berkeley: University of California Press.

Kumar ANA, Joshi G, Ram HYM. 2012. Sandalwood: history, uses, present status and the future[J]. Current Science, 103(12): 1408-1416.

Kumar N, Shrungeswara AH, Mallik SB, et al. 2018. Pinocembrin-enriched fractions of *Elytranthe parasitica* (L.) Danser modulates apoptotic and MAPK cellular signaling in HepG2 cells[J]. Anti-Cancer Agents in Medicinal Chemistry, 18(11): 1563-1572.

Li AR, Li YJ, Smith SE, et al. 2013. Nutrient requirements differ in two *Pedicularis* species in the absence of a host plant: implication for driving forces in the evolution of host preference of root hemiparasitic plants[J]. Annals of Botany, 112(6): 1099-1106.

Li AR, Mao P, Li YJ. 2019. Root hemiparasitism in *Malania oleifera* (Olacaceae), a neglected aspect in research of the highly valued tree species[J]. Plant Diversity, 41(5): 347-351.

Li AR, Smith FA, Smith SE, et al. 2012. Two sympatric root-hemiparasitic *Pedicularis* species differ in host dependency and selectivity under phosphorus limitation[J]. Functional Plant Biology, 39(9): 784-794.

Li DX, Ding YL. 2005. Distribution, present situation and conservation strategy of the genus *Phacellaria*[J]. Chinese Biodiversity, 13(3): 262-268.

Li JM, Jin ZX, Song WJ. 2012. Do native parasitic plants cause more damage to exotic invasive hosts than native non-invasive hosts? An implication for biocontrol[J]. PLOS ONE, 7(4): e34577.

Li SL, Zhang JX, Liu H, et al. 2020. Dodder-transmitted mobile signals prime host plants for enhanced salt tolerance[J]. Journal of Experimental Botany, 71(3): 1171-1184.

Li ZM, Lin HN, Gu L, et al. 2016. Herba *Cistanche* (Rou Cong-Rong): one of the best pharmaceutical gifts of traditional Chinese medicine[J]. Frontiers Pharmacology, 7: 41.

Lim YC, Rajabalaya R, Lee SHF, et al. 2016. Parasitic mistletoes of the genera *Scurrula* and *Viscum*: from bench to bedside[J]. Molecules, 21(8): 1048.

Lirdprapamongkol K, Mahidol C, Thongnest S, et al. 2003. Anti-metastatic effects of aqueous extract of *Helixanthera parasitica*[J]. Journal of Ethnopharmacology, 86(2-3): 253-256.

Liu LF, Yao MJ, Li MY, et al. 2019. Iridoid derivatives with cytotoxic activity from *Pedicularis uliginosa* Bunge[J]. Chemistry & Biodiversity, 16(2): e1800524 .

Liu N, Shen GJ, Xu YX, et al. 2020. Extensive inter-plant protein transfer between *Cuscuta* parasites and their host plants[J]. Molecular Plant, 13(4): 573-585.

Liu Y, Taxipulati T, Gong YM, et al. 2017. N-P Fertilization inhibits growth of root hemiparasite *Pedicularis kansuensis* in natural grassland[J]. Frontiers in Plant Science, 8: 2088.

March WA, Watson DM. 2007. Parasites boost productivity: effects of mistletoe on litterfall dynamics in a temperate Australian forest[J]. Oecologia, 154(2): 339-347.

Marvier MA. 1998. Parasite impacts on host communities: plant parasitism in a California coastal prairie[J]. Ecology, 79(8): 2616-2623.

Mathiasen RL, Nickrent DL, Shaw DC, et al. 2008. Mistletoes: pathology, systematics, ecology, and management[J]. Plant Disease, 92(7): 988-1006.

Mellado A, Zamora R. 2017. Parasites structuring ecological communities: the mistletoe footprint in Mediterranean pine forests[J]. Functional Ecology, 31(11): 2167-2176.

Musselman LJ, Mann WF. 1978. Root parasites of Southern forests[R]. U.S. Department of Agriculture Forest Service General Technical Report.

Napier KR, Mather SH, McWhorter TJ, et al. 2014. Do bird species richness and community structure vary with mistletoe flowering and fruiting in Western Australia?[J]. Emu- Austral Ornithology, 114(1): 13-22.

Nickrent DL. 2020. Parasitic angiosperms: how often and how many?[J]. TAXON, 69(1): 5-27.

Nickrent DL, Malécot V, Vidal-Russell R, et al. 2010. A revised classification of Santalales[J]. TAXON, 59(2): 538-558.

Ohashi K, Winarno H, Mukai M, et al. 2003. Indonesian medicinal plants. XXV. Cancer cell invasion inhibitory effects of chemical constituents in the parasitic plant *Scurrula atropurpurea* (Loranthaceae)[J]. Chemical & Pharmaceutical Bulletin, 51(3): 343-345.

Olszewski M, Dilliott M, García-Ruiz I, et al. 2020. *Cuscuta* seeds: diversity and evolution, value for systematics/identification and exploration of allometric relationships[J]. PLOS ONE, 15(6): e0234627.

O'Neill AR, Rana SK. 2016. An ethnobotanical analysis of parasitic plants (*Parijibi*) in the Nepal Himalaya[J]. Journal of Ethnobiology and Ethnomedicine, 12: 14.

Opdyke DLJ. 1979. Monographs on Fragrance Raw Materials[M]. Oxford: Pegamon Press.

Pan HK, Li Y, Chen LX, et al. 2022. Molecular processes of dodder haustorium formation on host plant under Low Red/Far Red (R/FR) Irradiation[J]. International Journal of Molecular Sciences, 23(14): 7528.

Pellissari LCO, Teixeira-Costa L, Ceccantini G, et al. 2022. Parasitic plant, from inside out: endophytic development in *Lathrophytum peckoltii* (Balanophoraceae) in host liana roots from tribe Paullineae (Sapindaceae)[J]. Annals of Botany, 129(3): 331-342.

Press MC, Phoenix GK. 2005. Impacts of parasitic plants on natural communities[J]. New Phytologist, 166(3): 737-751.

Prider J, Watling J, Facelli JM. 2009. Impacts of a native parasitic plant on an introduced and a native host species: implications for the control of an invasive weed[J]. Annals of Botany, 103(1): 107-115.

Pywell RF, Bullock JM, Walker KJ, et al. 2004. Facilitating grassland diversification using the hemiparasitic plant *Rhinanthus minor*[J]. Journal of Applied Ecology, 41(5): 880-887.

Quested HM, Cornelissen JHC, Press MC, et al. 2003. Decomposition of sub-arctic plants with differing nitrogen economies: a functional role for hemiparasites[J]. Ecology, 84(12): 3209-3221.

Rajachan OA, Hongtanee L, Chalermsaen K, et al. 2020. Bioactive galloyl flavans from the stems of *Helixanthera parasitica*[J]. Journal of Asian Natural Products Research, 22(5): 405-412.

Shen H, Prider JN, Facelli JM, et al. 2010. The influence of the hemiparasitic angiosperm *Cassytha pubescens* on photosynthesis of its host *Cytisus scoparius*[J]. Functional Plant Biology, 37(1): 14-21.

Shimizu K, Hozumi A, Aoki K. 2018. Organization of vascular cells in the haustorium of the parasitic flowering plant *Cuscuta japonica*[J]. Plant and Cell Physiology, 59(4): 720-728.

Shivamurthy GR, Arekal GD, Swamy BGL. 1981. Establishment, structure and morphology of the tuber of *Balanophora*[J]. Annals of Botany, 47(6): 735-745.

Spasojevic M, Suding K. 2011. Contrasting effects of hemiparasites on ecosystem processes: can positive litter effects offset the negative effects of parasitism?[J]. Oecologia, 165(1): 193-200.

Steffen A. 1960. Perfume and Flavor Materials of Natural Origin[M]. Carol Stream: Allured Pub Corp.

Stewart GR, Press MC. 1990. The physiology and biochemistry of parasitic angiosperms[J]. Annual Review of Plant Physiology and Plant Molecular Biology, 41: 127-151.

Sui XL, Kuss P, Li WJ, et al. 2016. Identity and distribution of weedy *Pedicularis kansuensis* Maxim. (Orobanchaceae) in Xinjiang Tianshan Mountains: morphological, anatomical and molecular evidence[J]. Journal of Arid Land, 8(3): 453-461.

Sui XL, Zhang T, Tian YQ, et al. 2019. A neglected alliance in battles against parasitic plants: arbuscular mycorrhizal and rhizobial symbioses alleviate damage to a legume host by root hemiparasitic *Pedicularis* species[J]. New Phytologist, 221(1): 470-481.

Teixeira-Costa L, Davis CC. 2021. Life history, diversity, and distribution in parasitic flowering plants[J]. Plant Physiology. 187(1): 32-51.

Těšitel J. 2016. Functional biology of parasitic plants: a review[J]. Plant Ecology and Evolution, 149(1): 5-20.

Těšitel J, Cirocco RM, Facelli JM, et al. 2020. Native parasitic plants: biological control for plant invasions[J]. Applied Vegetation Science, 23(3): 464-469.

Těšitel J, Li AR, Knotková K, et al. 2021. The bright side of parasitic plants: What are they good for?[J]. Plant Physiology, 185(4): 1309-1324.

Wang CZ, Jia ZJ. 1997. Lignan, phenylpropanoid and iridoid glycosides from *Pedicularis torta*[J]. Phytochemistry, 45(1): 159-166.

Watson DM. 2009. Determinants of parasitic plant distribution: the role of host quality[J]. Botany, 87(1): 16-21.

Watson DM. 2001. Mistletoe: a keystone resource in forests and woodlands worldwide[J]. Annual Review of Ecology and Systematics, 32: 219-249.

Watson DM. 2009. Parasitic plants as facilitators: more Dryad than Dracula?[J]. Journal of Ecology, 97(6): 1151-1159.

Watson DM, Herring M. 2012. Mistletoe as a keystone resource: an experimental test[J]. Proceedings of the Royal Society B-Biological Sciences, 279(1743): 3853-3860.

Watson DM, McGregor HW, Spooner PG. 2011. Hemiparasitic shrubs increase resource availability and multi-trophic diversity of eucalypt forest birds[J]. Functional Ecology, 25(4): 889-899.

Westbury DB, Davies A, Woodcock BA, et al. 2006. Seeds of change: the value of using *Rhinanthus minor* in grassland restoration[J]. Journal of Vegetation Science, 17(4): 435-446.

Westwood JH, Yoder JI, Timko MP, et al. 2010. The evolution of parasitism in plants[J]. Trends in Plant Science, 15(4): 227-235.

Wiart C. 2012. Medicinal Plants of China, Korea, and Japan: Bioresources for Tomorrow's Drugs and Cosmetics[M]. Boca Raton: CRC Press.

Wu AP, Zhong W, Yuan JR, et al. 2019. The factors affecting a native obligate parasite, *Cuscuta australis*, in selecting an exotic weed, *Humulus scandens*, as its host[J]. Scientific Reports, 9: 511.

Yu H, Liu JA, He WM, et al. 2011. *Cuscuta australis* restrains three exotic invasive plants and benefits native species[J]. Biological Invasions, 13(3): 747-756.

Yu H, Yu FH, Miao SL, et al. 2008. Holoparasitic *Cuscuta campestris* suppresses invasive *Mikania micrantha* and contributes to native community recovery[J]. Biological Conservation, 141(10): 2653-2661.

Yu RX, Zhou SY, Chen XL, et al. 2022. Exploring the species limits in *Balanophora* subgenus *Balania*[J]. Systematic Botany, 47(3): 869-875.

Yuniwati C, Ramli N, Purwita E, et al. 2018. Molecular docking for active compounds of *Scurrula atropurpurea* as anti-inflammatory candidate in endometriosis[J]. Acta Informatica Medica, 26(4): 254-257.

Zhang GF, Li Q, Sun SC. 2018. Diversity and distribution of parasitic angiosperms in China[J]. Ecology and Evolution, 8(9):

4378-4386.

Zhang LL, Zhang Y, Pei SJ, et al. 2015. Ethnobotanical survey of medicinal dietary plants used by the Naxi People in Lijiang Area, Northwest Yunnan, China[J]. Journal of Ethnobiology and Ethnomedicine, 11: 40.

Zhang MH, Chen YL, Ouyang Y, et al. 2015. The biology and haustorial anatomy of semi-parasitic *Monochasma savatieri* Franch. ex Maxim[J]. Plant Growth Regulation, 75(2): 473-481.

Zorofchian Moghadamtousi S, Hajrezaei M, Abdul Kadir H, et al. 2013. *Loranthus micranthus* Linn.: biological activities and phytochemistry[J]. Evidence-based Complementary and Alternative Medicine, 2013: 273712.

附录　中国分布的寄生植物及其寄生类型

序号	拉丁名	中文名	属	科	目	寄生类型
1	*Aeginetia acaulis*	短梗野菰	野菰属 *Aeginetia*	列当科 Orobanchaceae	唇形目 Lamiales	根部全寄生植物
2	*Aeginetia indica*	野菰	野菰属 *Aeginetia*	列当科 Orobanchaceae	唇形目 Lamiales	根部全寄生植物
3	*Aeginetia sinensis*	中国野菰	野菰属 *Aeginetia*	列当科 Orobanchaceae	唇形目 Lamiales	根部全寄生植物
4	*Alectra avensis*	黑蒴	黑蒴属 *Alectra*	列当科 Orobanchaceae	唇形目 Lamiales	根部半寄生植物
5	*Arceuthobium chinense*	油杉寄生	油杉寄生属 *Arceuthobium*	槲寄生科 Viscaceae	檀香目 Santalales	茎部半寄生植物
6	*Arceuthobium oxycedri*	圆柏寄生	油杉寄生属 *Arceuthobium*	槲寄生科 Viscaceae	檀香目 Santalales	茎部半寄生植物
7	*Arceuthobium pini*	高山松寄生	油杉寄生属 *Arceuthobium*	槲寄生科 Viscaceae	檀香目 Santalales	茎部半寄生植物
8	*Arceuthobium sichuanense*	云杉寄生	油杉寄生属 *Arceuthobium*	槲寄生科 Viscaceae	檀香目 Santalales	茎部半寄生植物
9	*Arceuthobium tibetense*	冷杉寄生	油杉寄生属 *Arceuthobium*	槲寄生科 Viscaceae	檀香目 Santalales	茎部半寄生植物
10	*Balanophora abbreviata*	短穗蛇菰	蛇菰属 *Balanophora*	蛇菰科 Balanophoraceae	檀香目 Santalales	根部全寄生植物
11	*Balanophora fargesii*	川藏蛇菰	蛇菰属 *Balanophora*	蛇菰科 Balanophoraceae	檀香目 Santalales	根部全寄生植物
12	*Balanophora fungosa*	蛇菰	蛇菰属 *Balanophora*	蛇菰科 Balanophoraceae	檀香目 Santalales	根部全寄生植物
13	*Balanophora harlandii*	红冬蛇菰	蛇菰属 *Balanophora*	蛇菰科 Balanophoraceae	檀香目 Santalales	根部全寄生植物
14	*Balanophora henryi*	宜昌蛇菰	蛇菰属 *Balanophora*	蛇菰科 Balanophoraceae	檀香目 Santalales	根部全寄生植物
15	*Balanophora kawakamii*	红烛蛇菰	蛇菰属 *Balanophora*	蛇菰科 Balanophoraceae	檀香目 Santalales	根部全寄生植物
16	*Balanophora indica*	印度蛇菰	蛇菰属 *Balanophora*	蛇菰科 Balanophoraceae	檀香目 Santalales	根部全寄生植物
17	*Balanophora involucrata*	筒鞘蛇菰	蛇菰属 *Balanophora*	蛇菰科 Balanophoraceae	檀香目 Santalales	根部全寄生植物
18	*Balanophora laxiflora*	疏花蛇菰	蛇菰属 *Balanophora*	蛇菰科 Balanophoraceae	檀香目 Santalales	根部全寄生植物
19	*Balanophora polyandra*	多蕊蛇菰	蛇菰属 *Balanophora*	蛇菰科 Balanophoraceae	檀香目 Santalales	根部全寄生植物
20	*Balanophora subcupularis*	杯茎蛇菰	蛇菰属 *Balanophora*	蛇菰科 Balanophoraceae	檀香目 Santalales	根部全寄生植物
21	*Balanophora tobiracola*	海桐蛇菰	蛇菰属 *Balanophora*	蛇菰科 Balanophoraceae	檀香目 Santalales	根部全寄生植物
22	*Boschniakia himalaica*	丁座草	草苁蓉属 *Boschniakia*	列当科 Orobanchaceae	唇形目 Lamiales	根部全寄生植物
23	*Boschniakia rossica*	草苁蓉	草苁蓉属 *Boschniakia*	列当科 Orobanchaceae	唇形目 Lamiales	根部全寄生植物
24	*Brandisia cauliflora*	茎花来江藤	来江藤属 *Brandisia*	列当科 Orobanchaceae	唇形目 Lamiales	根部半寄生植物
25	*Brandisia discolor*	异色来江藤	来江藤属 *Brandisia*	列当科 Orobanchaceae	唇形目 Lamiales	根部半寄生植物
26	*Brandisia glabrescens*	退毛来江藤	来江藤属 *Brandisia*	列当科 Orobanchaceae	唇形目 Lamiales	根部半寄生植物
27	*Brandisia hancei*	来江藤	来江藤属 *Brandisia*	列当科 Orobanchaceae	唇形目 Lamiales	根部半寄生植物
28	*Brandisia kwangsiensis*	广西来江藤	来江藤属 *Brandisia*	列当科 Orobanchaceae	唇形目 Lamiales	根部半寄生植物
29	*Brandisia racemosa*	总花来江藤	来江藤属 *Brandisia*	列当科 Orobanchaceae	唇形目 Lamiales	根部半寄生植物
30	*Brandisia rosea*	红花来江藤	来江藤属 *Brandisia*	列当科 Orobanchaceae	唇形目 Lamiales	根部半寄生植物
31	*Brandisia swinglei*	岭南来江藤	来江藤属 *Brandisia*	列当科 Orobanchaceae	唇形目 Lamiales	根部半寄生植物
32	*Buchnera cruciata*	黑草	黑草属 *Buchnera*	列当科 Orobanchaceae	唇形目 Lamiales	根部半寄生植物
33	*Buckleya angulosa*	棱果米面蓊	米面蓊属 *Buckleya*	百蕊草科 Thesiaceae	檀香目 Santalales	根部半寄生植物
34	*Buckleya graebneriana*	秦岭米面蓊	米面蓊属 *Buckleya*	百蕊草科 Thesiaceae	檀香目 Santalales	根部半寄生植物
35	*Buckleya henryi*	米面蓊	米面蓊属 *Buckleya*	百蕊草科 Thesiaceae	檀香目 Santalales	根部半寄生植物
36	*Cansjera rheedei*	山柑藤	山柑藤属 *Cansjera*	山柚子科 Opiliaceae	檀香目 Santalales	根部半寄生植物
37	*Cassytha filiformis*	无根藤	无根藤属 *Cassytha*	樟科 Lauraceae	樟目 Laurales	茎部半寄生植物
38	*Castilleja pallida*	火焰草	火焰草属 *Castilleja*	列当科 Orobanchaceae	唇形目 Lamiales	根部半寄生植物

续表

序号	拉丁名	中文名	属	科	目	寄生类型
39	*Centranthera cochinchinensis*	胡麻草	胡麻草属 *Centranthera*	列当科 Orobanchaceae	唇形目 Lamiales	根部半寄生植物
40	*Centranthera grandiflora*	大花胡麻草	胡麻草属 *Centranthera*	列当科 Orobanchaceae	唇形目 Lamiales	根部半寄生植物
41	*Centranthera tranquebarica*	矮胡麻草	胡麻草属 *Centranthera*	列当科 Orobanchaceae	唇形目 Lamiales	根部半寄生植物
42	*Champereia manillana*	台湾山柚	台湾山柚属 *Champereia*	山柚子科 Opiliaceae	檀香目 Santalales	根部半寄生植物
43	*Christisonia hookeri*	假野菰	假野菰属 *Christisonia*	列当科 Orobanchaceae	唇形目 Lamiales	根部全寄生植物
44	*Cistanche deserticola*	肉苁蓉	肉苁蓉属 *Cistanche*	列当科 Orobanchaceae	唇形目 Lamiales	根部全寄生植物
45	*Cistanche lanzhouensis*	兰州肉苁蓉	肉苁蓉属 *Cistanche*	列当科 Orobanchaceae	唇形目 Lamiales	根部全寄生植物
46	*Cistanche mongolica*	管花肉苁蓉	肉苁蓉属 *Cistanche*	列当科 Orobanchaceae	唇形目 Lamiales	根部全寄生植物
47	*Cistanche salsa*	盐生肉苁蓉	肉苁蓉属 *Cistanche*	列当科 Orobanchaceae	唇形目 Lamiales	根部全寄生植物
48	*Cistanche sinensis*	沙苁蓉	肉苁蓉属 *Cistanche*	列当科 Orobanchaceae	唇形目 Lamiales	根部全寄生植物
49	*Cuscuta approximata*	杯花菟丝子	菟丝子属 *Cuscuta*	旋花科 Convolvulaceae	茄目 Solanales	茎部全寄生植物
50	*Cuscuta australis*	南方菟丝子	菟丝子属 *Cuscuta*	旋花科 Convolvulaceae	茄目 Solanales	茎部全寄生植物
51	*Cuscuta campestris*	原野菟丝子	菟丝子属 *Cuscuta*	旋花科 Convolvulaceae	茄目 Solanales	茎部全寄生植物
52	*Cuscuta chinensis*	菟丝子	菟丝子属 *Cuscuta*	旋花科 Convolvulaceae	茄目 Solanales	茎部全寄生植物
53	*Cuscuta europaea*	欧洲菟丝子	菟丝子属 *Cuscuta*	旋花科 Convolvulaceae	茄目 Solanales	茎部全寄生植物
54	*Cuscuta gigantea*	高大菟丝子	菟丝子属 *Cuscuta*	旋花科 Convolvulaceae	茄目 Solanales	茎部全寄生植物
55	*Cuscuta japonica*	金灯藤	菟丝子属 *Cuscuta*	旋花科 Convolvulaceae	茄目 Solanales	茎部全寄生植物
56	*Cuscuta lupuliformis*	啤酒花菟丝子	菟丝子属 *Cuscuta*	旋花科 Convolvulaceae	茄目 Solanales	茎部全寄生植物
57	*Cuscuta macrolepis*	大鳞菟丝子	菟丝子属 *Cuscuta*	旋花科 Convolvulaceae	茄目 Solanales	茎部全寄生植物
58	*Cuscuta monogyna*	单柱菟丝子	菟丝子属 *Cuscuta*	旋花科 Convolvulaceae	茄目 Solanales	茎部全寄生植物
59	*Cuscuta reflexa*	大花菟丝子	菟丝子属 *Cuscuta*	旋花科 Convolvulaceae	茄目 Solanales	茎部半寄生植物
60	*Cymbaria daurica*	达乌里芯芭	芯芭属 *Cymbaria*	列当科 Orobanchaceae	唇形目 Lamiales	根部半寄生植物
61	*Cymbaria mongolica*	蒙古芯芭	芯芭属 *Cymbaria*	列当科 Orobanchaceae	唇形目 Lamiales	根部半寄生植物
62	*Cynomorium songaricum*	锁阳	锁阳属 *Cynomorium*	锁阳科 Cynomoriaceae	虎耳草目 Saxifragales	根部全寄生植物
63	*Dendrophthoe pentandra*	五蕊寄生	五蕊寄生属 *Dendrophthoe*	桑寄生科 Loranthaceae	檀香目 Santalales	茎部半寄生植物
64	*Dendrotrophe buxifolia*	黄杨叶寄生藤	寄生藤属 *Dendrotrophe*	榄仁檀科 Amphorogynaceae	檀香目 Santalales	茎部半寄生植物
65	*Dendrotrophe granulata*	疣枝寄生藤	寄生藤属 *Dendrotrophe*	榄仁檀科 Amphorogynaceae	檀香目 Santalales	茎部半寄生植物
66	*Dendrotrophe platyphylla*	异花寄生藤	寄生藤属 *Dendrotrophe*	榄仁檀科 Amphorogynaceae	檀香目 Santalales	茎部半寄生植物
67	*Dendrotrophe polyneura*	多脉寄生藤	寄生藤属 *Dendrotrophe*	榄仁檀科 Amphorogynaceae	檀香目 Santalales	茎部半寄生植物
68	*Dendrotrophe umbellata*	伞花寄生藤	寄生藤属 *Dendrotrophe*	榄仁檀科 Amphorogynaceae	檀香目 Santalales	茎部半寄生植物
69	*Dendrotrophe varians*	寄生藤	寄生藤属 *Dendrotrophe*	榄仁檀科 Amphorogynaceae	檀香目 Santalales	茎部半寄生植物
70	*Elytranthe albida*	大苞鞘花	大苞鞘花属 *Elytranthe*	桑寄生科 Loranthaceae	檀香目 Santalales	茎部半寄生植物
71	*Elytranthe parasitica*	墨脱大苞鞘花	大苞鞘花属 *Elytranthe*	桑寄生科 Loranthaceae	檀香目 Santalales	茎部半寄生植物
72	*Euphrasia amurensis*	东北小米草	小米草属 *Euphrasia*	列当科 Orobanchaceae	唇形目 Lamiales	根部半寄生植物
73	*Euphrasia brevilabris*	短唇小米草	小米草属 *Euphrasia*	列当科 Orobanchaceae	唇形目 Lamiales	根部半寄生植物
74	*Euphrasia durietziana*	多腺小米草	小米草属 *Euphrasia*	列当科 Orobanchaceae	唇形目 Lamiales	根部半寄生植物
75	*Euphrasia hirtella*	长腺小米草	小米草属 *Euphrasia*	列当科 Orobanchaceae	唇形目 Lamiales	根部半寄生植物
76	*Euphrasia jaeschkei*	大花小米草	小米草属 *Euphrasia*	列当科 Orobanchaceae	唇形目 Lamiales	根部半寄生植物
77	*Euphrasia matsudae*	光叶小米草	小米草属 *Euphrasia*	列当科 Orobanchaceae	唇形目 Lamiales	根部半寄生植物
78	*Euphrasia nankotaizanensis*	高山小米草	小米草属 *Euphrasia*	列当科 Orobanchaceae	唇形目 Lamiales	根部半寄生植物
79	*Euphrasia pectinata*	小米草	小米草属 *Euphrasia*	列当科 Orobanchaceae	唇形目 Lamiales	根部半寄生植物
80	*Euphrasia pumilio*	矮小米草	小米草属 *Euphrasia*	列当科 Orobanchaceae	唇形目 Lamiales	根部半寄生植物

续表

序号	拉丁名	中文名	属	科	目	寄生类型
81	*Euphrasia regelii*	短腺小米草	小米草属 *Euphrasia*	列当科 Orobanchaceae	唇形目 Lamiales	根部半寄生植物
82	*Euphrasia tarokoana*	大鲁阁小米草	小米草属 *Euphrasia*	列当科 Orobanchaceae	唇形目 Lamiales	根部半寄生植物
83	*Euphrasia transmorrisonensis*	台湾小米草	小米草属 *Euphrasia*	列当科 Orobanchaceae	唇形目 Lamiales	根部半寄生植物
84	*Gleadovia mupinense*	宝兴藨寄生	藨寄生属 *Gleadovia*	列当科 Orobanchaceae	唇形目 Lamiales	根部全寄生植物
85	*Gleadovia ruborum*	藨寄生	藨寄生属 *Gleadovia*	列当科 Orobanchaceae	唇形目 Lamiales	根部全寄生植物
86	*Helixanthera coccinea*	景洪离瓣寄生	离瓣寄生属 *Helixanthera*	桑寄生科 Loranthaceae	檀香目 Santalales	茎部半寄生植物
87	*Helixanthera guangxiensis*	广西离瓣寄生	离瓣寄生属 *Helixanthera*	桑寄生科 Loranthaceae	檀香目 Santalales	茎部半寄生植物
88	*Helixanthera parasitica*	离瓣寄生	离瓣寄生属 *Helixanthera*	桑寄生科 Loranthaceae	檀香目 Santalales	茎部半寄生植物
89	*Helixanthera pulchra*	密花离瓣寄生	离瓣寄生属 *Helixanthera*	桑寄生科 Loranthaceae	檀香目 Santalales	茎部半寄生植物
90	*Helixanthera sampsonii*	油茶离瓣寄生	离瓣寄生属 *Helixanthera*	桑寄生科 Loranthaceae	檀香目 Santalales	茎部半寄生植物
91	*Helixanthera scoriarum*	滇西离瓣寄生	离瓣寄生属 *Helixanthera*	桑寄生科 Loranthaceae	檀香目 Santalales	茎部半寄生植物
92	*Helixanthera terrestris*	林地离瓣寄生	离瓣寄生属 *Helixanthera*	桑寄生科 Loranthaceae	檀香目 Santalales	茎部半寄生植物
93	*Korthalsella japonica*	栗寄生	栗寄生属 *Korthalsella*	槲寄生科 Viscaceae	檀香目 Santalales	茎部半寄生植物
94	*Lathraea japonica*	齿鳞草	齿鳞草属 *Lathraea*	列当科 Orobanchaceae	唇形目 Lamiales	根部全寄生植物
95	*Lepionurus sylvestris*	鳞尾木	鳞尾木属 *Lepionurus*	山柚子科 Opiliaceae	檀香目 Santalales	根部半寄生植物
96	*Leptorhabdos parviflora*	方茎草	方茎草属 *Leptorhabdos*	列当科 Orobanchaceae	唇形目 Lamiales	根部半寄生植物
97	*Loranthus delavayi*	椆树桑寄生	桑寄生属 *Loranthus*	桑寄生科 Loranthaceae	檀香目 Santalales	茎部半寄生植物
98	*Loranthus guizhouensis*	南桑寄生	桑寄生属 *Loranthus*	桑寄生科 Loranthaceae	檀香目 Santalales	茎部半寄生植物
99	*Loranthus kaoi*	台中桑寄生	桑寄生属 *Loranthus*	桑寄生科 Loranthaceae	檀香目 Santalales	茎部半寄生植物
100	*Loranthus lambertianus*	吉隆桑寄生	桑寄生属 *Loranthus*	桑寄生科 Loranthaceae	檀香目 Santalales	茎部半寄生植物
101	*Loranthus pseudo-odoratus*	华中桑寄生	桑寄生属 *Loranthus*	桑寄生科 Loranthaceae	檀香目 Santalales	茎部半寄生植物
102	*Loranthus tanakae*	北桑寄生	桑寄生属 *Loranthus*	桑寄生科 Loranthaceae	檀香目 Santalales	茎部半寄生植物
103	*Macrosolen bibracteolatus*	双花鞘花	鞘花属 *Macrosolen*	桑寄生科 Loranthaceae	檀香目 Santalales	茎部半寄生植物
104	*Macrosolen cochinchinensis*	鞘花	鞘花属 *Macrosolen*	桑寄生科 Loranthaceae	檀香目 Santalales	茎部半寄生植物
105	*Macrosolen geminatus*	勐腊鞘花	鞘花属 *Macrosolen*	桑寄生科 Loranthaceae	檀香目 Santalales	茎部半寄生植物
106	*Macrosolen robinsonii*	短序鞘花	鞘花属 *Macrosolen*	桑寄生科 Loranthaceae	檀香目 Santalales	茎部半寄生植物
107	*Macrosolen tricolor*	三色鞘花	鞘花属 *Macrosolen*	桑寄生科 Loranthaceae	檀香目 Santalales	茎部半寄生植物
108	*Malania oleifera*	蒜头果	蒜头果属 *Malania*	海檀木科 Ximeniaceae	檀香目 Santalales	根部半寄生植物
109	*Mannagettaea hummelii*	矮生豆列当	豆列当属 *Mannagettaea*	列当科 Orobanchaceae	唇形目 Lamiales	根部全寄生植物
110	*Mannagettaea labiata*	豆列当	豆列当属 *Mannagettaea*	列当科 Orobanchaceae	唇形目 Lamiales	根部全寄生植物
111	*Melampyrum aphraditis*	天柱山罗花	山罗花属 *Melampyrum*	列当科 Orobanchaceae	唇形目 Lamiales	根部半寄生植物
112	*Melampyrum klebelsbergianum*	滇川山罗花	山罗花属 *Melampyrum*	列当科 Orobanchaceae	唇形目 Lamiales	根部半寄生植物
113	*Melampyrum laxum*	圆苞山罗花	山罗花属 *Melampyrum*	列当科 Orobanchaceae	唇形目 Lamiales	根部半寄生植物
114	*Melampyrum roseum*	山罗花	山罗花属 *Melampyrum*	列当科 Orobanchaceae	唇形目 Lamiales	根部半寄生植物
115	*Mitrastemon yamamotoi*	帽蕊草	帽蕊草属 *Mitrastemon*	帽蕊草科 Mitrastemonaceae	杜鹃花目 Ericales	根部全寄生植物
116	*Monochasma monantha*	单花鹿茸草	鹿茸草属 *Monochasma*	列当科 Orobanchaceae	唇形目 Lamiales	根部半寄生植物
117	*Monochasma savatieri*	沙氏鹿茸草	鹿茸草属 *Monochasma*	列当科 Orobanchaceae	唇形目 Lamiales	根部半寄生植物
118	*Monochasma sheareri*	鹿茸草	鹿茸草属 *Monochasma*	列当科 Orobanchaceae	唇形目 Lamiales	根部半寄生植物
119	*Odontites vulgaris*	疗齿草	疗齿草属 *Odontites*	列当科 Orobanchaceae	唇形目 Lamiales	根部半寄生植物
120	*Olax acuminata*	尖叶铁青树	铁青树属 *Olax*	铁青树科 Olacaceae	檀香目 Santalales	根部半寄生植物

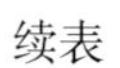

续表

序号	拉丁名	中文名	属	科	目	寄生类型
121	*Olax austrosinensis*	疏花铁青树	铁青树属 *Olax*	铁青树科 Olacaceae	檀香目 Santalales	根部半寄生植物
122	*Olax imbricata*	铁青树	铁青树属 *Olax*	铁青树科 Olacaceae	檀香目 Santalales	根部半寄生植物
123	*Omphalotrix longipes*	脐草	脐草属 *Omphalotrix*	列当科 Orobanchaceae	唇形目 Lamiales	根部半寄生植物
124	*Opilia amentacea*	山柚子	山柚子属 *Opilia*	山柚子科 Opiliaceae	檀香目 Santalales	根部半寄生植物
125	*Orobanche aegyptiaca*	分枝列当	列当属 *Orobanche*	列当科 Orobanchaceae	唇形目 Lamiales	根部全寄生植物
126	*Orobanche alba*	白花列当	列当属 *Orobanche*	列当科 Orobanchaceae	唇形目 Lamiales	根部全寄生植物
127	*Orobanche alsatica*	多色列当	列当属 *Orobanche*	列当科 Orobanchaceae	唇形目 Lamiales	根部全寄生植物
128	*Orobanche amoena*	美丽列当	列当属 *Orobanche*	列当科 Orobanchaceae	唇形目 Lamiales	根部全寄生植物
129	*Orobanche brassicae*	光药列当	列当属 *Orobanche*	列当科 Orobanchaceae	唇形目 Lamiales	根部全寄生植物
130	*Orobanche caryophyllacea*	丝毛列当	列当属 *Orobanche*	列当科 Orobanchaceae	唇形目 Lamiales	根部全寄生植物
131	*Orobanche cernua*	弯管列当	列当属 *Orobanche*	列当科 Orobanchaceae	唇形目 Lamiales	根部全寄生植物
132	*Orobanche clarkei*	西藏列当	列当属 *Orobanche*	列当科 Orobanchaceae	唇形目 Lamiales	根部全寄生植物
133	*Orobanche coelestis*	长齿列当	列当属 *Orobanche*	列当科 Orobanchaceae	唇形目 Lamiales	根部全寄生植物
134	*Orobanche coerulescens*	列当	列当属 *Orobanche*	列当科 Orobanchaceae	唇形目 Lamiales	根部全寄生植物
135	*Orobanche elatior*	短唇列当	列当属 *Orobanche*	列当科 Orobanchaceae	唇形目 Lamiales	根部全寄生植物
136	*Orobanche kelleri*	短齿列当	列当属 *Orobanche*	列当科 Orobanchaceae	唇形目 Lamiales	根部全寄生植物
137	*Orobanche kotschyi*	缢筒列当	列当属 *Orobanche*	列当科 Orobanchaceae	唇形目 Lamiales	根部全寄生植物
138	*Orobanche krylowii*	丝多毛列当	列当属 *Orobanche*	列当科 Orobanchaceae	唇形目 Lamiales	根部全寄生植物
139	*Orobanche lanuginosa*	毛列当	列当属 *Orobanche*	列当科 Orobanchaceae	唇形目 Lamiales	根部全寄生植物
140	*Orobanche megalantha*	大花列当	列当属 *Orobanche*	列当科 Orobanchaceae	唇形目 Lamiales	根部全寄生植物
141	*Orobanche mongolica*	中华列当	列当属 *Orobanche*	列当科 Orobanchaceae	唇形目 Lamiales	根部全寄生植物
142	*Orobanche mupinensis*	宝兴列当	列当属 *Orobanche*	列当科 Orobanchaceae	唇形目 Lamiales	根部全寄生植物
143	*Orobanche ombrochares*	毛药列当	列当属 *Orobanche*	列当科 Orobanchaceae	唇形目 Lamiales	根部全寄生植物
144	*Orobanche pycnostachya*	黄花列当	列当属 *Orobanche*	列当科 Orobanchaceae	唇形目 Lamiales	根部全寄生植物
145	*Orobanche sinensis*	四川列当	列当属 *Orobanche*	列当科 Orobanchaceae	唇形目 Lamiales	根部全寄生植物
146	*Orobanche solmsii*	长苞列当	列当属 *Orobanche*	列当科 Orobanchaceae	唇形目 Lamiales	根部全寄生植物
147	*Orobanche sordida*	淡黄列当	列当属 *Orobanche*	列当科 Orobanchaceae	唇形目 Lamiales	根部全寄生植物
148	*Orobanche uralensis*	多齿列当	列当属 *Orobanche*	列当科 Orobanchaceae	唇形目 Lamiales	根部全寄生植物
149	*Orobanche yunnanensis*	滇列当	列当属 *Orobanche*	列当科 Orobanchaceae	唇形目 Lamiales	根部全寄生植物
150	*Osyris lanceolata*	沙针	沙针属 *Osyris*	檀香科 Santalaceae	檀香目 Santalales	根部半寄生植物
151	*Pedicularis abrotanifolia*	蒿叶马先蒿	马先蒿属 *Pedicularis*	列当科 Orobanchaceae	唇形目 Lamiales	根部半寄生植物
152	*Pedicularis achilleifolia*	蓍草叶马先蒿	马先蒿属 *Pedicularis*	列当科 Orobanchaceae	唇形目 Lamiales	根部半寄生植物
153	*Pedicularis alaschanica*	阿拉善马先蒿	马先蒿属 *Pedicularis*	列当科 Orobanchaceae	唇形目 Lamiales	根部半寄生植物
154	*Pedicularis aloensis*	阿洛马先蒿	马先蒿属 *Pedicularis*	列当科 Orobanchaceae	唇形目 Lamiales	根部半寄生植物
155	*Pedicularis alopecuros*	狐尾马先蒿	马先蒿属 *Pedicularis*	列当科 Orobanchaceae	唇形目 Lamiales	根部半寄生植物
156	*Pedicularis altaica*	阿尔泰马先蒿	马先蒿属 *Pedicularis*	列当科 Orobanchaceae	唇形目 Lamiales	根部半寄生植物
157	*Pedicularis altifrontalis*	高额马先蒿	马先蒿属 *Pedicularis*	列当科 Orobanchaceae	唇形目 Lamiales	根部半寄生植物
158	*Pedicularis amplituba*	丰管马先蒿	马先蒿属 *Pedicularis*	列当科 Orobanchaceae	唇形目 Lamiales	根部半寄生植物
159	*Pedicularis anas*	鸭首马先蒿	马先蒿属 *Pedicularis*	列当科 Orobanchaceae	唇形目 Lamiales	根部半寄生植物
160	*Pedicularis angularis*	角盔马先蒿	马先蒿属 *Pedicularis*	列当科 Orobanchaceae	唇形目 Lamiales	根部半寄生植物
161	*Pedicularis angustilabris*	狭唇马先蒿	马先蒿属 *Pedicularis*	列当科 Orobanchaceae	唇形目 Lamiales	根部半寄生植物
162	*Pedicularis angustiloba*	狭裂马先蒿	马先蒿属 *Pedicularis*	列当科 Orobanchaceae	唇形目 Lamiales	根部半寄生植物
163	*Pedicularis anomala*	奇异马先蒿	马先蒿属 *Pedicularis*	列当科 Orobanchaceae	唇形目 Lamiales	根部半寄生植物
164	*Pedicularis anthemifolia*	春黄菊叶马先蒿	马先蒿属 *Pedicularis*	列当科 Orobanchaceae	唇形目 Lamiales	根部半寄生植物

续表

序号	拉丁名	中文名	属	科	目	寄生类型
165	*Pedicularis aquilina*	鹰嘴马先蒿	马先蒿属 *Pedicularis*	列当科 Orobanchaceae	唇形目 Lamiales	根部半寄生植物
166	*Pedicularis armata*	刺齿马先蒿	马先蒿属 *Pedicularis*	列当科 Orobanchaceae	唇形目 Lamiales	根部半寄生植物
167	*Pedicularis artselaeri*	埃氏马先蒿	马先蒿属 *Pedicularis*	列当科 Orobanchaceae	唇形目 Lamiales	根部半寄生植物
168	*Pedicularis aschistorrhyncha*	全喙马先蒿	马先蒿属 *Pedicularis*	列当科 Orobanchaceae	唇形目 Lamiales	根部半寄生植物
169	*Pedicularis atroviridis*	深绿马先蒿	马先蒿属 *Pedicularis*	列当科 Orobanchaceae	唇形目 Lamiales	根部半寄生植物
170	*Pedicularis atuntsiensis*	阿墩子马先蒿	马先蒿属 *Pedicularis*	列当科 Orobanchaceae	唇形目 Lamiales	根部半寄生植物
171	*Pedicularis aurata*	金黄马先蒿	马先蒿属 *Pedicularis*	列当科 Orobanchaceae	唇形目 Lamiales	根部半寄生植物
172	*Pedicularis axillaris*	腋花马先蒿	马先蒿属 *Pedicularis*	列当科 Orobanchaceae	唇形目 Lamiales	根部半寄生植物
173	*Pedicularis batangensis*	巴塘马先蒿	马先蒿属 *Pedicularis*	列当科 Orobanchaceae	唇形目 Lamiales	根部半寄生植物
174	*Pedicularis bella*	美丽马先蒿	马先蒿属 *Pedicularis*	列当科 Orobanchaceae	唇形目 Lamiales	根部半寄生植物
175	*Pedicularis bicolor*	二色马先蒿	马先蒿属 *Pedicularis*	列当科 Orobanchaceae	唇形目 Lamiales	根部半寄生植物
176	*Pedicularis bidentata*	二齿马先蒿	马先蒿属 *Pedicularis*	列当科 Orobanchaceae	唇形目 Lamiales	根部半寄生植物
177	*Pedicularis bietii*	皮氏马先蒿	马先蒿属 *Pedicularis*	列当科 Orobanchaceae	唇形目 Lamiales	根部半寄生植物
178	*Pedicularis binaria*	双生马先蒿	马先蒿属 *Pedicularis*	列当科 Orobanchaceae	唇形目 Lamiales	根部半寄生植物
179	*Pedicularis bomiensis*	波密马先蒿	马先蒿属 *Pedicularis*	列当科 Orobanchaceae	唇形目 Lamiales	根部半寄生植物
180	*Pedicularis brachycrania*	短盔马先蒿	马先蒿属 *Pedicularis*	列当科 Orobanchaceae	唇形目 Lamiales	根部半寄生植物
181	*Pedicularis breviflora*	短花马先蒿	马先蒿属 *Pedicularis*	列当科 Orobanchaceae	唇形目 Lamiales	根部半寄生植物
182	*Pedicularis brevilabris*	短唇马先蒿	马先蒿属 *Pedicularis*	列当科 Orobanchaceae	唇形目 Lamiales	根部半寄生植物
183	*Pedicularis cacumidenta*	顶齿马先蒿	马先蒿属 *Pedicularis*	列当科 Orobanchaceae	唇形目 Lamiales	根部半寄生植物
184	*Pedicularis cephalantha*	头花马先蒿	马先蒿属 *Pedicularis*	列当科 Orobanchaceae	唇形目 Lamiales	根部半寄生植物
185	*Pedicularis cernua*	俯垂马先蒿	马先蒿属 *Pedicularis*	列当科 Orobanchaceae	唇形目 Lamiales	根部半寄生植物
186	*Pedicularis cheilanthifolia*	碎米蕨叶马先蒿	马先蒿属 *Pedicularis*	列当科 Orobanchaceae	唇形目 Lamiales	根部半寄生植物
187	*Pedicularis chengxianensis*	成县马先蒿	马先蒿属 *Pedicularis*	列当科 Orobanchaceae	唇形目 Lamiales	根部半寄生植物
188	*Pedicularis chenocephala*	鹅首马先蒿	马先蒿属 *Pedicularis*	列当科 Orobanchaceae	唇形目 Lamiales	根部半寄生植物
189	*Pedicularis chinensis*	中国马先蒿	马先蒿属 *Pedicularis*	列当科 Orobanchaceae	唇形目 Lamiales	根部半寄生植物
190	*Pedicularis chingii*	秦氏马先蒿	马先蒿属 *Pedicularis*	列当科 Orobanchaceae	唇形目 Lamiales	根部半寄生植物
191	*Pedicularis cholashanensis*	雀儿山马先蒿	马先蒿属 *Pedicularis*	列当科 Orobanchaceae	唇形目 Lamiales	根部半寄生植物
192	*Pedicularis chorgossica*	霍尔果斯马先蒿	马先蒿属 *Pedicularis*	列当科 Orobanchaceae	唇形目 Lamiales	根部半寄生植物
193	*Pedicularis chumbica*	春丕马先蒿	马先蒿属 *Pedicularis*	列当科 Orobanchaceae	唇形目 Lamiales	根部半寄生植物
194	*Pedicularis cinerascens*	灰色马先蒿	马先蒿属 *Pedicularis*	列当科 Orobanchaceae	唇形目 Lamiales	根部半寄生植物
195	*Pedicularis clarkei*	克氏马先蒿	马先蒿属 *Pedicularis*	列当科 Orobanchaceae	唇形目 Lamiales	根部半寄生植物
196	*Pedicularis columbigera*	江达马先蒿	马先蒿属 *Pedicularis*	列当科 Orobanchaceae	唇形目 Lamiales	根部半寄生植物
197	*Pedicularis comptoniifolia*	康泊东叶马先蒿	马先蒿属 *Pedicularis*	列当科 Orobanchaceae	唇形目 Lamiales	根部半寄生植物
198	*Pedicularis confertiflora*	聚花马先蒿	马先蒿属 *Pedicularis*	列当科 Orobanchaceae	唇形目 Lamiales	根部半寄生植物
199	*Pedicularis confluens*	连齿马先蒿	马先蒿属 *Pedicularis*	列当科 Orobanchaceae	唇形目 Lamiales	根部半寄生植物
200	*Pedicularis conifera*	结球马先蒿	马先蒿属 *Pedicularis*	列当科 Orobanchaceae	唇形目 Lamiales	根部半寄生植物
201	*Pedicularis connata*	连叶马先蒿	马先蒿属 *Pedicularis*	列当科 Orobanchaceae	唇形目 Lamiales	根部半寄生植物
202	*Pedicularis corydaloides*	拟紫堇马先蒿	马先蒿属 *Pedicularis*	列当科 Orobanchaceae	唇形目 Lamiales	根部半寄生植物
203	*Pedicularis corymbifera*	伞房马先蒿	马先蒿属 *Pedicularis*	列当科 Orobanchaceae	唇形目 Lamiales	根部半寄生植物
204	*Pedicularis cranolopha*	凸额马先蒿	马先蒿属 *Pedicularis*	列当科 Orobanchaceae	唇形目 Lamiales	根部半寄生植物
205	*Pedicularis craspedotricha*	缘毛马先蒿	马先蒿属 *Pedicularis*	列当科 Orobanchaceae	唇形目 Lamiales	根部半寄生植物
206	*Pedicularis crenata*	波齿马先蒿	马先蒿属 *Pedicularis*	列当科 Orobanchaceae	唇形目 Lamiales	根部半寄生植物

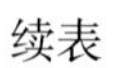
续表

序号	拉丁名	中文名	属	科	目	寄生类型
207	*Pedicularis crenularis*	细波齿马先蒿	马先蒿属 *Pedicularis*	列当科 Orobanchaceae	唇形目 Lamiales	根部半寄生植物
208	*Pedicularis cristatella*	具冠马先蒿	马先蒿属 *Pedicularis*	列当科 Orobanchaceae	唇形目 Lamiales	根部半寄生植物
209	*Pedicularis croizatiana*	克洛氏马先蒿	马先蒿属 *Pedicularis*	列当科 Orobanchaceae	唇形目 Lamiales	根部半寄生植物
210	*Pedicularis cryptantha*	隐花马先蒿	马先蒿属 *Pedicularis*	列当科 Orobanchaceae	唇形目 Lamiales	根部半寄生植物
211	*Pedicularis curvituba*	弯管马先蒿	马先蒿属 *Pedicularis*	列当科 Orobanchaceae	唇形目 Lamiales	根部半寄生植物
212	*Pedicularis cyathophylla*	斗叶马先蒿	马先蒿属 *Pedicularis*	列当科 Orobanchaceae	唇形目 Lamiales	根部半寄生植物
213	*Pedicularis cyathophylloides*	拟斗叶马先蒿	马先蒿属 *Pedicularis*	列当科 Orobanchaceae	唇形目 Lamiales	根部半寄生植物
214	*Pedicularis cyclorhyncha*	环喙马先蒿	马先蒿属 *Pedicularis*	列当科 Orobanchaceae	唇形目 Lamiales	根部半寄生植物
215	*Pedicularis cymbalaria*	舟形马先蒿	马先蒿属 *Pedicularis*	列当科 Orobanchaceae	唇形目 Lamiales	根部半寄生植物
216	*Pedicularis daltonii*	道氏马先蒿	马先蒿属 *Pedicularis*	列当科 Orobanchaceae	唇形目 Lamiales	根部半寄生植物
217	*Pedicularis daochengensis*	稻城马先蒿	马先蒿属 *Pedicularis*	列当科 Orobanchaceae	唇形目 Lamiales	根部半寄生植物
218	*Pedicularis dasystachys*	毛穗马先蒿	马先蒿属 *Pedicularis*	列当科 Orobanchaceae	唇形目 Lamiales	根部半寄生植物
219	*Pedicularis daucifolia*	胡萝卜叶马先蒿	马先蒿属 *Pedicularis*	列当科 Orobanchaceae	唇形目 Lamiales	根部半寄生植物
220	*Pedicularis davidii*	大卫氏马先蒿	马先蒿属 *Pedicularis*	列当科 Orobanchaceae	唇形目 Lamiales	根部半寄生植物
221	*Pedicularis debilis*	弱小马先蒿	马先蒿属 *Pedicularis*	列当科 Orobanchaceae	唇形目 Lamiales	根部半寄生植物
222	*Pedicularis decora*	美观马先蒿	马先蒿属 *Pedicularis*	列当科 Orobanchaceae	唇形目 Lamiales	根部半寄生植物
223	*Pedicularis decorissima*	极丽马先蒿	马先蒿属 *Pedicularis*	列当科 Orobanchaceae	唇形目 Lamiales	根部半寄生植物
224	*Pedicularis deltoidea*	三角叶马先蒿	马先蒿属 *Pedicularis*	列当科 Orobanchaceae	唇形目 Lamiales	根部半寄生植物
225	*Pedicularis densispica*	密穗马先蒿	马先蒿属 *Pedicularis*	列当科 Orobanchaceae	唇形目 Lamiales	根部半寄生植物
226	*Pedicularis deqinensis*	德钦马先蒿	马先蒿属 *Pedicularis*	列当科 Orobanchaceae	唇形目 Lamiales	根部半寄生植物
227	*Pedicularis dichotoma*	二歧马先蒿	马先蒿属 *Pedicularis*	列当科 Orobanchaceae	唇形目 Lamiales	根部半寄生植物
228	*Pedicularis dichrocephala*	重头马先蒿	马先蒿属 *Pedicularis*	列当科 Orobanchaceae	唇形目 Lamiales	根部半寄生植物
229	*Pedicularis dielsiana*	第氏马先蒿	马先蒿属 *Pedicularis*	列当科 Orobanchaceae	唇形目 Lamiales	根部半寄生植物
230	*Pedicularis diffusa*	铺散马先蒿	马先蒿属 *Pedicularis*	列当科 Orobanchaceae	唇形目 Lamiales	根部半寄生植物
231	*Pedicularis dissecta*	全裂马先蒿	马先蒿属 *Pedicularis*	列当科 Orobanchaceae	唇形目 Lamiales	根部半寄生植物
232	*Pedicularis dissectifolia*	细裂叶马先蒿	马先蒿属 *Pedicularis*	列当科 Orobanchaceae	唇形目 Lamiales	根部半寄生植物
233	*Pedicularis dolichantha*	修花马先蒿	马先蒿属 *Pedicularis*	列当科 Orobanchaceae	唇形目 Lamiales	根部半寄生植物
234	*Pedicularis dolichocymba*	长舟马先蒿	马先蒿属 *Pedicularis*	列当科 Orobanchaceae	唇形目 Lamiales	根部半寄生植物
235	*Pedicularis dolichoglossa*	长舌马先蒿	马先蒿属 *Pedicularis*	列当科 Orobanchaceae	唇形目 Lamiales	根部半寄生植物
236	*Pedicularis dolichorrhiza*	长根马先蒿	马先蒿属 *Pedicularis*	列当科 Orobanchaceae	唇形目 Lamiales	根部半寄生植物
237	*Pedicularis dolichostachya*	长穗马先蒿	马先蒿属 *Pedicularis*	列当科 Orobanchaceae	唇形目 Lamiales	根部半寄生植物
238	*Pedicularis duclouxii*	杜氏马先蒿	马先蒿属 *Pedicularis*	列当科 Orobanchaceae	唇形目 Lamiales	根部半寄生植物
239	*Pedicularis dulongensis*	独龙马先蒿	马先蒿属 *Pedicularis*	列当科 Orobanchaceae	唇形目 Lamiales	根部半寄生植物
240	*Pedicularis dunniana*	邓氏马先蒿	马先蒿属 *Pedicularis*	列当科 Orobanchaceae	唇形目 Lamiales	根部半寄生植物
241	*Pedicularis elata*	高升马先蒿	马先蒿属 *Pedicularis*	列当科 Orobanchaceae	唇形目 Lamiales	根部半寄生植物
242	*Pedicularis elliotii*	爱氏马先蒿	马先蒿属 *Pedicularis*	列当科 Orobanchaceae	唇形目 Lamiales	根部半寄生植物
243	*Pedicularis elsholtzioides*	丁青马先蒿	马先蒿属 *Pedicularis*	列当科 Orobanchaceae	唇形目 Lamiales	根部半寄生植物
244	*Pedicularis elwesii*	哀氏马先蒿	马先蒿属 *Pedicularis*	列当科 Orobanchaceae	唇形目 Lamiales	根部半寄生植物
245	*Pedicularis excelsa*	卓越马先蒿	马先蒿属 *Pedicularis*	列当科 Orobanchaceae	唇形目 Lamiales	根部半寄生植物
246	*Pedicularis fargesii*	法氏马先蒿	马先蒿属 *Pedicularis*	列当科 Orobanchaceae	唇形目 Lamiales	根部半寄生植物
247	*Pedicularis fastigiata*	帚状马先蒿	马先蒿属 *Pedicularis*	列当科 Orobanchaceae	唇形目 Lamiales	根部半寄生植物
248	*Pedicularis fengii*	国楣马先蒿	马先蒿属 *Pedicularis*	列当科 Orobanchaceae	唇形目 Lamiales	根部半寄生植物
249	*Pedicularis fetisowii*	费氏马先蒿	马先蒿属 *Pedicularis*	列当科 Orobanchaceae	唇形目 Lamiales	根部半寄生植物
250	*Pedicularis filicifolia*	羊齿叶马先蒿	马先蒿属 *Pedicularis*	列当科 Orobanchaceae	唇形目 Lamiales	根部半寄生植物

续表

序号	拉丁名	中文名	属	科	目	寄生类型
251	*Pedicularis filicula*	拟蕨马先蒿	马先蒿属 *Pedicularis*	列当科 Orobanchaceae	唇形目 Lamiales	根部半寄生植物
252	*Pedicularis filiculiformis*	假拟蕨马先蒿	马先蒿属 *Pedicularis*	列当科 Orobanchaceae	唇形目 Lamiales	根部半寄生植物
253	*Pedicularis flaccida*	软弱马先蒿	马先蒿属 *Pedicularis*	列当科 Orobanchaceae	唇形目 Lamiales	根部半寄生植物
254	*Pedicularis flava*	黄花马先蒿	马先蒿属 *Pedicularis*	列当科 Orobanchaceae	唇形目 Lamiales	根部半寄生植物
255	*Pedicularis fletcheri*	阜莱氏马先蒿	马先蒿属 *Pedicularis*	列当科 Orobanchaceae	唇形目 Lamiales	根部半寄生植物
256	*Pedicularis flexuosa*	曲茎马先蒿	马先蒿属 *Pedicularis*	列当科 Orobanchaceae	唇形目 Lamiales	根部半寄生植物
257	*Pedicularis floribunda*	多花马先蒿	马先蒿属 *Pedicularis*	列当科 Orobanchaceae	唇形目 Lamiales	根部半寄生植物
258	*Pedicularis forrestiana*	福氏马先蒿	马先蒿属 *Pedicularis*	列当科 Orobanchaceae	唇形目 Lamiales	根部半寄生植物
259	*Pedicularis fragarioides*	草莓状马先蒿	马先蒿属 *Pedicularis*	列当科 Orobanchaceae	唇形目 Lamiales	根部半寄生植物
260	*Pedicularis franchetiana*	佛氏马先蒿	马先蒿属 *Pedicularis*	列当科 Orobanchaceae	唇形目 Lamiales	根部半寄生植物
261	*Pedicularis furfuracea*	糠秕马先蒿	马先蒿属 *Pedicularis*	列当科 Orobanchaceae	唇形目 Lamiales	根部半寄生植物
262	*Pedicularis gagnepainiana*	戛氏马先蒿	马先蒿属 *Pedicularis*	列当科 Orobanchaceae	唇形目 Lamiales	根部半寄生植物
263	*Pedicularis galeata*	显盔马先蒿	马先蒿属 *Pedicularis*	列当科 Orobanchaceae	唇形目 Lamiales	根部半寄生植物
264	*Pedicularis ganpinensis*	平坝马先蒿	马先蒿属 *Pedicularis*	列当科 Orobanchaceae	唇形目 Lamiales	根部半寄生植物
265	*Pedicularis garckeana*	戛克氏马先蒿	马先蒿属 *Pedicularis*	列当科 Orobanchaceae	唇形目 Lamiales	根部半寄生植物
266	*Pedicularis geosiphon*	地管马先蒿	马先蒿属 *Pedicularis*	列当科 Orobanchaceae	唇形目 Lamiales	根部半寄生植物
267	*Pedicularis giraldiana*	奇氏马先蒿	马先蒿属 *Pedicularis*	列当科 Orobanchaceae	唇形目 Lamiales	根部半寄生植物
268	*Pedicularis glabrescens*	退毛马先蒿	马先蒿属 *Pedicularis*	列当科 Orobanchaceae	唇形目 Lamiales	根部半寄生植物
269	*Pedicularis globifera*	球花马先蒿	马先蒿属 *Pedicularis*	列当科 Orobanchaceae	唇形目 Lamiales	根部半寄生植物
270	*Pedicularis gongshanensis*	贡山马先蒿	马先蒿属 *Pedicularis*	列当科 Orobanchaceae	唇形目 Lamiales	根部半寄生植物
271	*Pedicularis gracilicaulis*	细瘦马先蒿	马先蒿属 *Pedicularis*	列当科 Orobanchaceae	唇形目 Lamiales	根部半寄生植物
272	*Pedicularis gracilis*	纤细马先蒿	马先蒿属 *Pedicularis*	列当科 Orobanchaceae	唇形目 Lamiales	根部半寄生植物
273	*Pedicularis gracilituba*	细管马先蒿	马先蒿属 *Pedicularis*	列当科 Orobanchaceae	唇形目 Lamiales	根部半寄生植物
274	*Pedicularis grandiflora*	野苏子	马先蒿属 *Pedicularis*	列当科 Orobanchaceae	唇形目 Lamiales	根部半寄生植物
275	*Pedicularis gruina*	鹤首马先蒿	马先蒿属 *Pedicularis*	列当科 Orobanchaceae	唇形目 Lamiales	根部半寄生植物
276	*Pedicularis gyirongensis*	吉隆马先蒿	马先蒿属 *Pedicularis*	列当科 Orobanchaceae	唇形目 Lamiales	根部半寄生植物
277	*Pedicularis gyrorhyncha*	旋喙马先蒿	马先蒿属 *Pedicularis*	列当科 Orobanchaceae	唇形目 Lamiales	根部半寄生植物
278	*Pedicularis habachanensis*	哈巴山马先蒿	马先蒿属 *Pedicularis*	列当科 Orobanchaceae	唇形目 Lamiales	根部半寄生植物
279	*Pedicularis hemsleyana*	汉姆氏马先蒿	马先蒿属 *Pedicularis*	列当科 Orobanchaceae	唇形目 Lamiales	根部半寄生植物
280	*Pedicularis henryi*	亨氏马先蒿	马先蒿属 *Pedicularis*	列当科 Orobanchaceae	唇形目 Lamiales	根部半寄生植物
281	*Pedicularis hirtella*	粗毛马先蒿	马先蒿属 *Pedicularis*	列当科 Orobanchaceae	唇形目 Lamiales	根部半寄生植物
282	*Pedicularis holocalyx*	全萼马先蒿	马先蒿属 *Pedicularis*	列当科 Orobanchaceae	唇形目 Lamiales	根部半寄生植物
283	*Pedicularis honanensis*	河南马先蒿	马先蒿属 *Pedicularis*	列当科 Orobanchaceae	唇形目 Lamiales	根部半寄生植物
284	*Pedicularis humilis*	矮马先蒿	马先蒿属 *Pedicularis*	列当科 Orobanchaceae	唇形目 Lamiales	根部半寄生植物
285	*Pedicularis hypophylla*	皮叶马先蒿	马先蒿属 *Pedicularis*	列当科 Orobanchaceae	唇形目 Lamiales	根部半寄生植物
286	*Pedicularis ikomai*	生驹氏马先蒿	马先蒿属 *Pedicularis*	列当科 Orobanchaceae	唇形目 Lamiales	根部半寄生植物
287	*Pedicularis inaequilobata*	不等裂马先蒿	马先蒿属 *Pedicularis*	列当科 Orobanchaceae	唇形目 Lamiales	根部半寄生植物
288	*Pedicularis infirma*	孱弱马先蒿	马先蒿属 *Pedicularis*	列当科 Orobanchaceae	唇形目 Lamiales	根部半寄生植物
289	*Pedicularis inflexirostris*	折喙马先蒿	马先蒿属 *Pedicularis*	列当科 Orobanchaceae	唇形目 Lamiales	根部半寄生植物
290	*Pedicularis ingens*	硕大马先蒿	马先蒿属 *Pedicularis*	列当科 Orobanchaceae	唇形目 Lamiales	根部半寄生植物
291	*Pedicularis insignis*	显著马先蒿	马先蒿属 *Pedicularis*	列当科 Orobanchaceae	唇形目 Lamiales	根部半寄生植物
292	*Pedicularis integrifolia*	全叶马先蒿	马先蒿属 *Pedicularis*	列当科 Orobanchaceae	唇形目 Lamiales	根部半寄生植物
293	*Pedicularis kangtingensis*	康定马先蒿	马先蒿属 *Pedicularis*	列当科 Orobanchaceae	唇形目 Lamiales	根部半寄生植物
294	*Pedicularis kansuensis*	甘肃马先蒿	马先蒿属 *Pedicularis*	列当科 Orobanchaceae	唇形目 Lamiales	根部半寄生植物

续表

序号	拉丁名	中文名	属	科	目	寄生类型
295	*Pedicularis kariensis*	卡里马先蒿	马先蒿属 *Pedicularis*	列当科 Orobanchaceae	唇形目 Lamiales	根部半寄生植物
296	*Pedicularis kawaguchii*	喀瓦谷池马先蒿	马先蒿属 *Pedicularis*	列当科 Orobanchaceae	唇形目 Lamiales	根部半寄生植物
297	*Pedicularis kialensis*	甲拉马先蒿	马先蒿属 *Pedicularis*	列当科 Orobanchaceae	唇形目 Lamiales	根部半寄生植物
298	*Pedicularis kiangsiensis*	江西马先蒿	马先蒿属 *Pedicularis*	列当科 Orobanchaceae	唇形目 Lamiales	根部半寄生植物
299	*Pedicularis kongboensis*	宫布马先蒿	马先蒿属 *Pedicularis*	列当科 Orobanchaceae	唇形目 Lamiales	根部半寄生植物
300	*Pedicularis koueytchensis*	滇东马先蒿	马先蒿属 *Pedicularis*	列当科 Orobanchaceae	唇形目 Lamiales	根部半寄生植物
301	*Pedicularis kuruchuensis*	库鲁马先蒿	马先蒿属 *Pedicularis*	列当科 Orobanchaceae	唇形目 Lamiales	根部半寄生植物
302	*Pedicularis labordei*	拉氏马先蒿	马先蒿属 *Pedicularis*	列当科 Orobanchaceae	唇形目 Lamiales	根部半寄生植物
303	*Pedicularis labradorica*	拉不拉多马先蒿	马先蒿属 *Pedicularis*	列当科 Orobanchaceae	唇形目 Lamiales	根部半寄生植物
304	*Pedicularis lachnoglossa*	绒舌马先蒿	马先蒿属 *Pedicularis*	列当科 Orobanchaceae	唇形目 Lamiales	根部半寄生植物
305	*Pedicularis lamioides*	元宝草马先蒿	马先蒿属 *Pedicularis*	列当科 Orobanchaceae	唇形目 Lamiales	根部半寄生植物
306	*Pedicularis lanpingensis*	兰坪马先蒿	马先蒿属 *Pedicularis*	列当科 Orobanchaceae	唇形目 Lamiales	根部半寄生植物
307	*Pedicularis lasiophrys*	毛颏马先蒿	马先蒿属 *Pedicularis*	列当科 Orobanchaceae	唇形目 Lamiales	根部半寄生植物
308	*Pedicularis latibracteata*	阔苞马先蒿	马先蒿属 *Pedicularis*	列当科 Orobanchaceae	唇形目 Lamiales	根部半寄生植物
309	*Pedicularis latirostris*	宽喙马先蒿	马先蒿属 *Pedicularis*	列当科 Orobanchaceae	唇形目 Lamiales	根部半寄生植物
310	*Pedicularis latituba*	粗管马先蒿	马先蒿属 *Pedicularis*	列当科 Orobanchaceae	唇形目 Lamiales	根部半寄生植物
311	*Pedicularis laxiflora*	疏花马先蒿	马先蒿属 *Pedicularis*	列当科 Orobanchaceae	唇形目 Lamiales	根部半寄生植物
312	*Pedicularis laxispica*	疏穗马先蒿	马先蒿属 *Pedicularis*	列当科 Orobanchaceae	唇形目 Lamiales	根部半寄生植物
313	*Pedicularis lecomtei*	勒公氏马先蒿	马先蒿属 *Pedicularis*	列当科 Orobanchaceae	唇形目 Lamiales	根部半寄生植物
314	*Pedicularis legendrei*	勒氏马先蒿	马先蒿属 *Pedicularis*	列当科 Orobanchaceae	唇形目 Lamiales	根部半寄生植物
315	*Pedicularis leptosiphon*	纤管马先蒿	马先蒿属 *Pedicularis*	列当科 Orobanchaceae	唇形目 Lamiales	根部半寄生植物
316	*Pedicularis lhasana*	拉萨马先蒿	马先蒿属 *Pedicularis*	列当科 Orobanchaceae	唇形目 Lamiales	根部半寄生植物
317	*Pedicularis liguliflora*	舌花马先蒿	马先蒿属 *Pedicularis*	列当科 Orobanchaceae	唇形目 Lamiales	根部半寄生植物
318	*Pedicularis likiangensis*	丽江马先蒿	马先蒿属 *Pedicularis*	列当科 Orobanchaceae	唇形目 Lamiales	根部半寄生植物
319	*Pedicularis limprichtiana*	林氏马先蒿	马先蒿属 *Pedicularis*	列当科 Orobanchaceae	唇形目 Lamiales	根部半寄生植物
320	*Pedicularis lineata*	条纹马先蒿	马先蒿属 *Pedicularis*	列当科 Orobanchaceae	唇形目 Lamiales	根部半寄生植物
321	*Pedicularis lingelsheimiana*	凌氏马先蒿	马先蒿属 *Pedicularis*	列当科 Orobanchaceae	唇形目 Lamiales	根部半寄生植物
322	*Pedicularis lobatorostrata*	直裂马先蒿	马先蒿属 *Pedicularis*	列当科 Orobanchaceae	唇形目 Lamiales	根部半寄生植物
323	*Pedicularis longicalyx*	长萼马先蒿	马先蒿属 *Pedicularis*	列当科 Orobanchaceae	唇形目 Lamiales	根部半寄生植物
324	*Pedicularis longicaulis*	长茎马先蒿	马先蒿属 *Pedicularis*	列当科 Orobanchaceae	唇形目 Lamiales	根部半寄生植物
325	*Pedicularis longiflora*	长花马先蒿	马先蒿属 *Pedicularis*	列当科 Orobanchaceae	唇形目 Lamiales	根部半寄生植物
326	*Pedicularis longipes*	长梗马先蒿	马先蒿属 *Pedicularis*	列当科 Orobanchaceae	唇形目 Lamiales	根部半寄生植物
327	*Pedicularis longipetiolata*	长柄马先蒿	马先蒿属 *Pedicularis*	列当科 Orobanchaceae	唇形目 Lamiales	根部半寄生植物
328	*Pedicularis longistipitata*	长把马先蒿	马先蒿属 *Pedicularis*	列当科 Orobanchaceae	唇形目 Lamiales	根部半寄生植物
329	*Pedicularis lophotricha*	盔须马先蒿	马先蒿属 *Pedicularis*	列当科 Orobanchaceae	唇形目 Lamiales	根部半寄生植物
330	*Pedicularis ludwigii*	小根马先蒿	马先蒿属 *Pedicularis*	列当科 Orobanchaceae	唇形目 Lamiales	根部半寄生植物
331	*Pedicularis lunglingensis*	龙陵马先蒿	马先蒿属 *Pedicularis*	列当科 Orobanchaceae	唇形目 Lamiales	根部半寄生植物
332	*Pedicularis lutescens*	浅黄马先蒿	马先蒿属 *Pedicularis*	列当科 Orobanchaceae	唇形目 Lamiales	根部半寄生植物
333	*Pedicularis lyrata*	琴盔马先蒿	马先蒿属 *Pedicularis*	列当科 Orobanchaceae	唇形目 Lamiales	根部半寄生植物
334	*Pedicularis macilenta*	瘠瘦马先蒿	马先蒿属 *Pedicularis*	列当科 Orobanchaceae	唇形目 Lamiales	根部半寄生植物
335	*Pedicularis macrorhyncha*	长喙马先蒿	马先蒿属 *Pedicularis*	列当科 Orobanchaceae	唇形目 Lamiales	根部半寄生植物
336	*Pedicularis macrosiphon*	大管马先蒿	马先蒿属 *Pedicularis*	列当科 Orobanchaceae	唇形目 Lamiales	根部半寄生植物
337	*Pedicularis mairei*	梅氏马先蒿	马先蒿属 *Pedicularis*	列当科 Orobanchaceae	唇形目 Lamiales	根部半寄生植物

续表

序号	拉丁名	中文名	属	科	目	寄生类型
338	*Pedicularis mandshurica*	鸡冠子花	马先蒿属 *Pedicularis*	列当科 Orobanchaceae	唇形目 Lamiales	根部半寄生植物
339	*Pedicularis mariae*	玛丽马先蒿	马先蒿属 *Pedicularis*	列当科 Orobanchaceae	唇形目 Lamiales	根部半寄生植物
340	*Pedicularis maxonii*	马克逊马先蒿	马先蒿属 *Pedicularis*	列当科 Orobanchaceae	唇形目 Lamiales	根部半寄生植物
341	*Pedicularis mayana*	迈亚马先蒿	马先蒿属 *Pedicularis*	列当科 Orobanchaceae	唇形目 Lamiales	根部半寄生植物
342	*Pedicularis megalantha*	硕花马先蒿	马先蒿属 *Pedicularis*	列当科 Orobanchaceae	唇形目 Lamiales	根部半寄生植物
343	*Pedicularis megalochila*	大唇马先蒿	马先蒿属 *Pedicularis*	列当科 Orobanchaceae	唇形目 Lamiales	根部半寄生植物
344	*Pedicularis melampyriflora*	山萝花马先蒿	马先蒿属 *Pedicularis*	列当科 Orobanchaceae	唇形目 Lamiales	根部半寄生植物
345	*Pedicularis membranacea*	膜叶马先蒿	马先蒿属 *Pedicularis*	列当科 Orobanchaceae	唇形目 Lamiales	根部半寄生植物
346	*Pedicularis merrilliana*	迈氏马先蒿	马先蒿属 *Pedicularis*	列当科 Orobanchaceae	唇形目 Lamiales	根部半寄生植物
347	*Pedicularis metaszetschuanica*	后生四川马先蒿	马先蒿属 *Pedicularis*	列当科 Orobanchaceae	唇形目 Lamiales	根部半寄生植物
348	*Pedicularis meteororhyncha*	翘喙马先蒿	马先蒿属 *Pedicularis*	列当科 Orobanchaceae	唇形目 Lamiales	根部半寄生植物
349	*Pedicularis micrantha*	小花马先蒿	马先蒿属 *Pedicularis*	列当科 Orobanchaceae	唇形目 Lamiales	根部半寄生植物
350	*Pedicularis microcalyx*	小萼马先蒿	马先蒿属 *Pedicularis*	列当科 Orobanchaceae	唇形目 Lamiales	根部半寄生植物
351	*Pedicularis microchilae*	小唇马先蒿	马先蒿属 *Pedicularis*	列当科 Orobanchaceae	唇形目 Lamiales	根部半寄生植物
352	*Pedicularis milliana*	滇西北马先蒿	马先蒿属 *Pedicularis*	列当科 Orobanchaceae	唇形目 Lamiales	根部半寄生植物
353	*Pedicularis minima*	细小马先蒿	马先蒿属 *Pedicularis*	列当科 Orobanchaceae	唇形目 Lamiales	根部半寄生植物
354	*Pedicularis minutilabris*	微唇马先蒿	马先蒿属 *Pedicularis*	列当科 Orobanchaceae	唇形目 Lamiales	根部半寄生植物
355	*Pedicularis mollis*	柔毛马先蒿	马先蒿属 *Pedicularis*	列当科 Orobanchaceae	唇形目 Lamiales	根部半寄生植物
356	*Pedicularis monbeigiana*	蒙氏马先蒿	马先蒿属 *Pedicularis*	列当科 Orobanchaceae	唇形目 Lamiales	根部半寄生植物
357	*Pedicularis moupinensis*	穆坪马先蒿	马先蒿属 *Pedicularis*	列当科 Orobanchaceae	唇形目 Lamiales	根部半寄生植物
358	*Pedicularis multicaulis*	多茎马先蒿	马先蒿属 *Pedicularis*	列当科 Orobanchaceae	唇形目 Lamiales	根部半寄生植物
359	*Pedicularis muscicola*	藓生马先蒿	马先蒿属 *Pedicularis*	列当科 Orobanchaceae	唇形目 Lamiales	根部半寄生植物
360	*Pedicularis muscoides*	藓状马先蒿	马先蒿属 *Pedicularis*	列当科 Orobanchaceae	唇形目 Lamiales	根部半寄生植物
361	*Pedicularis mussotii*	谬氏马先蒿	马先蒿属 *Pedicularis*	列当科 Orobanchaceae	唇形目 Lamiales	根部半寄生植物
362	*Pedicularis mustanghatana*	喀什马先蒿	马先蒿属 *Pedicularis*	列当科 Orobanchaceae	唇形目 Lamiales	根部半寄生植物
363	*Pedicularis mychophila*	菌生马先蒿	马先蒿属 *Pedicularis*	列当科 Orobanchaceae	唇形目 Lamiales	根部半寄生植物
364	*Pedicularis myriophylla*	万叶马先蒿	马先蒿属 *Pedicularis*	列当科 Orobanchaceae	唇形目 Lamiales	根部半寄生植物
365	*Pedicularis nanchuanensis*	南川马先蒿	马先蒿属 *Pedicularis*	列当科 Orobanchaceae	唇形目 Lamiales	根部半寄生植物
366	*Pedicularis nasturtiifolia*	蔊菜叶马先蒿	马先蒿属 *Pedicularis*	列当科 Orobanchaceae	唇形目 Lamiales	根部半寄生植物
367	*Pedicularis neolatituba*	新粗管马先蒿	马先蒿属 *Pedicularis*	列当科 Orobanchaceae	唇形目 Lamiales	根部半寄生植物
368	*Pedicularis nigra*	黑马先蒿	马先蒿属 *Pedicularis*	列当科 Orobanchaceae	唇形目 Lamiales	根部半寄生植物
369	*Pedicularis nyalamensis*	聂拉木马先蒿	马先蒿属 *Pedicularis*	列当科 Orobanchaceae	唇形目 Lamiales	根部半寄生植物
370	*Pedicularis nyingchiensis*	林芝马先蒿	马先蒿属 *Pedicularis*	列当科 Orobanchaceae	唇形目 Lamiales	根部半寄生植物
371	*Pedicularis obliquigaleata*	弯盔马先蒿	马先蒿属 *Pedicularis*	列当科 Orobanchaceae	唇形目 Lamiales	根部半寄生植物
372	*Pedicularis obscura*	暗昧马先蒿	马先蒿属 *Pedicularis*	列当科 Orobanchaceae	唇形目 Lamiales	根部半寄生植物
373	*Pedicularis odontochila*	齿唇马先蒿	马先蒿属 *Pedicularis*	列当科 Orobanchaceae	唇形目 Lamiales	根部半寄生植物
374	*Pedicularis odontocorys*	齿蕊马先蒿	马先蒿属 *Pedicularis*	列当科 Orobanchaceae	唇形目 Lamiales	根部半寄生植物
375	*Pedicularis odontophora*	具齿马先蒿	马先蒿属 *Pedicularis*	列当科 Orobanchaceae	唇形目 Lamiales	根部半寄生植物
376	*Pedicularis oederi*	欧氏马先蒿	马先蒿属 *Pedicularis*	列当科 Orobanchaceae	唇形目 Lamiales	根部半寄生植物
377	*Pedicularis oligantha*	少花马先蒿	马先蒿属 *Pedicularis*	列当科 Orobanchaceae	唇形目 Lamiales	根部半寄生植物
378	*Pedicularis oliveriana*	奥氏马先蒿	马先蒿属 *Pedicularis*	列当科 Orobanchaceae	唇形目 Lamiales	根部半寄生植物

续表

序号	拉丁名	中文名	属	科	目	寄生类型
379	*Pedicularis omiiana*	峨嵋马先蒿	马先蒿属 *Pedicularis*	列当科 Orobanchaceae	唇形目 Lamiales	根部半寄生植物
380	*Pedicularis orthocoryne*	直盔马先蒿	马先蒿属 *Pedicularis*	列当科 Orobanchaceae	唇形目 Lamiales	根部半寄生植物
381	*Pedicularis oxycarpa*	尖果马先蒿	马先蒿属 *Pedicularis*	列当科 Orobanchaceae	唇形目 Lamiales	根部半寄生植物
382	*Pedicularis paiana*	白氏马先蒿	马先蒿属 *Pedicularis*	列当科 Orobanchaceae	唇形目 Lamiales	根部半寄生植物
383	*Pedicularis palustris*	沼生马先蒿	马先蒿属 *Pedicularis*	列当科 Orobanchaceae	唇形目 Lamiales	根部半寄生植物
384	*Pedicularis pantlingii*	潘氏马先蒿	马先蒿属 *Pedicularis*	列当科 Orobanchaceae	唇形目 Lamiales	根部半寄生植物
385	*Pedicularis paxiana*	派氏马先蒿	马先蒿属 *Pedicularis*	列当科 Orobanchaceae	唇形目 Lamiales	根部半寄生植物
386	*Pedicularis pectinatiformis*	拟篦齿马先蒿	马先蒿属 *Pedicularis*	列当科 Orobanchaceae	唇形目 Lamiales	根部半寄生植物
387	*Pedicularis pentagona*	五角马先蒿	马先蒿属 *Pedicularis*	列当科 Orobanchaceae	唇形目 Lamiales	根部半寄生植物
388	*Pedicularis petelotii*	裴氏马先蒿	马先蒿属 *Pedicularis*	列当科 Orobanchaceae	唇形目 Lamiales	根部半寄生植物
389	*Pedicularis petitmenginii*	伯氏马先蒿	马先蒿属 *Pedicularis*	列当科 Orobanchaceae	唇形目 Lamiales	根部半寄生植物
390	*Pedicularis phaceliifolia*	法且利亚叶马先蒿	马先蒿属 *Pedicularis*	列当科 Orobanchaceae	唇形目 Lamiales	根部半寄生植物
391	*Pedicularis pheulpinii*	费尔氏马先蒿	马先蒿属 *Pedicularis*	列当科 Orobanchaceae	唇形目 Lamiales	根部半寄生植物
392	*Pedicularis physocalyx*	臌萼马先蒿	马先蒿属 *Pedicularis*	列当科 Orobanchaceae	唇形目 Lamiales	根部半寄生植物
393	*Pedicularis pilostachya*	绵穗马先蒿	马先蒿属 *Pedicularis*	列当科 Orobanchaceae	唇形目 Lamiales	根部半寄生植物
394	*Pedicularis pinetorum*	松林马先蒿	马先蒿属 *Pedicularis*	列当科 Orobanchaceae	唇形目 Lamiales	根部半寄生植物
395	*Pedicularis plicata*	皱褶马先蒿	马先蒿属 *Pedicularis*	列当科 Orobanchaceae	唇形目 Lamiales	根部半寄生植物
396	*Pedicularis polygaloides*	远志状马先蒿	马先蒿属 *Pedicularis*	列当科 Orobanchaceae	唇形目 Lamiales	根部半寄生植物
397	*Pedicularis polyodonta*	多齿马先蒿	马先蒿属 *Pedicularis*	列当科 Orobanchaceae	唇形目 Lamiales	根部半寄生植物
398	*Pedicularis potaninii*	波氏马先蒿	马先蒿属 *Pedicularis*	列当科 Orobanchaceae	唇形目 Lamiales	根部半寄生植物
399	*Pedicularis praeruptorum*	悬岩马先蒿	马先蒿属 *Pedicularis*	列当科 Orobanchaceae	唇形目 Lamiales	根部半寄生植物
400	*Pedicularis prainiana*	帕兰氏马先蒿	马先蒿属 *Pedicularis*	列当科 Orobanchaceae	唇形目 Lamiales	根部半寄生植物
401	*Pedicularis princeps*	高超马先蒿	马先蒿属 *Pedicularis*	列当科 Orobanchaceae	唇形目 Lamiales	根部半寄生植物
402	*Pedicularis proboscidea*	鼻喙马先蒿	马先蒿属 *Pedicularis*	列当科 Orobanchaceae	唇形目 Lamiales	根部半寄生植物
403	*Pedicularis przewalskii*	普氏马先蒿	马先蒿属 *Pedicularis*	列当科 Orobanchaceae	唇形目 Lamiales	根部半寄生植物
404	*Pedicularis pseudocephalantha*	假头花马先蒿	马先蒿属 *Pedicularis*	列当科 Orobanchaceae	唇形目 Lamiales	根部半寄生植物
405	*Pedicularis pseudocurvituba*	假弯管马先蒿	马先蒿属 *Pedicularis*	列当科 Orobanchaceae	唇形目 Lamiales	根部半寄生植物
406	*Pedicularis pseudoingens*	假硕大马先蒿	马先蒿属 *Pedicularis*	列当科 Orobanchaceae	唇形目 Lamiales	根部半寄生植物
407	*Pedicularis pseudomelampyriflora*	假山萝花马先蒿	马先蒿属 *Pedicularis*	列当科 Orobanchaceae	唇形目 Lamiales	根部半寄生植物
408	*Pedicularis pseudomuscicola*	假藓生马先蒿	马先蒿属 *Pedicularis*	列当科 Orobanchaceae	唇形目 Lamiales	根部半寄生植物
409	*Pedicularis pseudosteiningeri*	假司氏马先蒿	马先蒿属 *Pedicularis*	列当科 Orobanchaceae	唇形目 Lamiales	根部半寄生植物
410	*Pedicularis pseudoversicolor*	假多色马先蒿	马先蒿属 *Pedicularis*	列当科 Orobanchaceae	唇形目 Lamiales	根部半寄生植物
411	*Pedicularis pteridifolia*	蕨叶马先蒿	马先蒿属 *Pedicularis*	列当科 Orobanchaceae	唇形目 Lamiales	根部半寄生植物
412	*Pedicularis pygmaea*	侏儒马先蒿	马先蒿属 *Pedicularis*	列当科 Orobanchaceae	唇形目 Lamiales	根部半寄生植物
413	*Pedicularis pygmaea* subsp. *deqinensis*	德钦侏儒马先蒿	马先蒿属 *Pedicularis*	列当科 Orobanchaceae	唇形目 Lamiales	根部半寄生植物
414	*Pedicularis qinghaiensis*	青海马先蒿	马先蒿属 *Pedicularis*	列当科 Orobanchaceae	唇形目 Lamiales	根部半寄生植物
415	*Pedicularis quxiangensis*	曲乡马先蒿	马先蒿属 *Pedicularis*	列当科 Orobanchaceae	唇形目 Lamiales	根部半寄生植物
416	*Pedicularis ramosissima*	多枝马先蒿	马先蒿属 *Pedicularis*	列当科 Orobanchaceae	唇形目 Lamiales	根部半寄生植物

续表

序号	拉丁名	中文名	属	科	目	寄生类型
417	*Pedicularis recurva*	反曲马先蒿	马先蒿属 *Pedicularis*	列当科 Orobanchaceae	唇形目 Lamiales	根部半寄生植物
418	*Pedicularis remotiloba*	疏裂马先蒿	马先蒿属 *Pedicularis*	列当科 Orobanchaceae	唇形目 Lamiales	根部半寄生植物
419	*Pedicularis reptans*	爬行马先蒿	马先蒿属 *Pedicularis*	列当科 Orobanchaceae	唇形目 Lamiales	根部半寄生植物
420	*Pedicularis resupinata*	返顾马先蒿	马先蒿属 *Pedicularis*	列当科 Orobanchaceae	唇形目 Lamiales	根部半寄生植物
421	*Pedicularis retingensis*	雷丁马先蒿	马先蒿属 *Pedicularis*	列当科 Orobanchaceae	唇形目 Lamiales	根部半寄生植物
422	*Pedicularis rex*	大王马先蒿	马先蒿属 *Pedicularis*	列当科 Orobanchaceae	唇形目 Lamiales	根部半寄生植物
423	*Pedicularis rhinanthoides*	拟鼻花马先蒿	马先蒿属 *Pedicularis*	列当科 Orobanchaceae	唇形目 Lamiales	根部半寄生植物
424	*Pedicularis rhizomatosa*	根茎马先蒿	马先蒿属 *Pedicularis*	列当科 Orobanchaceae	唇形目 Lamiales	根部半寄生植物
425	*Pedicularis rhodotricha*	红毛马先蒿	马先蒿属 *Pedicularis*	列当科 Orobanchaceae	唇形目 Lamiales	根部半寄生植物
426	*Pedicularis rhynchodonta*	喙齿马先蒿	马先蒿属 *Pedicularis*	列当科 Orobanchaceae	唇形目 Lamiales	根部半寄生植物
427	*Pedicularis rhynchotricha*	喙毛马先蒿	马先蒿属 *Pedicularis*	列当科 Orobanchaceae	唇形目 Lamiales	根部半寄生植物
428	*Pedicularis rigida*	坚挺马先蒿	马先蒿属 *Pedicularis*	列当科 Orobanchaceae	唇形目 Lamiales	根部半寄生植物
429	*Pedicularis rigidescens*	硬直马先蒿	马先蒿属 *Pedicularis*	列当科 Orobanchaceae	唇形目 Lamiales	根部半寄生植物
430	*Pedicularis rigidiformis*	拟坚挺马先蒿	马先蒿属 *Pedicularis*	列当科 Orobanchaceae	唇形目 Lamiales	根部半寄生植物
431	*Pedicularis rizhaoensis*	日照马先蒿	马先蒿属 *Pedicularis*	列当科 Orobanchaceae	唇形目 Lamiales	根部半寄生植物
432	*Pedicularis roborowskii*	劳氏马先蒿	马先蒿属 *Pedicularis*	列当科 Orobanchaceae	唇形目 Lamiales	根部半寄生植物
433	*Pedicularis robusta*	壮健马先蒿	马先蒿属 *Pedicularis*	列当科 Orobanchaceae	唇形目 Lamiales	根部半寄生植物
434	*Pedicularis rotundifolia*	圆叶马先蒿	马先蒿属 *Pedicularis*	列当科 Orobanchaceae	唇形目 Lamiales	根部半寄生植物
435	*Pedicularis roylei*	罗氏马先蒿	马先蒿属 *Pedicularis*	列当科 Orobanchaceae	唇形目 Lamiales	根部半寄生植物
436	*Pedicularis rubens*	红色马先蒿	马先蒿属 *Pedicularis*	列当科 Orobanchaceae	唇形目 Lamiales	根部半寄生植物
437	*Pedicularis rudis*	粗野马先蒿	马先蒿属 *Pedicularis*	列当科 Orobanchaceae	唇形目 Lamiales	根部半寄生植物
438	*Pedicularis ruoergaiensis*	若尔盖马先蒿	马先蒿属 *Pedicularis*	列当科 Orobanchaceae	唇形目 Lamiales	根部半寄生植物
439	*Pedicularis rupicola*	岩居马先蒿	马先蒿属 *Pedicularis*	列当科 Orobanchaceae	唇形目 Lamiales	根部半寄生植物
440	*Pedicularis salicifolia*	柳叶马先蒿	马先蒿属 *Pedicularis*	列当科 Orobanchaceae	唇形目 Lamiales	根部半寄生植物
441	*Pedicularis salviiflora*	丹参花马先蒿	马先蒿属 *Pedicularis*	列当科 Orobanchaceae	唇形目 Lamiales	根部半寄生植物
442	*Pedicularis sceptrum-carolinum*	旌节马先蒿	马先蒿属 *Pedicularis*	列当科 Orobanchaceae	唇形目 Lamiales	根部半寄生植物
443	*Pedicularis schizorrhyncha*	裂喙马先蒿	马先蒿属 *Pedicularis*	列当科 Orobanchaceae	唇形目 Lamiales	根部半寄生植物
444	*Pedicularis scolopax*	鹬形马先蒿	马先蒿属 *Pedicularis*	列当科 Orobanchaceae	唇形目 Lamiales	根部半寄生植物
445	*Pedicularis semenowii*	赛氏马先蒿	马先蒿属 *Pedicularis*	列当科 Orobanchaceae	唇形目 Lamiales	根部半寄生植物
446	*Pedicularis semitorta*	半扭卷马先蒿	马先蒿属 *Pedicularis*	列当科 Orobanchaceae	唇形目 Lamiales	根部半寄生植物
447	*Pedicularis shansiensis*	山西马先蒿	马先蒿属 *Pedicularis*	列当科 Orobanchaceae	唇形目 Lamiales	根部半寄生植物
448	*Pedicularis sherriffii*	休氏马先蒿	马先蒿属 *Pedicularis*	列当科 Orobanchaceae	唇形目 Lamiales	根部半寄生植物
449	*Pedicularis sigmoidea*	之形喙马先蒿	马先蒿属 *Pedicularis*	列当科 Orobanchaceae	唇形目 Lamiales	根部半寄生植物
450	*Pedicularis sima*	矽镁马先蒿	马先蒿属 *Pedicularis*	列当科 Orobanchaceae	唇形目 Lamiales	根部半寄生植物
451	*Pedicularis siphonantha*	管花马先蒿	马先蒿属 *Pedicularis*	列当科 Orobanchaceae	唇形目 Lamiales	根部半寄生植物
452	*Pedicularis smithiana*	史氏马先蒿	马先蒿属 *Pedicularis*	列当科 Orobanchaceae	唇形目 Lamiales	根部半寄生植物
453	*Pedicularis songarica*	准噶尔马先蒿	马先蒿属 *Pedicularis*	列当科 Orobanchaceae	唇形目 Lamiales	根部半寄生植物
454	*Pedicularis sorbifolia*	花楸叶马先蒿	马先蒿属 *Pedicularis*	列当科 Orobanchaceae	唇形目 Lamiales	根部半寄生植物
455	*Pedicularis souliei*	苏氏马先蒿	马先蒿属 *Pedicularis*	列当科 Orobanchaceae	唇形目 Lamiales	根部半寄生植物
456	*Pedicularis sphaerantha*	团花马先蒿	马先蒿属 *Pedicularis*	列当科 Orobanchaceae	唇形目 Lamiales	根部半寄生植物
457	*Pedicularis spicata*	穗花马先蒿	马先蒿属 *Pedicularis*	列当科 Orobanchaceae	唇形目 Lamiales	根部半寄生植物
458	*Pedicularis stadlmanniana*	施氏马先蒿	马先蒿属 *Pedicularis*	列当科 Orobanchaceae	唇形目 Lamiales	根部半寄生植物
459	*Pedicularis steiningeri*	司氏马先蒿	马先蒿属 *Pedicularis*	列当科 Orobanchaceae	唇形目 Lamiales	根部半寄生植物

续表

序号	拉丁名	中文名	属	科	目	寄生类型
460	*Pedicularis stenocorys*	狭盔马先蒿	马先蒿属 *Pedicularis*	列当科 Orobanchaceae	唇形目 Lamiales	根部半寄生植物
461	*Pedicularis stenotheca*	狭室马先蒿	马先蒿属 *Pedicularis*	列当科 Orobanchaceae	唇形目 Lamiales	根部半寄生植物
462	*Pedicularis stewardii*	斯氏马先蒿	马先蒿属 *Pedicularis*	列当科 Orobanchaceae	唇形目 Lamiales	根部半寄生植物
463	*Pedicularis streptorhyncha*	扭喙马先蒿	马先蒿属 *Pedicularis*	列当科 Orobanchaceae	唇形目 Lamiales	根部半寄生植物
464	*Pedicularis striata*	红纹马先蒿	马先蒿属 *Pedicularis*	列当科 Orobanchaceae	唇形目 Lamiales	根部半寄生植物
465	*Pedicularis strobilacea*	球状马先蒿	马先蒿属 *Pedicularis*	列当科 Orobanchaceae	唇形目 Lamiales	根部半寄生植物
466	*Pedicularis stylosa*	长柱马先蒿	马先蒿属 *Pedicularis*	列当科 Orobanchaceae	唇形目 Lamiales	根部半寄生植物
467	*Pedicularis subulatidens*	针齿马先蒿	马先蒿属 *Pedicularis*	列当科 Orobanchaceae	唇形目 Lamiales	根部半寄生植物
468	*Pedicularis sunkosiana*	桑科西马先蒿	马先蒿属 *Pedicularis*	列当科 Orobanchaceae	唇形目 Lamiales	根部半寄生植物
469	*Pedicularis superba*	华丽马先蒿	马先蒿属 *Pedicularis*	列当科 Orobanchaceae	唇形目 Lamiales	根部半寄生植物
470	*Pedicularis szetschuanica*	四川马先蒿	马先蒿属 *Pedicularis*	列当科 Orobanchaceae	唇形目 Lamiales	根部半寄生植物
471	*Pedicularis tachanensis*	大山马先蒿	马先蒿属 *Pedicularis*	列当科 Orobanchaceae	唇形目 Lamiales	根部半寄生植物
472	*Pedicularis tahaiensis*	大海马先蒿	马先蒿属 *Pedicularis*	列当科 Orobanchaceae	唇形目 Lamiales	根部半寄生植物
473	*Pedicularis takpoensis*	塔布马先蒿	马先蒿属 *Pedicularis*	列当科 Orobanchaceae	唇形目 Lamiales	根部半寄生植物
474	*Pedicularis taliensis*	大理马先蒿	马先蒿属 *Pedicularis*	列当科 Orobanchaceae	唇形目 Lamiales	根部半寄生植物
475	*Pedicularis tantalorhyncha*	颤喙马先蒿	马先蒿属 *Pedicularis*	列当科 Orobanchaceae	唇形目 Lamiales	根部半寄生植物
476	*Pedicularis tapaoensis*	大炮马先蒿	马先蒿属 *Pedicularis*	列当科 Orobanchaceae	唇形目 Lamiales	根部半寄生植物
477	*Pedicularis tatarinowii*	塔氏马先蒿	马先蒿属 *Pedicularis*	列当科 Orobanchaceae	唇形目 Lamiales	根部半寄生植物
478	*Pedicularis tatsienensis*	打箭马先蒿	马先蒿属 *Pedicularis*	列当科 Orobanchaceae	唇形目 Lamiales	根部半寄生植物
479	*Pedicularis tayloriana*	泰氏马先蒿	马先蒿属 *Pedicularis*	列当科 Orobanchaceae	唇形目 Lamiales	根部半寄生植物
480	*Pedicularis tenacifolia*	宿叶马先蒿	马先蒿属 *Pedicularis*	列当科 Orobanchaceae	唇形目 Lamiales	根部半寄生植物
481	*Pedicularis tenera*	细茎马先蒿	马先蒿属 *Pedicularis*	列当科 Orobanchaceae	唇形目 Lamiales	根部半寄生植物
482	*Pedicularis tenuicaulis*	纤茎马先蒿	马先蒿属 *Pedicularis*	列当科 Orobanchaceae	唇形目 Lamiales	根部半寄生植物
483	*Pedicularis tenuisecta*	纤裂马先蒿	马先蒿属 *Pedicularis*	列当科 Orobanchaceae	唇形目 Lamiales	根部半寄生植物
484	*Pedicularis tenuituba*	狭管马先蒿	马先蒿属 *Pedicularis*	列当科 Orobanchaceae	唇形目 Lamiales	根部半寄生植物
485	*Pedicularis ternata*	三叶马先蒿	马先蒿属 *Pedicularis*	列当科 Orobanchaceae	唇形目 Lamiales	根部半寄生植物
486	*Pedicularis thamnophila*	灌丛马先蒿	马先蒿属 *Pedicularis*	列当科 Orobanchaceae	唇形目 Lamiales	根部半寄生植物
487	*Pedicularis tibetica*	西藏马先蒿	马先蒿属 *Pedicularis*	列当科 Orobanchaceae	唇形目 Lamiales	根部半寄生植物
488	*Pedicularis tomentosa*	绒毛马先蒿	马先蒿属 *Pedicularis*	列当科 Orobanchaceae	唇形目 Lamiales	根部半寄生植物
489	*Pedicularis tongolensis*	东俄洛马先蒿	马先蒿属 *Pedicularis*	列当科 Orobanchaceae	唇形目 Lamiales	根部半寄生植物
490	*Pedicularis torta*	扭旋马先蒿	马先蒿属 *Pedicularis*	列当科 Orobanchaceae	唇形目 Lamiales	根部半寄生植物
491	*Pedicularis transmorrisonensis*	台湾马先蒿	马先蒿属 *Pedicularis*	列当科 Orobanchaceae	唇形目 Lamiales	根部半寄生植物
492	*Pedicularis triangularidens*	三角齿马先蒿	马先蒿属 *Pedicularis*	列当科 Orobanchaceae	唇形目 Lamiales	根部半寄生植物
493	*Pedicularis trichocymba*	毛舟马先蒿	马先蒿属 *Pedicularis*	列当科 Orobanchaceae	唇形目 Lamiales	根部半寄生植物
494	*Pedicularis trichoglossa*	毛盔马先蒿	马先蒿属 *Pedicularis*	列当科 Orobanchaceae	唇形目 Lamiales	根部半寄生植物
495	*Pedicularis trichomata*	须毛马先蒿	马先蒿属 *Pedicularis*	列当科 Orobanchaceae	唇形目 Lamiales	根部半寄生植物
496	*Pedicularis tricolor*	三色马先蒿	马先蒿属 *Pedicularis*	列当科 Orobanchaceae	唇形目 Lamiales	根部半寄生植物
497	*Pedicularis tristis*	阴郁马先蒿	马先蒿属 *Pedicularis*	列当科 Orobanchaceae	唇形目 Lamiales	根部半寄生植物
498	*Pedicularis tsaii*	蔡氏马先蒿	马先蒿属 *Pedicularis*	列当科 Orobanchaceae	唇形目 Lamiales	根部半寄生植物
499	*Pedicularis tsangchanensis*	苍山马先蒿	马先蒿属 *Pedicularis*	列当科 Orobanchaceae	唇形目 Lamiales	根部半寄生植物
500	*Pedicularis tsarungensis*	察郎马先蒿	马先蒿属 *Pedicularis*	列当科 Orobanchaceae	唇形目 Lamiales	根部半寄生植物
501	*Pedicularis tsekouensis*	茨口马先蒿	马先蒿属 *Pedicularis*	列当科 Orobanchaceae	唇形目 Lamiales	根部半寄生植物

续表

序号	拉丁名	中文名	属	科	目	寄生类型
502	*Pedicularis tsiangii*	蒋氏马先蒿	马先蒿属 *Pedicularis*	列当科 Orobanchaceae	唇形目 Lamiales	根部半寄生植物
503	*Pedicularis uliginosa*	水泽马先蒿	马先蒿属 *Pedicularis*	列当科 Orobanchaceae	唇形目 Lamiales	根部半寄生植物
504	*Pedicularis umbelliformis*	伞花马先蒿	马先蒿属 *Pedicularis*	列当科 Orobanchaceae	唇形目 Lamiales	根部半寄生植物
505	*Pedicularis urceolata*	坛萼马先蒿	马先蒿属 *Pedicularis*	列当科 Orobanchaceae	唇形目 Lamiales	根部半寄生植物
506	*Pedicularis vagans*	蔓生马先蒿	马先蒿属 *Pedicularis*	列当科 Orobanchaceae	唇形目 Lamiales	根部半寄生植物
507	*Pedicularis variegata*	变色马先蒿	马先蒿属 *Pedicularis*	列当科 Orobanchaceae	唇形目 Lamiales	根部半寄生植物
508	*Pedicularis venusta*	秀丽马先蒿	马先蒿属 *Pedicularis*	列当科 Orobanchaceae	唇形目 Lamiales	根部半寄生植物
509	*Pedicularis verbenifolia*	马鞭草叶马先蒿	马先蒿属 *Pedicularis*	列当科 Orobanchaceae	唇形目 Lamiales	根部半寄生植物
510	*Pedicularis veronicifolia*	地黄叶马先蒿	马先蒿属 *Pedicularis*	列当科 Orobanchaceae	唇形目 Lamiales	根部半寄生植物
511	*Pedicularis verticillata*	轮叶马先蒿	马先蒿属 *Pedicularis*	列当科 Orobanchaceae	唇形目 Lamiales	根部半寄生植物
512	*Pedicularis vialii*	维氏马先蒿	马先蒿属 *Pedicularis*	列当科 Orobanchaceae	唇形目 Lamiales	根部半寄生植物
513	*Pedicularis violascens*	堇色马先蒿	马先蒿属 *Pedicularis*	列当科 Orobanchaceae	唇形目 Lamiales	根部半寄生植物
514	*Pedicularis wallichii*	瓦氏马先蒿	马先蒿属 *Pedicularis*	列当科 Orobanchaceae	唇形目 Lamiales	根部半寄生植物
515	*Pedicularis wanghongiae*	王红马先蒿	马先蒿属 *Pedicularis*	列当科 Orobanchaceae	唇形目 Lamiales	根部半寄生植物
516	*Pedicularis wardii*	华氏马先蒿	马先蒿属 *Pedicularis*	列当科 Orobanchaceae	唇形目 Lamiales	根部半寄生植物
517	*Pedicularis weixiensis*	维西马先蒿	马先蒿属 *Pedicularis*	列当科 Orobanchaceae	唇形目 Lamiales	根部半寄生植物
518	*Pedicularis wilsonii*	魏氏马先蒿	马先蒿属 *Pedicularis*	列当科 Orobanchaceae	唇形目 Lamiales	根部半寄生植物
519	*Pedicularis xiangchengensis*	乡城马先蒿	马先蒿属 *Pedicularis*	列当科 Orobanchaceae	唇形目 Lamiales	根部半寄生植物
520	*Pedicularis xiqingshanensis*	西倾山马先蒿	马先蒿属 *Pedicularis*	列当科 Orobanchaceae	唇形目 Lamiales	根部半寄生植物
521	*Pedicularis yanyuanensis*	盐源马先蒿	马先蒿属 *Pedicularis*	列当科 Orobanchaceae	唇形目 Lamiales	根部半寄生植物
522	*Pedicularis yaoshanensis*	药山马先蒿	马先蒿属 *Pedicularis*	列当科 Orobanchaceae	唇形目 Lamiales	根部半寄生植物
523	*Pedicularis yui*	季川马先蒿	马先蒿属 *Pedicularis*	列当科 Orobanchaceae	唇形目 Lamiales	根部半寄生植物
524	*Pedicularis yunnanensis*	云南马先蒿	马先蒿属 *Pedicularis*	列当科 Orobanchaceae	唇形目 Lamiales	根部半寄生植物
525	*Pedicularis zayuensis*	察隅马先蒿	马先蒿属 *Pedicularis*	列当科 Orobanchaceae	唇形目 Lamiales	根部半寄生植物
526	*Pedicularis zhongdianensis*	中甸马先蒿	马先蒿属 *Pedicularis*	列当科 Orobanchaceae	唇形目 Lamiales	根部半寄生植物
527	*Petitmenginia comosa*	滇毛冠四蕊草	钟山草属 *Petitmenginia*	列当科 Orobanchaceae	唇形目 Lamiales	根部半寄生植物
528	*Petitmenginia matsumurae*	钟山草	钟山草属 *Petitmenginia*	列当科 Orobanchaceae	唇形目 Lamiales	根部半寄生植物
529	*Phacellanthus tubiflorus*	黄筒花	黄筒花属 *Phacellanthus*	列当科 Orobanchaceae	唇形目 Lamiales	根部全寄生植物
530	*Phacellaria caulescens*	粗序重寄生	重寄生属 *Phacellaria*	榄仁檀科 Amphorogynaceae	檀香目 Santalales	茎部半寄生植物
531	*Phacellaria compressa*	扁序重寄生	重寄生属 *Phacellaria*	榄仁檀科 Amphorogynaceae	檀香目 Santalales	茎部半寄生植物
532	*Phacellaria fargesii*	重寄生	重寄生属 *Phacellaria*	榄仁檀科 Amphorogynaceae	檀香目 Santalales	茎部半寄生植物
533	*Phacellaria glomerata*	聚果重寄生	重寄生属 *Phacellaria*	榄仁檀科 Amphorogynaceae	檀香目 Santalales	茎部半寄生植物
534	*Phacellaria rigidula*	硬序重寄生	重寄生属 *Phacellaria*	榄仁檀科 Amphorogynaceae	檀香目 Santalales	茎部半寄生植物
535	*Phacellaria tonkinensis*	长序重寄生	重寄生属 *Phacellaria*	榄仁檀科 Amphorogynaceae	檀香目 Santalales	茎部半寄生植物
536	*Phtheirospermum japonicum*	松蒿	松蒿属 *Phtheirospermum*	列当科 Orobanchaceae	唇形目 Lamiales	根部半寄生植物
537	*Phtheirospermum tenuisectum*	细裂叶松蒿	松蒿属 *Phtheirospermum*	列当科 Orobanchaceae	唇形目 Lamiales	根部半寄生植物
538	*Pterygiella bartschioides*	齿叶翅茎草	翅茎草属 *Pterygiella*	列当科 Orobanchaceae	唇形目 Lamiales	根部半寄生植物
539	*Pterygiella cylindrica*	圆茎翅茎草	翅茎草属 *Pterygiella*	列当科 Orobanchaceae	唇形目 Lamiales	根部半寄生植物
540	*Pterygiella duclouxii*	杜氏翅茎草	翅茎草属 *Pterygiella*	列当科 Orobanchaceae	唇形目 Lamiales	根部半寄生植物
541	*Pterygiella luzhijiangensis*	绿汁江翅茎草	翅茎草属 *Pterygiella*	列当科 Orobanchaceae	唇形目 Lamiales	根部半寄生植物

续表

序号	拉丁名	中文名	属	科	目	寄生类型
542	*Pterygiella nigrescens*	翅茎草	翅茎草属 *Pterygiella*	列当科 Orobanchaceae	唇形目 Lamiales	根部半寄生植物
543	*Pterygiella suffruticosa*	川滇翅茎木	翅茎草属 *Pterygiella*	列当科 Orobanchaceae	唇形目 Lamiales	根部半寄生植物
544	*Pterygiella trichosepala*	毛萼翅茎草	翅茎草属 *Pterygiella*	列当科 Orobanchaceae	唇形目 Lamiales	根部半寄生植物
545	*Pyrularia edulis*	檀梨	檀梨属 *Pyrularia*	木玫檀科 Cervantesiaceae	檀香目 Santalales	根部半寄生植物
546	*Rhinanthus glaber*	鼻花	鼻花属 *Rhinanthus*	列当科 Orobanchaceae	唇形目 Lamiales	根部半寄生植物
547	*Rhopalocnemis phalloides*	盾片蛇菰	盾片蛇菰属 *Rhopalocnemis*	蛇菰科 Balanophoraceae	檀香目 Santalales	根部全寄生植物
548	*Sapria himalayana*	寄生花	寄生花属 *Sapria*	大花草科 Rafflesiaceae	金虎尾目 Malpighiales	根部全寄生植物
549	*Schoepfia chinensis*	华南青皮木	青皮木属 *Schoepfia*	青皮木科 Schoepfiaceae	檀香目 Santalales	根部半寄生植物
550	*Schoepfia fragrans*	香芙木	青皮木属 *Schoepfia*	青皮木科 Schoepfiaceae	檀香目 Santalales	根部半寄生植物
551	*Schoepfia griffithii*	小果青皮木	青皮木属 *Schoepfia*	青皮木科 Schoepfiaceae	檀香目 Santalales	根部半寄生植物
552	*Schoepfia jasminodora*	青皮木	青皮木属 *Schoepfia*	青皮木科 Schoepfiaceae	檀香目 Santalales	根部半寄生植物
553	*Scleropyrum wallichianum*	硬核	硬核属 *Scleropyrum*	木玫檀科 Cervantesiaceae	檀香目 Santalales	根部半寄生植物
554	*Scurrula atropurpurea*	梨果寄生	梨果寄生属 *Scurrula*	桑寄生科 Loranthaceae	檀香目 Santalales	茎部半寄生植物
555	*Scurrula buddleioides*	滇藏梨果寄生	梨果寄生属 *Scurrula*	桑寄生科 Loranthaceae	檀香目 Santalales	茎部半寄生植物
556	*Scurrula chingii*	卵叶梨果寄生	梨果寄生属 *Scurrula*	桑寄生科 Loranthaceae	檀香目 Santalales	茎部半寄生植物
557	*Scurrula elata*	高山寄生	梨果寄生属 *Scurrula*	桑寄生科 Loranthaceae	檀香目 Santalales	茎部半寄生植物
558	*Scurrula ferruginea*	锈毛梨果寄生	梨果寄生属 *Scurrula*	桑寄生科 Loranthaceae	檀香目 Santalales	茎部半寄生植物
559	*Scurrula gongshanensis*	贡山梨果寄生	梨果寄生属 *Scurrula*	桑寄生科 Loranthaceae	檀香目 Santalales	茎部半寄生植物
560	*Scurrula notothixoides*	小叶梨果寄生	梨果寄生属 *Scurrula*	桑寄生科 Loranthaceae	檀香目 Santalales	茎部半寄生植物
561	*Scurrula parasitica*	红花寄生	梨果寄生属 *Scurrula*	桑寄生科 Loranthaceae	檀香目 Santalales	茎部半寄生植物
562	*Scurrula phoebe-formosanae*	楠树梨果寄生	梨果寄生属 *Scurrula*	桑寄生科 Loranthaceae	檀香目 Santalales	茎部半寄生植物
563	*Scurrula pulverulenta*	白花梨果寄生	梨果寄生属 *Scurrula*	桑寄生科 Loranthaceae	檀香目 Santalales	茎部半寄生植物
564	*Siphonostegia chinensis*	阴行草	阴行草属 *Siphonostegia*	列当科 Orobanchaceae	唇形目 Lamiales	根部半寄生植物
565	*Siphonostegia laeta*	腺毛阴行草	阴行草属 *Siphonostegia*	列当科 Orobanchaceae	唇形目 Lamiales	根部半寄生植物
566	*Sopubia matsumurae*	毛果短冠草	短冠草属 *Sopubia*	列当科 Orobanchaceae	唇形目 Lamiales	根部半寄生植物
567	*Sopubia menglianensis*	孟连短冠草	短冠草属 *Sopubia*	列当科 Orobanchaceae	唇形目 Lamiales	根部半寄生植物
568	*Sopubia stricta*	坚挺短冠草	短冠草属 *Sopubia*	列当科 Orobanchaceae	唇形目 Lamiales	根部半寄生植物
569	*Sopubia trifida*	短冠草	短冠草属 *Sopubia*	列当科 Orobanchaceae	唇形目 Lamiales	根部半寄生植物
570	*Striga angustifolia*	狭叶独脚金	独脚金属 *Striga*	列当科 Orobanchaceae	唇形目 Lamiales	根部半寄生植物
571	*Striga asiatica*	独脚金	独脚金属 *Striga*	列当科 Orobanchaceae	唇形目 Lamiales	根部半寄生植物
572	*Striga densiflora*	密花独脚金	独脚金属 *Striga*	列当科 Orobanchaceae	唇形目 Lamiales	根部半寄生植物
573	*Striga masuria*	大独脚金	独脚金属 *Striga*	列当科 Orobanchaceae	唇形目 Lamiales	根部半寄生植物
574	*Taxillus balansae*	栗毛钝果寄生	钝果寄生属 *Taxillus*	桑寄生科 Loranthaceae	檀香目 Santalales	茎部半寄生植物
575	*Taxillus caloreas*	松柏钝果寄生	钝果寄生属 *Taxillus*	桑寄生科 Loranthaceae	檀香目 Santalales	茎部半寄生植物
576	*Taxillus chinensis*	广寄生	钝果寄生属 *Taxillus*	桑寄生科 Loranthaceae	檀香目 Santalales	茎部半寄生植物
577	*Taxillus delavayi*	柳树寄生	钝果寄生属 *Taxillus*	桑寄生科 Loranthaceae	檀香目 Santalales	茎部半寄生植物
578	*Taxillus kaempferi*	小叶钝果寄生	钝果寄生属 *Taxillus*	桑寄生科 Loranthaceae	檀香目 Santalales	茎部半寄生植物
579	*Taxillus levinei*	锈毛钝果寄生	钝果寄生属 *Taxillus*	桑寄生科 Loranthaceae	檀香目 Santalales	茎部半寄生植物
580	*Taxillus limprichtii*	木兰寄生	钝果寄生属 *Taxillus*	桑寄生科 Loranthaceae	檀香目 Santalales	茎部半寄生植物
581	*Taxillus liquidambaricola*	枫香钝果寄生	钝果寄生属 *Taxillus*	桑寄生科 Loranthaceae	檀香目 Santalales	茎部半寄生植物
582	*Taxillus nigrans*	毛叶钝果寄生	钝果寄生属 *Taxillus*	桑寄生科 Loranthaceae	檀香目 Santalales	茎部半寄生植物
583	*Taxillus pseudochinensis*	高雄钝果寄生	钝果寄生属 *Taxillus*	桑寄生科 Loranthaceae	檀香目 Santalales	茎部半寄生植物
584	*Taxillus renii*	油杉钝果寄生	钝果寄生属 *Taxillus*	桑寄生科 Loranthaceae	檀香目 Santalales	茎部半寄生植物

续表

序号	拉丁名	中文名	属	科	目	寄生类型
585	*Taxillus sericus*	龙陵钝果寄生	钝果寄生属 *Taxillus*	桑寄生科 Loranthaceae	檀香目 Santalales	茎部半寄生植物
586	*Taxillus sutchuenensis*	桑寄生	钝果寄生属 *Taxillus*	桑寄生科 Loranthaceae	檀香目 Santalales	茎部半寄生植物
587	*Taxillus theifer*	台湾钝果寄生	钝果寄生属 *Taxillus*	桑寄生科 Loranthaceae	檀香目 Santalales	茎部半寄生植物
588	*Taxillus thibetensis*	滇藏钝果寄生	钝果寄生属 *Taxillus*	桑寄生科 Loranthaceae	檀香目 Santalales	茎部半寄生植物
589	*Taxillus tsaii*	莲华池寄生	钝果寄生属 *Taxillus*	桑寄生科 Loranthaceae	檀香目 Santalales	茎部半寄生植物
590	*Taxillus umbellifer*	伞花钝果寄生	钝果寄生属 *Taxillus*	桑寄生科 Loranthaceae	檀香目 Santalales	茎部半寄生植物
591	*Taxillus vestitus*	短梗钝果寄生	钝果寄生属 *Taxillus*	桑寄生科 Loranthaceae	檀香目 Santalales	茎部半寄生植物
592	*Thesium arvense*	田野百蕊草	百蕊草属 *Thesium*	百蕊草科 Thesiaceae	檀香目 Santalales	根部半寄生植物
593	*Thesium bomiense*	波密百蕊草	百蕊草属 *Thesium*	百蕊草科 Thesiaceae	檀香目 Santalales	根部半寄生植物
594	*Thesium brevibracteatum*	短苞百蕊草	百蕊草属 *Thesium*	百蕊草科 Thesiaceae	檀香目 Santalales	根部半寄生植物
595	*Thesium cathaicum*	华北百蕊草	百蕊草属 *Thesium*	百蕊草科 Thesiaceae	檀香目 Santalales	根部半寄生植物
596	*Thesium chinense*	百蕊草	百蕊草属 *Thesium*	百蕊草科 Thesiaceae	檀香目 Santalales	根部半寄生植物
597	*Thesium emodi*	藏南百蕊草	百蕊草属 *Thesium*	百蕊草科 Thesiaceae	檀香目 Santalales	根部半寄生植物
598	*Thesium himalense*	露柱百蕊草	百蕊草属 *Thesium*	百蕊草科 Thesiaceae	檀香目 Santalales	根部半寄生植物
599	*Thesium jarmilae*	大果百蕊草	百蕊草属 *Thesium*	百蕊草科 Thesiaceae	檀香目 Santalales	根部半寄生植物
600	*Thesium longiflorum*	长花百蕊草	百蕊草属 *Thesium*	百蕊草科 Thesiaceae	檀香目 Santalales	根部半寄生植物
601	*Thesium longifolium*	长叶百蕊草	百蕊草属 *Thesium*	百蕊草科 Thesiaceae	檀香目 Santalales	根部半寄生植物
602	*Thesium orgadophilum*	草地百蕊草	百蕊草属 *Thesium*	百蕊草科 Thesiaceae	檀香目 Santalales	根部半寄生植物
603	*Thesium psilotoides*	白云百蕊草	百蕊草属 *Thesium*	百蕊草科 Thesiaceae	檀香目 Santalales	根部半寄生植物
604	*Thesium ramosoides*	滇西百蕊草	百蕊草属 *Thesium*	百蕊草科 Thesiaceae	檀香目 Santalales	根部半寄生植物
605	*Thesium refractum*	急折百蕊草	百蕊草属 *Thesium*	百蕊草科 Thesiaceae	檀香目 Santalales	根部半寄生植物
606	*Thesium remotebracteatum*	远苞百蕊草	百蕊草属 *Thesium*	百蕊草科 Thesiaceae	檀香目 Santalales	根部半寄生植物
607	*Thesium tongolicum*	藏东百蕊草	百蕊草属 *Thesium*	百蕊草科 Thesiaceae	檀香目 Santalales	根部半寄生植物
608	*Tolypanthus esquirolii*	黔桂大苞寄生	大苞寄生属 *Tolypanthus*	桑寄生科 Loranthaceae	檀香目 Santalales	茎部半寄生植物
609	*Tolypanthus maclurei*	大苞寄生	大苞寄生属 *Tolypanthus*	桑寄生科 Loranthaceae	檀香目 Santalales	茎部半寄生植物
610	*Triphysaria chinensis*	直果草	直果草属 *Triphysaria*	列当科 Orobanchaceae	唇形目 Lamiales	根部半寄生植物
611	*Urobotrya latisquama*	尾球木	尾球木属 *Urobotrya*	山柚子科 Opiliaceae	檀香目 Santalales	根部半寄生植物
612	*Viscum album* var. *album*	白果槲寄生	槲寄生属 *Viscum*	槲寄生科 Viscaceae	檀香目 Santalales	茎部半寄生植物
613	*Viscum album* var. *meridianum*	卵叶槲寄生	槲寄生属 *Viscum*	槲寄生科 Viscaceae	檀香目 Santalales	茎部半寄生植物
614	*Viscum articulatum*	扁枝槲寄生	槲寄生属 *Viscum*	槲寄生科 Viscaceae	檀香目 Santalales	茎部半寄生植物
615	*Viscum coloratum*	槲寄生	槲寄生属 *Viscum*	槲寄生科 Viscaceae	檀香目 Santalales	茎部半寄生植物
616	*Viscum diospyrosicola*	棱枝槲寄生	槲寄生属 *Viscum*	槲寄生科 Viscaceae	檀香目 Santalales	茎部半寄生植物
617	*Viscum fargesii*	线叶槲寄生	槲寄生属 *Viscum*	槲寄生科 Viscaceae	檀香目 Santalales	茎部半寄生植物
618	*Viscum hainanense*	海南槲寄生	槲寄生属 *Viscum*	槲寄生科 Viscaceae	檀香目 Santalales	茎部半寄生植物
619	*Viscum liquidambaricola*	枫香槲寄生	槲寄生属 *Viscum*	槲寄生科 Viscaceae	檀香目 Santalales	茎部半寄生植物
620	*Viscum loranthi*	聚花槲寄生	槲寄生属 *Viscum*	槲寄生科 Viscaceae	檀香目 Santalales	茎部半寄生植物
621	*Viscum macrofalcatum*	大镰叶槲寄生	槲寄生属 *Viscum*	槲寄生科 Viscaceae	檀香目 Santalales	茎部半寄生植物
622	*Viscum monoicum*	五脉槲寄生	槲寄生属 *Viscum*	槲寄生科 Viscaceae	檀香目 Santalales	茎部半寄生植物
623	*Viscum multinerve*	柄果槲寄生	槲寄生属 *Viscum*	槲寄生科 Viscaceae	檀香目 Santalales	茎部半寄生植物
624	*Viscum nudum*	绿茎槲寄生	槲寄生属 *Viscum*	槲寄生科 Viscaceae	檀香目 Santalales	茎部半寄生植物
625	*Viscum ovalifolium*	瘤果槲寄生	槲寄生属 *Viscum*	槲寄生科 Viscaceae	檀香目 Santalales	茎部半寄生植物
626	*Viscum yunnanense*	云南槲寄生	槲寄生属 *Viscum*	槲寄生科 Viscaceae	檀香目 Santalales	茎部半寄生植物
627	*Ximenia americana*	海檀木	海檀木属 *Ximenia*	海檀木科 Ximeniaceae	檀香目 Santalales	根部半寄生植物

物种中文名索引

A

阿墩子马先蒿　68
阿拉善马先蒿　61
哀氏马先蒿　101
埃氏马先蒿　67
矮胡麻草　43
矮马先蒿　108
矮生豆列当　192
奥氏马先蒿　128

B

巴塘马先蒿　70
白花列当　195
百蕊草　258
半扭卷马先蒿　149
杯茎蛇菰　275
北桑寄生　215
鼻花　176
扁枝槲寄生　245
变色马先蒿　167
藨寄生　190
柄果槲寄生　250
波齿马先蒿　82
伯氏马先蒿　131

C

长根马先蒿　99
长花百蕊草　261
长花马先蒿　114
长蕊甜菜树　309
长舌马先蒿　98
长腺小米草　46
长序重寄生　284
长叶百蕊草　262
长舟马先蒿　97
草苁蓉　184
齿鳞草　191
重寄生　282
川藏蛇菰　269
春黄菊叶马先蒿　65
刺齿马先蒿　66
粗野马先蒿　145

D

大苞寄生　237
大苞鞘花　210
大唇马先蒿　119
大独脚金　180
大管马先蒿　117
大花胡麻草　42
大花菟丝子　297
大花小米草　47
大黄花　44
大王马先蒿　141
大卫氏马先蒿　91
丹参花马先蒿　147
地黄叶马先蒿　169
邓氏马先蒿　100
滇川山罗花　52
滇列当　202
滇西百蕊草　263
滇藏钝果寄生　234
滇藏梨果寄生　219
丁座草　183
东俄洛马先蒿　159
斗叶马先蒿　87
豆列当　193
独脚金　179
杜氏翅茎草　175
短腺小米草　49
盾片蛇菰　277
多齿马先蒿　133
多花马先蒿　102

E

鹅首马先蒿　76
二歧马先蒿　95
二色马先蒿　72

F

返顾马先蒿　140
方茎草　51
分枝列当　194
枫香钝果寄生　229
枫香槲寄生　248
俯垂马先蒿　74

G

甘肃马先蒿　111
高超马先蒿　134
高山松寄生　243
管花马先蒿　151
光药大黄花　45
光药列当　197
广寄生　224
广西来江藤　37

H

海桐蛇菰　276
蔊菜叶马先蒿　125
蒿叶马先蒿　59

黑草 40
黑马先蒿 126
黑蒴 34
亨氏马先蒿 107
红冬蛇菰 270
红花寄生 222
红色马先蒿 144
红纹马先蒿 153
红烛蛇菰 273
狐尾马先蒿 62
胡麻草 41
槲寄生 246
华北百蕊草 257
华丽马先蒿 154
华南青皮木 311
华中桑寄生 214
环喙马先蒿 89
黄花列当 201
黄筒花 203
喙毛马先蒿 142

J

极丽马先蒿 93
急折百蕊草 264
寄生花 316
寄生藤 281
假多色马先蒿 138
假山萝花马先蒿 137
假头花马先蒿 136
假野菰 185
尖果马先蒿 129
尖叶铁青树 302
金灯藤 295
茎花来江藤 35
旌节马先蒿 148
具冠马先蒿 83
聚花马先蒿 80

K

康泊东叶马先蒿 79
克洛氏马先蒿 84
克氏马先蒿 78

L

拉氏马先蒿 112
来江藤 36
棱枝槲寄生 247
离瓣寄生 211
梨果寄生 218
栗寄生 244
莲华池寄生 235
疗齿草 57
列当 199
鳞尾木 307
岭南来江藤 39
瘤果槲寄生 252
柳树寄生 225
柳叶马先蒿 146
龙陵钝果寄生 232
鹿茸草 56
露柱百蕊草 260
卵叶梨果寄生 220
轮叶马先蒿 170
罗氏马先蒿 143
绿茎槲寄生 251

M

毛盔马先蒿 161
毛药列当 200
毛叶钝果寄生 230
帽蕊草 315
美观马先蒿 92
美丽列当 196
美丽马先蒿 71
蒙古肉苁蓉 187
米面蓊 256
密穗马先蒿 94
谬氏马先蒿 123
木兰寄生 228

N

南川马先蒿 124
南方菟丝子 291
拟斗叶马先蒿 88
扭旋马先蒿 160

O

欧氏马先蒿 127
欧洲菟丝子 294

P

啤酒花菟丝子 296
普氏马先蒿 135

Q

奇氏马先蒿 103
脐草 58
黔桂大苞寄生 236
浅黄马先蒿 115
鞘花 217
秦岭米面蓊 255
琴盔马先蒿 116
青皮木 313
球花马先蒿 104
全叶马先蒿 110

R

绒舌马先蒿 113
肉苁蓉 186

S

三色马先蒿 163
桑寄生 233
沙苁蓉 189
沙氏鹿茸草 55
沙针 310
山柑藤 305
山罗花 54
山萝花马先蒿 120
山西马先蒿 150
蓍草叶马先蒿 60
疏花蛇菰 274
疏花铁青树 303

双花鞘花 216
水泽马先蒿 165
硕大马先蒿 109
硕花马先蒿 118
四川马先蒿 155
松柏钝果寄生 223
松蒿 172
蒜头果 314
碎米蕨叶马先蒿 75
穗花马先蒿 152
锁阳 317

T

塔氏马先蒿 156
台湾山柚 306
台湾小米草 50
坛萼马先蒿 166
檀梨 300
铁青树 304
头花马先蒿 73
凸额马先蒿 81
菟丝子 293

W

弯管列当 198
弯管马先蒿 86
维氏马先蒿 171
尾球木 308
无根藤 318
五脉槲寄生 249
五蕊寄生 209

X

细裂叶马先蒿 96
细裂叶松蒿 173
狭唇马先蒿 64
狭管马先蒿 158
纤裂马先蒿 157
纤细马先蒿 105
藓生马先蒿 121
藓状马先蒿 122
腺毛阴行草 178
香芙木 312
小米草 48
小叶钝果寄生 226
小叶梨果寄生 221
秀丽马先蒿 168
锈毛钝果寄生 227
须毛马先蒿 162

Y

鸭首马先蒿 63
盐生肉苁蓉 188
野菰 181
野苏子 106
腋花马先蒿 69
宜昌蛇菰 271
异花寄生藤 280
阴行草 177
阴郁马先蒿 164
隐花马先蒿 85
印度蛇菰 272
硬核 301
硬序重寄生 283
油茶离瓣寄生 212
油杉钝果寄生 231
油杉寄生 242
原野菟丝子 292
圆苞山罗花 53
圆茎翅茎草 174
远苞百蕊草 265

Z

藏南百蕊草 259
沼生马先蒿 130
中国马先蒿 77
中国野菰 182
舟形马先蒿 90
椆树桑寄生 213
皱褶马先蒿 132
侏儒马先蒿 139
总花来江藤 38

物种拉丁名索引

A

Aeginetia indica 181
Aeginetia sinensis 182
Alectra arvensis 34
Arceuthobium chinense 242
Arceuthobium pini 243

B

Balanophora fargesii 269
Balanophora harlandii 270
Balanophora henryi 271
Balanophora indica 272
Balanophora kawakamii 273
Balanophora laxiflora 274
Balanophora subcupularis 275
Balanophora tobiracola 276
Boschniakia himalaica 183
Boschniakia rossica 184
Brandisia cauliflora 35
Brandisia hancei 36
Brandisia kwangsiensis 37
Brandisia racemosa 38
Brandisia swinglei 39
Buchnera cruciata 40
Buckleya graebneriana 255
Buckleya lanceolata 256

C

Cansjera rheedei 305
Cassytha filiformis 318
Centranthera cochinchinensis 41
Centranthera grandiflora 42
Centranthera tranquebarica 43
Champereia manillana 306
Christisonia hookeri 185
Cistanche deserticola 186
Cistanche mongolica 187
Cistanche salsa 188
Cistanche sinensis 189
Cuscuta australis 291
Cuscuta campestris 292
Cuscuta chinensis 293
Cuscuta europaea 294
Cuscuta japonica 295
Cuscuta lupuliformis 296
Cuscuta reflexa 297
Cymbaria daurica 44
Cymbaria mongolica 45
Cynomorium songaricum 317

D

Dendrophthoe pentandra 209
Dendrotrophe platyphylla 280
Dendrotrophe varians 281

E

Elytranthe albida 210
Euphrasia hirtella 46
Euphrasia jaeschkei 47
Euphrasia pectinata 48
Euphrasia regelii 49
Euphrasia transmorrisonensis 50

G

Gleadovia ruborum 190

H

Helixanthera parasitica 211
Helixanthera sampsonii 212

K

Korthalsella japonica 244

L

Lathraea japonica 191
Lepionurus sylvestris 307
Leptorhabdos parviflora 51
Loranthus delavayi 213
Loranthus pseudo-odoratus 214
Loranthus tanakae 215

M

Macrosolen bibracteolatus 216
Macrosolen cochinchinensis 217
Malania oleifera 314
Mannagettaea hummeli 192
Mannagettaea labiata 193
Melampyrum klebelsbergianum 52
Melampyrum laxum 53
Melampyrum roseum 54
Mitrastemon yamamotoi 315
Monochasma savatieri 55
Monochasma sheareri 56

O

Odontites vulgaris 57
Olax acuminata 302
Olax austrosinensis 303
Olax imbricata 304
Omphalotrix longipes 58
Orobanche aegyptiaca 194
Orobanche alba 195
Orobanche amoena 196
Orobanche brassicae 197
Orobanche cernua 198
Orobanche coerulescens 199
Orobanche ombrochares 200
Orobanche pycnostachya 201
Orobanche yunnanensis 202
Osyris lanceolata 310

P

Pedicularis abrotanifolia 59
Pedicularis achilleifolia 60
Pedicularis alaschanica 61
Pedicularis alopecuros 62
Pedicularis anas 63
Pedicularis angustilabris 64
Pedicularis anthemifolia 65
Pedicularis armata 66
Pedicularis artselaeri 67
Pedicularis atuntsiensis 68
Pedicularis axillaris 69
Pedicularis batangensis 70
Pedicularis bella 71
Pedicularis bicolor 72
Pedicularis cephalantha 73
Pedicularis cernua 74
Pedicularis cheilanthifolia 75
Pedicularis chenocephala 76
Pedicularis chinensis 77
Pedicularis clarkei 78
Pedicularis comptoniifolia 79
Pedicularis confertiflora 80
Pedicularis cranolopha 81
Pedicularis crenata 82
Pedicularis cristatella 83
Pedicularis croizatiana 84
Pedicularis cryptantha 85
Pedicularis curvituba 86
Pedicularis cyathophylla 87
Pedicularis cyathophylloides 88
Pedicularis cyclorhyncha 89
Pedicularis cymbalaria 90
Pedicularis davidii 91
Pedicularis decora 92
Pedicularis decorissima 93
Pedicularis densispica 94
Pedicularis dichotoma 95
Pedicularis dissectifolia 96
Pedicularis dolichocymba 97

Pedicularis dolichoglossa 98
Pedicularis dolichorrhiza 99
Pedicularis dunniana 100
Pedicularis elwesii 101
Pedicularis floribunda 102
Pedicularis giraldiana 103
Pedicularis globifera 104
Pedicularis gracilis 105
Pedicularis grandiflora 106
Pedicularis henryi 107
Pedicularis humilis 108
Pedicularis ingens 109
Pedicularis integrifolia 110
Pedicularis kansuensis 111
Pedicularis labordei 112
Pedicularis lachnoglossa 113
Pedicularis longiflora 114
Pedicularis lutescens 115
Pedicularis lyrata 116
Pedicularis macrosiphon 117
Pedicularis megalantha 118
Pedicularis megalochila 119
Pedicularis melampyriflora 120
Pedicularis muscicola 121
Pedicularis muscoides 122
Pedicularis mussotii 123
Pedicularis nanchuanensis 124
Pedicularis nasturtiifolia 125
Pedicularis nigra 126
Pedicularis oederi 127
Pedicularis oliveriana 128
Pedicularis oxycarpa 129
Pedicularis palustris 130
Pedicularis petitmenginii 131
Pedicularis plicata 132
Pedicularis polyodonta 133
Pedicularis princeps 134
Pedicularis przewalskii 135
Pedicularis pseudocephalantha 136
Pedicularis pseudomelampyriflora 137
Pedicularis pseudoversicolor 138
Pedicularis pygmaea 139
Pedicularis resupinata 140
Pedicularis rex 141
Pedicularis rhynchotricha 142
Pedicularis roylei 143
Pedicularis rubens 144
Pedicularis rudis 145
Pedicularis salicifolia 146
Pedicularis salviiflora 147
Pedicularis sceptrum-carolinum 148
Pedicularis semitorta 149
Pedicularis shansiensis 150
Pedicularis siphonantha 151
Pedicularis spicata 152
Pedicularis striata 153
Pedicularis superba 154
Pedicularis szetschuanica 155
Pedicularis tatarinowii 156
Pedicularis tenuisecta 157
Pedicularis tenuituba 158
Pedicularis tongolensis 159
Pedicularis torta 160
Pedicularis trichoglossa 161
Pedicularis trichomata 162
Pedicularis tricolor 163
Pedicularis tristis 164
Pedicularis uliginosa 165
Pedicularis urceolata 166
Pedicularis variegata 167
Pedicularis venusta 168
Pedicularis veronicifolia 169
Pedicularis verticillata 170
Pedicularis vialii 171
Phacellanthus tubiflorus 203
Phacellaria fargesii 282
Phacellaria rigidula 283
Phacellaria tonkinensis 284
Phtheirospermum japonicum 172
Phtheirospermum tenuisectum 173
Pterygiella cylindrica 174
Pterygiella duclouxii 175

Pyrularia edulis 300

R

Rhinanthus glaber 176
Rhopalocnemis phalloides 277

S

Sapria himalayana 316
Schoepfia chinensis 311
Schoepfia fragrans 312
Schoepfia jasminodora 313
Scleropyrum wallichianum 301
Scurrula atropurpurea 218
Scurrula buddleioides 219
Scurrula chingii 220
Scurrula notothixoides 221
Scurrula parasitica 222
Siphonostegia chinensis 177
Siphonostegia laeta 178
Striga asiatica 179
Striga masuria 180

T

Taxillus caloreas 223
Taxillus chinensis 224
Taxillus delavayi 225
Taxillus kaempferi 226
Taxillus levinei 227
Taxillus limprichtii 228
Taxillus liquidambaricola 229
Taxillus nigrans 230
Taxillus renii 231
Taxillus sericus 232
Taxillus sutchuenensis 233
Taxillus thibetensis 234
Taxillus tsaii 235
Thesium cathaicum 257
Thesium chinense 258
Thesium emodi 259
Thesium himalense 260
Thesium longiflorum 261
Thesium longifolium 262
Thesium ramosoides 263
Thesium refractum 264
Thesium remotebracteatum 265
Tolypanthus esquirolii 236
Tolypanthus maclurei 237

U

Urobotrya latisquama 308

V

Viscum articulatum 245
Viscum coloratum 246
Viscum diospyrosicola 247
Viscum liquidambaricola 248
Viscum monoicum 249
Viscum multinerve 250
Viscum nudum 251
Viscum ovalifolium 252

Y

Yunnanopilia longistaminea 309